Hubert Gräfen u. a. · Die Praxis des Korrosionsschutzes

Die Praxis des Korrosionsschutzes

Prof. Dr. rer. nat. Hubert Gräfen

Dipl.-Phys. Walter G. v. Baeckmann
Dr.-Ing. Jürgen Föhl
Dr. rer. nat. Günter Herbsleb
Dr.-Ing. Werner Huppatz
Ing. Dieter Kuron
Dr. rer. nat. Heinz-Joachim Rother
Dr.-Ing. Klaus Rüdinger

Kontakt & Studium
Band 64

Herausgeber:
Prof. Dr.-Ing. Wilfried J. Bartz
Technische Akademie Esslingen
Fort- und Weiterbildungszentrum
Ing. (grad.) Elmar Wippler
expert verlag 7031 Grafenau 1/Württ.

CIP-Kurztitelaufnahme der Deutschen Bibliothek

Die Praxis des Korrosionsschutzes
Hubert Gräfen... – Grafenau/Württ.: expert verlag, 1981.
  (Kontakt & [und] Studium; Bd. 64)
  ISBN 3-88508-741-3
NE: Gräfen, Hubert [Mitverf.]; GT

© 1981 by expert verlag, 7031 Grafenau 1/Württ.
Alle Rechte vorbehalten
Printed in Germany

ISBN 3-88508-741-3

Vorwort

Aus der ungeheuren Beschleunigung, mit der sich der Wissensstoff in der Welt vermehrt, folgen eine ständige Erweiterung des Grundlagenwissens in den einzelnen Disziplinen, immer neue Aufgaben für die Forschung sowie neue und veränderte Technologien.

Die nationalen Volkswirtschaften und der einzelne Betrieb müssen sich darauf einstellen, wenn sie im Wettbewerb bestehen wollen. Für den Einzelnen resultiert daraus die Notwendigkeit lebenslangen Lernens.

Die Lehr- und Fachbuchreihe Kontakt & Studium versteht sich in diesem Prozeß als ein Hilfsmittel, vor allem für den im Beruf Stehenden. Sie

— ermöglicht den Anschluß an die neuesten wissenschaftlichen Erkenntnisse und Technologien
— bietet klar abgegrenzte Sachgebiete, systematischen Stoffaufbau, verständliche Sprache, viele Abbildungen und Graphiken, zahlreiche praktische Beispiele und Fallstudien
— bewirkt die Vertiefung des in der Berufspraxis erworbenen Fachwissens
— vermittelt durch ein ergänzendes Nachstudium Spezialwissen in einem während der Erstausbildung nicht erlernten Gebiet
— erleichtert das Einarbeiten in ein Fach, das erst in der Gegenwart aktuelle Bedeutung erlangt hat.

Bei der Betreuung der Reihe Kontakt & Studium hat sich die enge Zusammenarbeit zwischen der Technischen Akademie Esslingen und dem expert verlag, Fachverlag für Wirtschaft & Technik, als konstruktiv und erfolgreich erwiesen.

Die Themen der fortlaufend erscheinenden Bände werden systematisch ausgewählt. Sie bilden ein bedeutendes, aktuelles Sammelwerk für die Teilnehmer an den Lehrveranstaltungen der TAE und für die gesamte Fachwelt in Studium und Beruf.

Der vorliegende Band enthält die wesentlichen Teile des in den Lehrveranstaltungen behandelten Stoffes in wissenschaftlich fundierter und praxisnaher Bearbeitung.

Es ist zu wünschen, daß die Vertiefung in den dargebotenen Wissensstoff zu dem von der Technischen Akademie Esslingen und dem Verlag erhofften Nutzen führt.

Technische Akademie Esslingen
Wissenschaftliche Leitung
Prof. Dr.-Ing. J. Bartz

Inhaltsverzeichnis

Vorwort: Prof. Dr.-Ing. Wilfried J. Bartz

1	**Grundvorgänge der Korrosion und ihre Erscheinungsformen** Prof. Dr. rer. nat. Hubert Gräfen	15
1.1	Wirtschaftliche Bedeutung der Korrosion und des Korrosionsschutzes	15
1.2	Grundlagen der Korrosion	16
1.2.1	Definition des Begriffes Korrosion	16
1.2.2	Thermodynamik und Kinetik der Korrosionsprozesse	17
1.2.3	Stromdichte-Potentialkurven	21
1.2.4	Einflußgrößen der Korrosionsreaktion	24
1.3	Korrosionsarten und -formen	25
1.4	Möglichkeiten des Korrosionsschutzes	34
2	**Eigenschaften und Anwendung nichtrostender Stähle und korrosionsbeständiger Nickellegierungen** Dr. rer. nat. Günter Herbsleb	37
2.1	Einleitung	37
2.2	Allgemeines Korrosionsverhalten nichtrostender Stähle	42
2.3	Örtliche Korrosion an nichtrostenden Stählen	47
2.3.1	Interkristalline Korrosion	48
2.3.1.1	Interkristalline Korrosion austenitischer Chrom-Nickel-Stähle	48
2.3.1.2	Interkristalline Korrosion ferritischer Chromstähle	53
2.3.1.3	Interkristalline Korrosion von NiMo- und NiCrMo-Legierungen	53
2.3.2	Lochkorrosion und Spaltkorrosion	54
2.3.3	Spannungsrißkorrosion	57
2.3.4	Schwingungsrißkorrosion	61

3	Nichteisenmetalle und ihre Legierungen für den Korrosionsschutz Teil 1: Aluminium, Zink, Zinn Dr.-Ing. Werner Huppatz	64
3.1	Einteilung der Aluminiumwerkstoffe	64
3.1.1	Rein-, Reinstaluminium	64
3.1.2	Aluminiumlegierungen	64
3.1.2.1	Legierungsgattungen (Knetlegierungen, DIN 1725, Teil 1)	64
3.1.2.2	Legierungsgattungen (Gußlegierungen, DIN 1725, Teil 2)	65
3.1.3	Das Korrosionsverhalten von Aluminium und Aluminiumlegierungen	65
3.1.4	Korrosionsschutzmaßnahmen	79
3.1.4.1	Chemische Oberflächenbehandlungsverfahren	79
3.1.4.2	Elektrochemische Oberflächenbehandlungsverfahren	80
3.1.4.3	Aktive Korrosionsschutzmaßnahmen	80
3.1.4.4	Passive Korrosionsschutzmaßnahmen	81
3.2	Zink	81
3.2.1	Feinzink	81
3.2.2	Hüttenzink	81
3.2.3	Zink-Aluminium-, Zink-Aluminium-Kupfer-Legierungen	84
3.3	Zinn	84
4	Nichteisenmetalle und ihre Legierungen für den Korrosionsschutz Teil 2: Kupfer, Blei Dr.-Ing. Werner Huppatz	86
4.1	Einteilung der Kupferwerkstoffe	86
4.1.1	Kupfer	86
4.1.2.1	Kupfer-Zink-Legierungen (Messinge, Sondermessinge)	98
4.1.2.2	Kupfer-Nickel-Legierungen, Kupfer-Nickel-Zink-Legierungen (Neusilber)	100
4.1.2.3	Kupfer-Zinn-Legierungen (Zinnbronzen, Rotguß, Guß-Zinn-Blei-Bronzen)	101
4.1.2.4	Kupfer-Aluminium-Legierungen (Aluminiumbronzen)	102
4.2	Einteilung der Bleiwerkstoffe	102
4.2.1	Blei	102
4.2.2	Blei-Kupfer-, Blei-Kupfer-Zinn-Legierungen (Pb 99,9 Cu)	107
4.2.3	Blei-Antimon-Legierungen	110

5	Sonderwerkstoffe für den Korrosionsschutz (Titan, Tantal, Zirkonium) Dr.-Ing. Klaus Rüdinger	111
5.1	Einleitung	111
5.2	Werkstoffeigenschaften	113
5.3	Korrosionseigenschaften	114
5.3.1	Titan	115
5.3.1.1	Passivierung	116
5.3.1.2	Passivierung durch Inhibitoren	118
5.3.1.3	Passivierung durch Fremdstrom und Elementbildung	119
5.3.1.4	Einfluß von Legierungszusätzen	122
5.3.1.5	Spalt- und Lochkorrosion	123
5.3.1.6	Spannungsrißkorrosion	125
5.3.1.7	Wasserstoffaufnahme	127
5.3.1.8	Reaktion in Sauerstoff, Stickstoff und Luft	128
5.3.1.9	Verhalten in Metall- und Salzschmelzen	129
5.3.1.10	Anwendung unter korrosiven Bedingungen	130
5.3.2	Zirkonium	132
5.3.2.1	Verhalten in Säuren, Basen und Salzen	132
5.3.2.2	Spannungsriß- und galvanische Korrosion	133
5.3.2.3	Verhalten in Metallschmelzen	134
5.3.2.4	Verhalten von Zirkoniumlegierungen	135
5.3.2.5	Anwendung unter korrosiven Bedingungen	137
5.3.3	Tantal	137
5.3.3.1	Chemische Beständigkeit in Säuren, Basen und Salzen	137
5.3.3.2	Verhalten in Metallschmelzen	137
5.3.3.3	Anwendung	138
5.4	Beeinflussung des Korrosionsverhaltens durch fertigungstechnische Maßnahmen	140
5.4.1	Schweißtechnische Maßnahmen	140
5.4.2	Fertigungstechnische und konstruktive Maßnahmen	142
5.5	Schlußbetrachtung	144
6	Korrosionsschutz durch metallische Überzüge Dr. rer. nat. Günter Herbsleb	145
6.1	Einleitung	145
6.2	Aufbringungsverfahren für metallische Korrosionsschutz-Überzüge	146
6.2.1	Aufbringen von Überzügen durch Schmelztauchverfahren	146
6.2.1.1	Feuerverzinkung	146
6.2.1.1.1	Feuerverzinkung als Schutz gegen atmosphärische Korrosion	149

6.2.1.1.2	Feuerverzinkung als Schutz gegen Korrosionsbeanspruchung in Wässern	150
6.2.1.2	Schmelztauchaluminieren	152
6.2.1.3	Feuerverzinnen	154
6.2.1.4	Schmelztauchverbleien	154
6.2.2	Aufschmelzverfahren	154
6.2.2.1	Wischverbleien	154
6.2.2.2	Wischverzinnen	155
6.2.2.3	Homogenverbleien	155
6.2.3	Elektrolytisch (galvanisch) aufgebrachte Überzüge	155
6.2.3.1	Elektrolytisches Verchromen	156
6.2.4	Stromlos (chemisch) aufgebrachte Überzüge	157
6.2.4.1	Zementationsverfahren	157
6.2.4.2	Reduktionsverfahren	158
6.2.5	Durch Metallspritzen aufgebrachte Überzüge (thermisches Spritzen)	159
6.2.5.1	Flamm-Drahtspritzen	160
6.2.5.2	Flamm-Pulverspritzen	160
6.2.5.3	Flammschockspritzen (Detonationsspritzen)	160
6.2.5.4	Drahtexplosionsspritzen	160
6.2.5.5	Lichtbogenspritzen	160
6.2.5.6	Plasmaspritzen	161
6.2.6	Diffusionsüberzüge	161
6.2.6.1	Sherardisieren	161
6.2.6.2	Alitieren (Veraluminieren, Pulveralitieren, Alumentieren, Kalorisieren)	161
6.2.6.3	Inchromieren	162
6.2.7	Aufdampfen	162
6.2.7.1	Physikalische (PVD-)Verfahren	162
6.2.7.2	Chemische (CVD-)Verfahren	162
6.2.8	Metallüberzüge durch Plattieren	163
6.3	Besondere korrosionschemische Gesichtspunkte bei der Beurteilung metallischer Überzüge	163
7	**Korrosionsschutz durch anorganische und organische Beschichtungen und Auskleidungen** Prof. Dr. rer. nat. Hubert Gräfen	165
7.1	Glasemail und Glaskeramik	165
7.1.1	Glasemail	165
7.1.2	Glaskeramik	170
7.2	Organische Beschichtungen	174
7.2.1	Wahl der Überzugswerkstoffe und Aufbringungsverfahren	174

7.2.2	Flüssige Beschichtungswerkstoffe	176
7.2.3	Beschichtungen mit Reaktionsharzen für Baustelleneinsatz im Großtankbau	178
7.2.4	Spezielle Kunststoffauftragsverfahren	181
7.2.4.1	Pulverbeschichtungen	181
7.2.4.2	Umwickeln und Ummanteln	184
7.2.5	Gummierungen und Auskleidungen	185
7.2.5.1	Hartgummierungen (Thermoelaste)	185
7.2.5.2	Weichgummierungen (Elaste)	186
7.2.5.3	Fluorpolymere	189
7.2.5.4	Duromerbeschichtungen auf Basis von graphithaltigen Phenol-, Epoxid- und Furanharzen	189
7.3	Anhang	190

8	**Korrosion durch Kühlwasser und Schutzmaßnahmen** Ing. Dieter Kuron	192
8.1	Einleitung	192
8.2	Kühlwasser	192
8.3	Kühlsysteme	193
8.3.1	Durchlaufkühlung	193
8.3.2	Umlaufkühlung	197
8.3.2.1	Umlaufkühlung mit offenem Kühlkreislauf	198
8.3.2.2	Umlaufkühlung mit geschlossenem Kühlkreislauf	203
8.4	Schlußbetrachtung	204

9	**Korrosion durch Trinkwasser und Schutzmaßnahmen** Ing. Dieter Kuron	205
9.1	Einleitung	205
9.2	Wasser	205
9.2.1	Schutzmaßnahmen	206
9.2.1.1	Kaltwasserbereich	206
9.2.1.2	Warmwasserbereich	207
9.2.1.3	Außenkorrosion	211
9.3	Werkstoffe	211
9.3.1	Unlegierter Stahl	211
9.3.2	Feuerverzinkter Stahl	213
9.3.3	Kupfer, Kupferlegierungen	214
9.3.4	Nichtrostende Stähle	215
9.3.5	Organische Werkstoffe	216
9.4	Korrosionsarten	217

9.4.1	Gleichmäßige Flächenkorrosion	217
9.4.2	Ungleichmäßige Flächenkorrosion, Muldenkorrosion	217
9.4.3	Lochkorrosion	217
9.4.4	Spaltkorrosion	218
9.4.5	Kontaktkorrosion	218
9.4.6	Selektive Korrosion	219
9.4.7	Spannungsrißkorrosion	219
9.5	Anlagen mit Trinkwasserfüllung	219
9.5.1	Heizungsanlagen	219
9.5.2	Luftwäscher	223
9.6	Schlußfolgerung	225
10	Werkstoffe für Verschleißbeanspruchung	226
	Dr.-Ing. Jürgen Föhl	
10.1	Einleitung	226
10.2	Tribologisches System	227
10.3	Verschleißmechanismen	229
10.4	Verschleißarten (Systemgruppen)	231
10.5	Beispiele von Verschleißsystemen und Grundgesetzmäßigkeiten	232
10.5.1	„Klassische" Verschleißarten (Gleiten, Wälzen, Stoßen)	232
10.5.1.1	Reibungszustände beim Gleiten	232
10.5.1.2	Wälzen	236
10.5.1.3	Stoßen	236
10.5.1.4	Schwingen	237
10.5.2	Abrasion und Erosion	239
10.5.2.1	Abrasiv-Gleitverschleiß	240
10.5.2.2	Hydroabrasiver Verschleiß	241
10.5.2.3	Strahlverschleiß	243
10.6	Werkstoffe für Verschleißbeanspruchung	246
10.7	Zusammenfassung	247
11	Korrosionsschutz durch Inhibitoren	250
	Dr. rer. nat. Heinz-Joachim Rother	
11.1	Einleitung	250
11.2	Korrosionsinhibitoren	250
11.2.1	Definition, Wirkungsweise und Klassifikation von Inhibitoren	250
11.2.1.1	Inhibition aus chemisch-physikalischer Sicht	251
11.2.1.2	Klassifikation von Inhibitoren	253
11.2.1.3	Inhibition aus elektrochemischer Sicht	255

11.2.2	Anwendungsgebiete für Inhibitoren	256
11.2.3	Forderungen an Inhibitoren für neutrale und alkalische wäßrige Medien (Kühl- und Heizwasser)	258
11.2.4	Inhibitoren für Kühl- und Heizwässer	259
11.2.4.1	Kühlwasser-Durchlaufsysteme	260
11.2.4.2	Offene Kühlkreisläufe	260
11.2.4.3	Geschlossene Kreislaufsysteme	261
11.2.4.3.1	Inhibition der Kavitationskorrosion	262
11.2.4.3.2	Prüfung der Inhibitorwirkung, ASTM-Test	262
11.2.4.3.3	Destimulatoren	263
11.3	Zusammenfassung	266

12 Grundlagen und Anwendung des kathodischen Korrosionsschutzes 267
Dipl.-Phys. Walter G. v. Baeckmann

12.1	Einleitung und Grundlagen	267
12.2	Kathodischer Korrosionsschutz durch galvanische Anoden	273
12.3	Kathodischer Schutz durch Fremdstrom	276
12.4	Kathodischer Schutz bei Streustromeinfluß	277
12.5	Kathodischer Korrosionsschutz im Erdboden	280
12.6	Potentialmessungen	284
12.7	Kathodischer Schutz im Meerwasser	287

13 Elektrochemischer Schutz von Apparaten und Behältern 292
Prof. Dr. rer. nat. Hubert Gräfen

13.1	Besonderheiten des Behälter-Innenschutzes	292
13.2	Kathodischer Korrosionsschutz	293
13.2.1	Schutz mit galvanischen Anoden	294
13.2.2	Schutz mit Fremdstrom	295
13.2.2.1	Behälter für Kalt- und Warmwasser	295
13.2.2.2	Anlagen in der chemischen Industrie	298
13.3	Anodischer Korrosionsschutz	301
13.3.1	Schutz mit Fremdstrom	303
13.3.1.1	Neutrale und saure Medien	305
13.3.1.2	Alkalische Medien	308
13.3.2	Schutz mit Lokalkathoden des Werkstoffes	310

14	**Prüfungen und Untersuchungen im Korrosionsschutz** Ing. Dieter Kuron	**312**
14.1	Einleitung	312
14.2	Korrosionsuntersuchungen im Korrosionsschutz	313
14.2.1	Aktiver Korrosionsschutz	313
14.2.2	Passiver Korrosionsschutz	313
14.2.2.1	Korrosionsschutzuntersuchungen bei organischen Beschichtungen	314
14.2.2.2	Korrosionsschutzprüfungen bei anorganischen bzw. metallischen Schutzüberzügen	315
14.3	Korrosionsuntersuchungen	316
14.3.1	Chemische Korrosionsuntersuchungen	316
14.3.2	Elektrochemische Korrosionsuntersuchungen	319
14.3.2.1	Potentiostatische Methoden	322
14.3.2.2	Potentiodynamische Methoden	323
14.3.2.3	Galvanostatische Methoden	324
14.3.2.4	Galvanodynamische Methoden	325
14.3.2.5	Potentialmessungen	326
14.3.2.6	Polarisationswiderstandsmessungen	326
14.3.3	Sonstige Prüfverfahren	327
14.4	Anhang: Zusammenstellung der Korrosionsuntersuchungen in tabellarischer Form	327

Literaturhinweise   340

Autorenverzeichnis   352

Stichwortverzeichnis   353

Prof. Dr. rer. nat. Hubert Gräfen

1 Grundvorgänge der Korrosion und ihre Erscheinungsformen

1.1 Wirtschaftliche Bedeutung der Korrosion und des Korrosionsschutzes

Die in der Technik zur Herstellung von Bauteilen, Anlagen, Einrichtungen und Geräten verwendeten Werkstoffe sind während ihres Einsatzes stets den schädigenden Einflüssen der Umgebung ausgesetzt. Die Gebrauchstauglichkeit und die Nutzungsdauer technischer Artikel werden daher vom Umfang dieser Einwirkung weitgehend mitbestimmt. Vielfach werden Korrosionsschutzmaßnahmen erforderlich, um eine für die Praxis zufriedenstellende Lebensdauer zu erreichen.

Nach Untersuchungen in den USA aus dem Jahre 1975 verursacht die Korrosion Schäden in Höhe von 4,2 % des Bruttosozialproduktes. Es ist gerechtfertigt anzunehmen, daß in allen hochindustrialisierten Ländern ähnliche Verhältnisse vorliegen, so daß sich für die Bundesrepublik Deutschland derzeit (1979) eine jährliche Schadenssumme von mindestens 35 Milliarden DM ergibt. Erschwerend kommt hinzu, daß es sich hierbei in großem Umfang um Verluste an wertvollen Rohstoffen und Energie handelt, die häufig nicht regenerierbar sind. Drückt man den Schadensumfang in anderer Form aus, nämlich als Materialvernichtung, ergibt sich, daß weltweit jährlich mit einem Verlust von 5 bis 10 % einer Jahresproduktion gerechnet werden muß. Dies geschieht trotz des Einsatzes von Schutzmaßnahmen zur Erhaltung der Werkstoffe, wofür wiederum beträchtliche Kosten anfallen. So gibt die Bundesbahn derzeit etwa 50 Mill. DM/a für den Schutz ihrer Anlagen aus.

Um eine höhere Effizienz des Korrosionsschutzes zu erreichen, sind eine Reihe von wichtigen Forderungen zu verwirklichen.

— Bei der Planung eines Bauteiles ist die Anpassung des Werkstoffes an die Umgebungsbedingungen so vorzunehmen, daß nachträgliche sanierende Schutzmaßnahmen vermieden werden.

— Wenn eine ausreichende Lebensdauer durch Werkstoffanpassung allein nicht erreichbar ist, müssen die zu ergreifenden Schutzmaßnahmen von Anfang an mit eingeplant werden, um nachträgliche konstruktive Änderungen zu vermeiden und ein Optimum an Schutzwirkung zu erzielen (Korrosionsschutz beginnt am Reißbrett).

— Grundlagen, Methoden und Anwendung des Korrosionsschutzes sind in einem erheblich größerem Umfang in die Studienpläne technischer Lehranstalten einzubauen, um durch vermehrte Ausbreitung des Standes der Kenntnisse auf diesem Gebiet für einen optimalen Einsatz von Schutzmaßnahmen zu sorgen, eingedenk des englischen Untersuchungsergebnisses, daß etwa 1/3 aller Schadensfälle durch Korrosion bei gezieltem Einsatz bekannter Technologien des Korrosionsschutzes zu vermeiden sind.

— Die Forschungen und Entwicklungen auf dem Gebiete Korrosion und Korrosionsschutz sind zu verstärken in Anbetracht der Tatsache, daß die Anwendung neuer Ergebnisse und Entwicklung neuer Methoden ein sehr rentables Unternehmen ist, da die für die Forschung aufgewendeten Mittel infolge Erzielung von Haltbarkeitsverbesserungen weit überkompensiert und darüber hinaus Ressourcen geschont werden.

1.2 Grundlagen der Korrosion

1.2.1 Definition des Begriffes Korrosion

Nach DIN 50 900 Teil 1 (Ausgabe 1981) versteht man unter Korrosion die Reaktion eines metallischen Werkstoffes mit seiner Umgebung, die eine meßbare Veränderung des Werkstoffes bewirkt und zu einer Beeinträchtigung der Funktion eines metallischen Bauteiles oder eines ganzen Systems führen kann.

In den meisten Fällen ist diese Reaktion elektrochemischer Natur, in einigen Fällen kann sie jedoch auch chemischer (nicht elektrochemischer) oder metallphysikalischer Natur sein.

Diese Definition betrachtet die Korrosion zunächst wertneutral als eine Reaktion, die zwar zu einem Korrosionsschaden — Beeinträchtigung der Funktion des betrachteten Bauteiles — führen kann, aber nicht zwangsläufig muß. Niemand würde z. B. das Rosten einer Eisenbahnschiene als Schaden bezeichnen können, da hierdurch die Funktion der Schiene nicht betroffen wird. Schäden orientieren sich damit an einer Einschränkung oder Aufhebung der technischen Gebrauchstauglichkeit und sind damit Gegenstand einer Systembetrachtung.

Die in der vorgenannten nur für Metalle geltenden Norm gegebene Definition ist selbstverständlich auch auf nichtmetallische Werkstoffe übertragbar.

Werkstoffveränderungen, die ausschließlich auf mechanische Einflüsse zurückzuführen sind, werden nicht der Korrosion zugerechnet, sondern als Verschleiß bezeichnet. Jedoch ist zu beachten, daß durch einen Abbau schützender Deckschichten, z. B. infolge Erosion, eine Korrosionsreaktion mit Umgebungsmedien eingeleitet werden kann (Erosionskorrosion).

Mechanische Einflüsse können aber nicht nur einen Korrosionsvorgang auslösen, sie sind für einige spezifische Arten der Korrosion notwendige Voraussetzungen, z. B. für Spannungs- und Schwingungsrißkorrosion, die ohne mechanische Belastungen der Bauteile nicht auftreten.

1.2.2 Thermodynamik und Kinetik der Korrosionsprozesse

Wesentliche Merkmale eines Korrosionsvorganges sind elektrochemische bzw. chemische Reaktionen. Wie bei allen Reaktionen können daher thermodynamische Betrachtungen auch zum Verständnis der Korrosionsprozesse beitragen.

Eine Korrosionsreaktion der Metalle ist eine Umkehr der bei ihrer Gewinnung vorgenommenen Reduktion ihrer Erze, bei der jene Energie wieder in Freiheit gesetzt wird, die bei der Herstellung der Metalle aufgewendet wurde. Dieses Bestreben der Metalle, unter Energieabnahme wieder in den thermodynamisch stabilen Zustand der Verbindung überzugehen, ist die Ursache für alle Korrosionsprozesse unserer Gebrauchsmetalle, wobei die Reaktionsneigung bei den Metallen am größten sein müßte, bei denen die umgesetzten Energiebeträge am größten sind. Dies ist auch richtig, soweit keine kinetischen Hemmungen, z. B. Deckschichtbildungen, dem entgegenstehen. Unter elektrochemischer Korrosion versteht man alle Reaktionsvorgänge, die elektrisch beeinflußt werden können und damit Potential-abhängig sind. Die elektrolytische Korrosion umschließt dabei alle diejenigen Prozesse, bei denen anodisch Metall abgetragen wird. Nichtelektrochemische Reaktionen sind die Hochtemperatur-Korrosionsreaktionen, die eine Umsetzung von Metallen mit oxidierend wirkenden Gasen darstellen, z. B. mit Sauerstoff, Stickstoff, Chlor, Schwefelwasserstoff, Kohlendioxid, Kohlenmonoxid, Wasserdampf und Ammoniak.

Wenn eine saubere Metalloberfläche dem Angriff solcher Gase unterworfen wird, so bildet sich zwischen Gas und Metall eine Deckschicht aus. Diese ist meist porenfrei und gasdicht und trennt die Reaktionspartner räumlich. Dennoch kommt die Reaktion bei höheren Temperaturen nicht zum Stillstand. Es muß also mindestens ein Reaktionspartner durch die sich ausbildende Schicht diffundieren. Der Mechanismus und die Geschwindigkeit der Diffusion der Reaktionspartner durch das Reaktionsprodukt sind entscheidende Faktoren bei der Reaktion von Metallen mit Gasen. Sie sind eng verknüpft mit der Fehlordnung in der Schicht.

Beständig sind derartige Schichten nur bis zu solchen Temperaturen, bei denen die jeweiligen Zersetzungsdrücke unterhalb dem Druck des angreifenden Gases in der entsprechenden Atmosphäre bleiben. Für die unedleren Metalle liegen die Zersetzungstemperaturen jedoch sehr hoch, häufig über ihren Siedepunkten. Die Reaktionsgeschwindigkeiten der Metalle sind wegen der Bildung von Metall- und Gasphase trennenden Schichten geringer Durchlässigkeit sehr unterschiedlich, so daß bei sehr niedrigen Raten eine praktische Verwendbarkeit in angemessenen Zeiten gegeben ist. Korrosionsbeständigkeit von Metallen bedeutet also, daß die Oxidationsgeschwindigkeit unter den Bedingungen ihrer praktischen Anwendung hinreichend niedrig ist.

Thermodynamisch stabile Werkstoffe sind daher — neben den Edelmetallen — nur keramische Massen, da sie als Oxidgemische den Umsetzungsprodukten (Korrosionsprodukten) der Metalle vergleichbar sind.

Von allen in der Praxis auftretenden Angriffsmitteln hat das Wasser wegen seiner polaren Eigenschaften eine Sonderstellung. Gegenüber den meisten anderen Flüssigkeiten besitzt es die Fähigkeit, bei der Auflösung von Salzen Ionen auszubilden und in Lösung zu halten und damit zu einem elektrischen Leiter zu werden. Für die Korrosionsvorgänge in wäßrigen Lösungen an Metallen bedeutet das die Möglichkeit einer direkten elektrolytischen Auflösung zu Metallionen nach der Gleichung

$$Me \rightarrow Me^{2+} + 2e^-. \tag{1}$$

Diese Reaktion entspricht einem Oxidationsvorgang, bei dem Elektronen an der Anode entstehen. Aus Gründen der Elektroneutralität muß diesem elektronenliefernden Vorgang eine elektronenverbrauchende Gegenreaktion an der Kathode gegenüberstehen. Das ist in den meisten Fällen der Praxis der Abbau des von der Lösung aus der Luft aufgenommenen Sauerstoffs nach der Beziehung

$$O_2 + 2H_2O + 4e^- \rightarrow 4OH^- \tag{2}$$

bzw. in sauren Lösungen die Reduktion von H^+-Ionen nach der Reaktionsgleichung:

$$2H^+ + 2e^- \rightarrow H_2. \tag{3}$$

Die thermodynamische Triebkraft der kathodischen Teilreaktionen wird durch ihr Redoxpotential repräsentiert, dem das Potential der angegriffenen Metallelektrode gegenübersteht. Die Lage der Potentiale der beiden Teilreaktionen sagen etwas aus über die Fähigkeit des Systems, Elektronen aufzunehmen bzw. abzugeben. Notwendige Voraussetzung für das Zustandekommen einer Korrosionsreaktion ist nämlich, daß das Gleichgewichtspotential der elektronenverbrauchenden kathodischen Teilreaktion einen positiveren Wert hat als das Gleichgewichtspotential der Metallelektrode. Metalle, deren Standardpotential in der Spannungsreihe (auf die Normalwasserstoffelektrode, deren Wert = 0 gesetzt wird, bezogene Normal-Metallelektrodenpotentiale bei 25 °C), den Wert für die Normalwasserstoffelektrode übersteigt, werden in sauren Lösungen nicht korrodiert, sondern nur von solchen Angriffsmitteln angegriffen, deren Redoxpotential positiver als das Normalpotential liegt. So wird z. B. Kupfer in sauerstoffhaltigen Lösungen korrodiert, nicht aber in sauerstofffreien Säuren.

Eine korrodierende Metalloberfläche stellt eine Ansammlung von elektrochemischen Elementen dar, die sich von wenigen Gitterabständen bis zu den Dimensionen sichtbarer Schäden erstrecken (vgl. Bild 1.1). Dabei sind die angegriffenen Stellen die Anoden (anodische Metallauflösung) und die nicht angegriffenen Stellen Kathoden (kathodische Reduktion von Oxidationsmitteln in der angreifenden Lösung). Die Reaktionsgeschwindigkeit ist über das Faraday'sche Gesetz mit einem Strom, dem Korrosionsstrom verknüpft. Für Eisen gilt: 1 mA/cm^2 Korrosionsstromdichte entspricht etwa einer Korrosionsrate von 11 mm/a.

Wenn unsere an sich unedlen und damit leicht zu korrodierenden metallischen Werkstoffe in der Praxis trotzdem eingesetzt werden können, so beruht das darauf, daß die auftretenden Korrosionsreaktionen unter bestimmten Bedingungen nur sehr langsam ablaufen. Die Tatsache, daß unsere Gebrauchswerkstoffe durch die vorliegenden thermodynamischen Daten als instabil ausgewiesen werden, hat allein noch keinen großen praktischen Wert, da von viel größerer Wichtigkeit die Geschwindigkeit der ablaufenden Korrosionsprozesse ist.

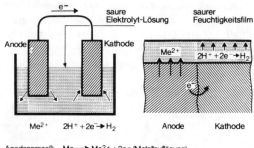

Bild 1.1: Elektrochemisches Korrosionselement, verglichen mit galvanischer Kette

Da die Korrosionsreaktionen fast ausschließlich an der Metalloberfläche stattfinden, sind sie als Grenzflächenvorgänge zu bezeichnen, die mittels eines Phasenschemas dargestellt werden können. Hierbei wird unterschieden zwischen der Metallphase, der flüssigen, gasförmigen oder festen Mediumphase (Angriffsmittel) und der Phasengrenze (Bild 1.2).

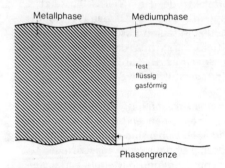

Bild 1.2:
Korrosion als Grenzflächenvorgang (schematisch)

Dieses Schema ist ganz nützlich, da es eine zweckmäßige Einteilung der Einflußgrößen der Korrosion und auch der Korrosionsschutzmaßnahmen erlaubt. An der Phasengrenze Metall/Medium läuft der Korrosionsvorgang ab. Physikalischchemisch handelt es sich also um eine heterogene Reaktion, bei der Aufbau und Zustand der Reaktionsfläche eine erhebliche Rolle spielen. So ist z. B. wesentlich, ob die Oberfläche unbedeckt ist oder mit einer festhaftenden dichten oder lockeren, porösen Deckschicht belegt ist, oder ob sie durch Be- und Verarbeitungsvorgänge in ihren Eigenschaften verändert wurde. Darüber hinaus müssen das angreifende Medium (gelöste Spezies) an die Oberfläche heran- und die Korrosionsprodukte gegebenenfalls abtransportiert werden. Folglich sind Stofftransportphänomene zu beachten und zwar nicht nur die der freien Konvektion, sondern auch solche, die durch Diffusion in Oberflächenschichten auftreten (Stoff- und Ladungstransport in Form von Metallionen und Elektronen). Wie jede andere Festkörperreaktion setzt sich auch die Korrosionsreaktion — wie aus dem vorgesagten ersichtlich — aus mehreren Teilschritten zusammen, von denen der langsamste die Reaktionsgeschwindigkeit bestimmt. Es ist daher verständlich, daß die Abscheidung fester Korrosionsprodukte an der Oberfläche des Werkstoffs die Transportvorgänge beeinflußt und, falls sich dichte und deckende Schichten ausbilden, diese für eine entsprechende Hemmung des Korrosionsvorganges sorgen. Der Umstand, daß insbesondere die instabilen Metalle solche dichten und schützenden Schichten ausbilden, ist die Ursache für ihre praktische Verwendbarkeit.

Besonders effektiv in bezug auf eine Schutzwirkung sind die sogenannten Passivschichten (porenfreie Oxidfilme), die sich in bestimmten Angriffsmitteln spontan ausbilden. Zu den passivierbaren Metallen gehören vor allem Aluminium, Titan, Tantal und Chrom. Ein besonders günstiger Umstand ist der, daß beim Zulegieren von Chrom zu Eisen ab einem Gehalt von rd. 13 % die günstige Passivierungsneigung des Chroms auf eine solche Legierung übertragen werden kann. Diese Entdeckung bildete die Grundlage der Entwicklung aller nichtrostenden Cr-haltigen Eisen- und Nickel-Legierungen.

Das Korrosionsverhalten der Metalle wird nicht von der Lage ihrer bereits erwähnten Standardpotentiale in der Spannungsreihe bestimmt, denn erst bei Abweichungen von diesen Gleichgewichtspotentialen, bei denen ja kein Massenverlust auftritt, kann eine anodische Metallauflösung erfolgen. Hierzu ist eine Verschiebung in anodischer Richtung notwendig, welche durch die bei elektrolytischen Korrosionsprozessen auftretenden Ströme bewirkt wird. Eine im Zustand der Korrosion befindliche Metalloberfläche stellt eine stromdurchflossene Elektrode dar, deren „Arbeitspotential" sich vom Gleichgewichtspotential deutlich unterscheidet. Die sich einstellende Differenz wird durch Prozeßhemmungen bewirkt und als Polarisation bezeichnet. Sie ergibt sich aus den Reaktions- und Transporthemmungen an Kathode und Anode und aus dem Ohm'schen Widerstand zwischen beiden. Die sich bei bestimmten Stromdichten in einem System Metall/Elektrolytlösung einstellenden Potentialänderungen sind damit ein Maß für die unter den gegebenen Bedingungen vorliegende Korrosionsneigung des Metalles. Treten hohe Stromdichten schon bei geringer Potentialverschiebung auf (niedriger Polarisationswiderstand), liegt eine hohe Korrosionsgeschwindigkeit vor. Bleiben die Stromdichten selbst bei großer Potentialverschiebung klein (hoher Polarisationswiderstand), ist bei Korrosionsgeschwindigkeit niedrig.

1.2.3 Stromdichte-Potentialkurven

Theoretische Voraussagen über den Betrag der Potentialänderung (Polarisation) bei bestimmten Stromdichten sind im allgemeinen unmöglich. Erst recht ist es unmöglich, aus den Gleichgewichtspotentialen die bei der Korrosion zu erwartenden Stromdichten, d. h. ein Maß für die Korrosionsgeschwindigkeit zu ermitteln. Der Zusammenhang zwischen Potential und Stromdichte ist normalerweise nur experimentell zu bestimmen.

Die Ergebnisse solcher Messungen werden als Stromdichte-Potential-Diagramme bezeichnet. Sie stellen nach dem Prinzip der Additivität der Teilvorgänge Summenkurven dar, die durch Überlagerung der sog. Teilstromdichte-Potential-Kurven der einzelnen Teilreaktionen entstehen, wobei, wie bereits dargelegt, im System Metall/Elektrolytlösung mindestens 2 Teilreaktionen vorliegen, die anodische Metallauflösung und ein kathodischer Vorgang, z. B. die Reduktion von Wasserstoffionen.

Bild 1.3 gibt ein solches Schaubild für eine Metallauflösung in Säuren wieder. Auf der Abszisse ist das Potential aufgetragen, auf der Ordinate die Stromdichte, positiv nach oben und negativ nach unten.

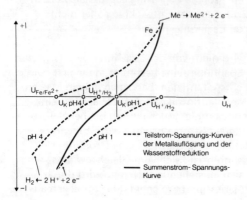

Bild 1.3:
Schematische Darstellung von Strom-Spannungs-Kurven bei der Säurekorrosion

Das sich am Metall ohne Beeinflussung von außen einstellende Freie Korrosionspotential U_K liegt aus Gründen der Elektroneutralität immer dort, wo anodischer und kathodischer Teilstrom gleich groß sind und ist daher als Mischpotential aus den beteiligten elektrochemischen Vorgängen aufzufassen. Nach außen hin ist das System daher stromlos.

Die in Bild 1.3 eingezeichneten Teilstromkurven sind einzeln nicht direkt meßbar, meßbar ist lediglich die aus ihnen resultierende sogenannte Summenstrom-Spannungskurve, die man durch Zufuhr eines anodischen oder kathodischen äußeren Stromes erhält.

Wenn auch die normale, fremdstromlose Korrosion nur durch den Schnittpunkt der Summenstromdichte-Potentialkurve mit der Abszisse (U_K) charakterisiert wird, ist der mit Außenstromzufuhr meßbare Gesamtverlauf der Kurve doch von Interesse, da dieser alle Besonderheiten der beteiligten Teilstromkurven widerspiegelt. Man kann daher aus der Aufnahme solcher Diagramme – bei Vorliegen ausreichender Erfahrungen – häufig Rückschlüsse auf das Korrosionsverhalten der Metalle bei bestimmten bzw. sich ändernden Umgebungsbedingungen ziehen.

So zeigt ein Vergleich des Verlaufes der kathodischen Teilreaktion der Wasserstoffentladung (Säurekorrosion) mit dem einer Sauerstoffreduktion (Sauerstoffkorrosion), wie sie in Bild 1.4 wiedergegeben ist, daß im Falle der Sauerstoffreduktion ein ausgeprägter Grenzstrom auftritt, der durch den parallelen Verlauf der Teilstromkurve zur Abszisse gekennzeichnet ist. Die Ursache für diese Strombegrenzung liegt in der Diffusionssteuerung dieses Kathodenprozesses. Der

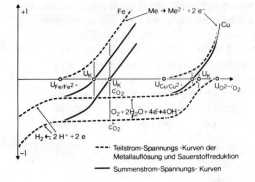

Bild 1.4:
Schematische Darstellung von Strom-Spannungs-Kurven bei der Sauerstoffkorrosion

Grenzstrom zeigt an, daß der gesamte an die Elektrode transportierte Sauerstoff sofort reduziert wird. Erst durch eine erhöhte Nachlieferung, z. B. durch starkes Rühren oder Sauerstoffeinleitung, kann der Grenzstrom gesteigert werden. Damit ist die Korrosionsgeschwindigkeit von der Sauerstoffnachlieferung an die Kathodenflächen abhängig.

Der Eintritt der Passivität eines Metalles wird ebenfalls durch einen speziellen Verlauf der Strom-Spannungskurve angezeigt. Bei der Bildung der passivitätserzeugenden Deckschicht tritt ein deutlicher Abfall des Korrosionsstromes ein (Bild 1.5). Die Beständigkeit dieser Schutzschicht erstreckt sich in der Regel über einen größeren Potentialbereich. Sie wird anodisch vom transpassiven Bereich begrenzt, dessen Beginn sich durch Wiederansteigen des anodischen Auflösungsstromes zu erkennen gibt. Die Korrosionsgeschwindigkeit passivier-

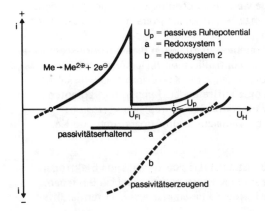

Bild 1.5:
Strom-Spannungs-Kurve bei passivierbaren Metallen

barer Metalle hängt davon ab, in welchem Potentialbereich sich sein Korrosionspotential gerade befindet, was vom Verlauf der kathodischen Teilstromkurve bestimmt wird. Zur Erzeugung der Passivität ist eine vom System Metall/Elektrolytlösung abhängige Mindeststromdichte der kathodischen Teilreaktion erforderlich, um die am Passivierungspotential notwendige anodische Stromdichte aufbringen zu können. Man muß daher unterscheiden zwischen Passivität erzeugenden Redoxsystemen und solchen, die aufgrund ihrer geringen Oxidationskapazität vorhandene Passivschichten zwar erhalten können, aber nicht in der Lage sind, das aktive Metall in den Zustand der Passivität überzuführen.

1.2.4 Einflußgrößen der Korrosionsreaktion

Im System Metall/Angriffsmedium sind die den Korrosionsvorgang steuernden Parameter zweckmäßigerweise in metallseitige, mediumseitige und System-wirksame zu unterteilen.

Bei den metallischen Werkstoffen sind Struktur, Zusammensetzung, mechanische Beanspruchung und Oberflächenzustand entscheidende Einflußgrößen im Hinblick auf die Art der eintretenden Korrosion und auf die Korrosionsgeschwindigkeit. Inhomogenitäten im Gefüge und durch Ausscheidungen aktivierte Korngrenzenbereiche bei sonst passiven Legierungen (Sensibilisierung) verursachen selektive Korrosion, statische und dynamische Zugbeanspruchungen sind Voraussetzungen für rißbildende Korrosionsprozesse und heterogene Oberflächenzustände sind für ungleichmäßige Flächenabtragungen verantwortlich.

Beim Angriffsmittel spielen Art und Konzentration der angreifenden Spezies eine bedeutende Rolle, darüber hinaus ist die Strömungsgeschwindigkeit wichtig, da diese die Stofftransportvorgänge wesentlich beeinflußt und auch für mechanische Wirkungen an der Phasengrenze Metall/Lösung verantwortlich sein kann.

Besondere Bedeutung kommt der Temperatur zu, wenn die Korrorionsgeschwindigkeit durch Phasengrenzreaktionen kontrolliert wird. Der Temperatureinfluß ist relativ klein, wenn Stofftransportvorgänge die Korrosionsgeschwindigkeit bestimmen. Besondere Beachtung muß auftretenden Temperaturgradienten geschenkt werden, z. B. bei einem Wärmedurchgang durch eine korrosionsbeaufschlagte Metallwand, wie sie bei Beheizung von Apparaturen und Kesseln vorliegt.

Eine System-relevante Einflußgröße ist auch das sich einstellende Elektrodenpotential, das bereits beschriebene Freie Korrosionspotential U_K. Bei jedem elektrochemischen Prozeß stellt sich an der Phasengrenze eine Potentialdifferenz ein, der eine bestimmte Auflösungsstromdichte zugeordnet ist. Wird dieses Potential, welches im Vergleich zu einer Referenzelektrode gemessen und meist auf die Normalwasserstoffelektrode bezogen angegeben wird, durch äußere Einflüsse (Fremdstrom, Änderung der kathodischen Teilreaktion) verschoben, ändert sich auch die Korrosionsgeschwindigkeit entsprechend der Neigung der anodischen Teilstromkurve (vgl. Bild 1.3). Eine Potentialänderung in anodischer Richtung steigert die anodische Auflösung (falls keine Schutzschichtbildung, z. B. Passivierung eintritt), in kathodischer Richtung wird sie vermindert. Wichtig ist hierbei aber, daß keine Grenzpotentiale überschritten werden, die den Bereich einer anderen Korrosionsart markieren, wie z. B. Lochkorrosion und Spannungsrißkorrosion. Liegen solche Bedingungen vor, kann durch eine Potentialverschiebung das Erscheinungsbild der Korrosion völlig verändert werden. Nicht zu vernachlässigen ist auch der Zeiteinfluß, da im Verlaufe eines Angriffes an der Phasengrenze Veränderungen eintreten können (Deckschichtbildung, Aufkonzentrierung, Verarmung), die sowohl die Geschwindigkeit als auch die Form der Korrosion beeinflussen. Dieses Problem spielt vor allem bei die Praxis simulierenden Korrosionsprüfungen eine entscheidende Rolle, insbesondere bei der Anwendbarkeit und Übertragbarkeit von Kurzzeitversuchen auf das Langzeitverhalten unter Betriebsbedingungen.

1.3 Korrosionsarten und -formen

Die Oberfläche eines Werkstoffes bzw. Bauteiles unterliegt während des betrieblichen Einsatzes verschiedenen Einflüssen der Umgebung. Diese Einflußgrößen lassen sich unterteilen in mechanische, thermische und chemische Beanspruchungen. In vielen Fällen der Praxis treten diese nicht einzeln auf sondern überlagern sich (vgl. Bild 1.6). Ein elektrochemischer Korrosionsangriff kann z. B. bei gleichzeitiger Einwirkung einer mechanischen Spannung stattfinden. Hierdurch werden die Erscheinungsformen der Korrosion beeinflußt. Wenig oder gar nicht abhängig von mechanischen Spannungen sind die gleichmäßige und die ungleich-

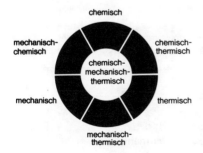

Bild 1.6:
Einflußfaktoren der Bauteilbeanspruchung und ihre Überlagerung

mäßige Flächenkorrosion, die selektive Korrosion, die Kontaktkorrosion, die Spaltkorrosion und die Lochkorrosion, während mechanische Spannungen zur Auslösung von Spannungsrißkorrosion und Schwingungsrißkorrosion notwendig sind.

Die gleichmäßige Flächenkorrosion eines Werkstückes stellt den einfachsten Fall der Korrosion dar. Hierbei wird die Wanddicke eines Apparates, der Querschnitt einer Konstruktion oder auch der Durchmesser einer Welle unter der Voraussetzung zeitlich annähernd konstanter und auf der Oberfläche überall gleicher Korrosionsbedingungen (homogene Mischelektrode) weitgehend gleichmäßig verringert. Ist die Abminderungsrate durch Messungen ermittelt worden und nicht zu hoch, kann der Konstrukteur häufig durch entsprechende Zugaben zur rechnerisch ermittelten Wanddicke eine technisch befriedigende Lebensdauer des Bauteils erreichen.

Die gleichmäßige Flächenabtragung ist in der Praxis aber recht selten. Viel häufiger wird eine mehr ungleichmäßige Flächenkorrosion beobachtet. Hierbei treten auf den einzelnen Flächenbezirken unterschiedliche Abtragungsgeschwindigkeiten auf (heterogene Mischelektrode), wodurch die Oberfläche ein zerklüftetes oder muldenbedecktes Aussehen erhält (Bild 1.7).

Bild 1.7:
Muldenkorrosion

Als Lochkorrosion wird diejenige Korrosionsart definiert, bei der kraterförmige, die Oberfläche unterhöhlende oder auch nadelstichartige Vertiefungen auftreten. Die Tiefe der Lochfraßstellen ist in der Regel gleich oder größer als ihr Durchmesser (Bild 1.8). Lochkorrosion kann immer dann auftreten, wenn die Werkstoffoberfläche mit einer korrosionshemmenden Deckschicht überzogen ist, die Poren oder Fehlstellen besitzt, welche entweder von Haus aus vorliegen oder durch Einwirkung des Angriffsmittels entstehen. Für den letzteren Fall ist beispielhaft die Lochkorrosion an rost- und säurebeständigen ferritischen und austenitischen Stählen, die durch Halogenide (im wesentlichen Chloride) ausgelöst wird. Chloridionen erzeugen offenbar über Chemisorptionsprozesse an diskreten Stellen Lochkeime in den auf diesen Stählen vorliegenden passivierenden Schutzschichten. Nach einer Induktionszeit entstehen an solchen Stellen aktive Anoden, während die Umgebung mit der nur Elektronen-leitenden Passivschicht großflächige Kathoden bildet. Die stabile Ausbildung eines solchen Lochkorrosionselementes wird wesentlich durch eine infolge Hydrolyse von Korrosionsprodukten eintretende Ansäuerung der Lochelektrolytlösung verursacht.

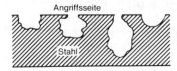

Bild 1.8: Ausbildungsformen der Lochkorrosion

Elektrochemisch wird beginnende Lochkorrosion durch einen Stromanstieg (Durchbruch) im Passivbereich des betreffenden Stahles angezeigt (Bild 1.9). Das Potential, bei dem dies geschieht, wird mit Lochkorrosionspotential bezeichnet. Es stellt einen Grenzwert dar, bei dessen Überschreiten die Lochkorrosion einsetzt. Damit kennzeichnet die Lage dieses Potentials die Empfindlichkeit eines Stahles für Lochkorrosion in einem gegebenen, chloridhaltigen Korrosionssystem. Mit zunehmender Chloridkonzentration, höherer Temperatur und sinkendem pH-Wert steigt die Anfälligkeit an, was durch Verschiebung des Lochkorrosionspotential zu negativeren Werten angezeigt wird (vgl. Bild 1.10).

Auf Seite des Werkstoffes verbessern steigende Gehalte an Chrom und insbesondere Molybdän die Beständigkeit. Auch der Zustand der Oberfläche spielt eine Rolle. Sandstrahlen und Schleifen wirkt sich ungünstig aus, dagegen zeigen polierte Oberflächen ein besseres Verhalten.

Als besonders kritisch sind örtliche Chloridaufkonzentrierungen zu betrachten, wie sie häufig durch die konstruktive Gestaltung bewirkt werden (z. B. Salzkrustenbildung an Wärmetauscherrohren durch unvollständige wasserseitige Füllung, Anreicherungen in Spalten und Strömungstoträumen usw.).

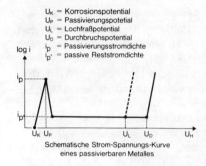

U_K = Korrosionspotential
U_P = Passivierungspotetial
U_L = Lochfraßpotential
U_D = Durchbruchspotential
i_p = Passivierungsstromdichte
$i_{p'}$ = passive Reststromdichte

Schematische Strom-Spannungs-Kurve eines passivierbaren Metalles

Bild 1.9:
Einschränkung des Passivbereiches durch am Lochfraßpotential U_L einsetzende Lochkorrosion

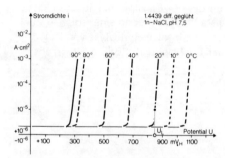
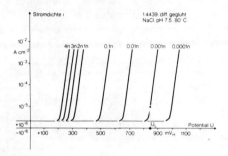

Bild 1.10: Abhängigkeit des Lochfraßpotentials U_L von der Temperatur und Chloridkonzentration

Außer an nichtrostenden Stählen kann auch an Aluminium und seinen Legierungen sowie an passivierbaren Nickellegierungen Lochkorrosion auftreten.
Zu den Lokalkorrosionsarten zählt auch die Spaltkorrosion. Diese stellt eine örtlich verstärkte Korrosion in Spalten dar und ist daher ausschließlich von der konstruktiven Gestaltung her bedingt. Sie verläuft bei unlegierten Stählen meist mulden- bzw. flächenförmig und kann bei den chemisch beständigen Stählen als eine Abart der Lochkorrosion aufgefaßt werden.

Obwohl der Mechanismus der Spaltkorrosion noch nicht vollständig aufgeklärt ist, ist festzuhalten, daß sich die Elektrolytlösung im Spalt infolge Diffusionshemmung verändert und zwar in Richtung steigender Korrosivität. Insbesondere tritt, wie bei der Lochkorrosion, durch Hydrolyse von Korrosionsprodukten eine Absenkung des pH-Wertes im Spalt ein.

Ob Spaltkorrosion auftritt oder nicht hängt im wesentlichen von der Spaltgeometrie ab, besonders kritische Spaltbreiten liegen dann vor, wenn der

Abstand der spaltbildenden Flächen unterhalb 1 mm liegt. Da die im Spalt ablaufenden Reaktionen von außen nicht beeinflußt werden können, lassen sich Schäden nur durch ein möglichst weitgehendes Vermeiden von Spalten umgehen.

Typische Spaltkorrosionsschäden werden häufig an nicht durchgeschweißten Wurzeln von Schweißnähten beobachtet (Bild 1.11).

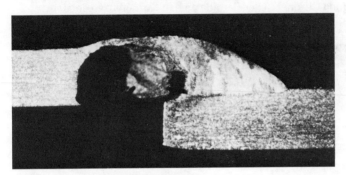

Bild 1.11: Spaltkorrosionsschaden

Bedingungen für Spaltkorrosion liegen auch dann vor, wenn von den spaltbildenden Werkstoffen einer ein Nichtleiter ist. So kann auch im Bereich von Dichtungen, Packungen und Produktablagerungen Spaltkorrosion auftreten.

Konstruktionsbedingt ist auch die Kontaktkorrosion, die bei elektrisch leitender Verbindung von metallischen Werkstoffen unterschiedlicher Korrosionspotentiale im Bereich der Berührungsstelle als verstärkte Auflösung des unedleren Partners in Erscheinung tritt (Mischbauweise). Das Ausmaß einer solchen Korrosion ist außer vom sich einstellenden Elementstrom vom Flächenverhältnis der Partner abhängig. Mit Hilfe der Flächenregel kann die Korrosionsgefährdung abgeschätzt werden. Unter bestimmten Voraussetzungen — vernachlässigbarer Widerstand der Elektrolytlösung und der anodischen Polarisation — ist die Auflösungsstromdichte des Kontaktelementes dem Flächenverhältnis proportional.

Die bekannteste Art der selektiven Korrosion, worunter man grundsätzlich die Auflösung bestimmter Gefügebestandteile oder Legierungsbestandteile eines Metalles versteht, ist die interkristalline Korrosion. Sie tritt auf, wenn durch Gefügeveränderungen in Korngrenzenbereichen die Beständigkeit korngrenzennaher Zonen im Vergleich zur Beständigkeit korngrenzenferner Bereiche vermindert ist. Diese Korrosionsart ist besonders kritisch für passive Werkstoffe, da bei diesen große Unterschiede zwischen den Korrosionsgeschwindigkeiten der passiven Matrix und der aktiven Korngrenzensäume möglich sind, wenn durch diskontinuierliche Ausscheidungsprozesse im übersättigten Mischkristall die Zusammensetzung der Kornrandzonen so verändert wird, daß sie nicht mehr passivierbar sind. Das Erscheinungsbild der interkristallinen Korrosion ist dadurch gekennzeichnet, daß Korngrenzenbereiche bevorzugt grabenförmig bis zum Herauslösen einzelner Körner aus dem Gefügeverband angegriffen werden (Bild 1.12). Bei den nichtrostenden austenitischen Cr-Ni-Stählen wird die Anfälligkeit der Korngrenzenbereiche durch eine Chromverarmung hervorgerufen, die infolge Ausscheidung Chrom-reicher Carbide an den Korngrenzen entsteht.

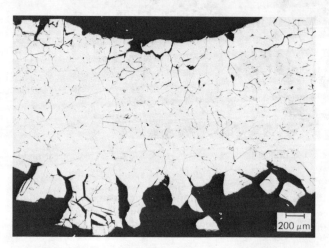

Bild 1.12: Interkristalline Korrosion einer Ni-Mo-Cr-Legierung

Eine der unangenehmsten Formen der Korrosion ist die Spannungsrißkorrosion. Ihr kennzeichnendes Erkennungsbild sind die je nach Legierungssystem und Angriffsmittel inter- oder transkristallin ohne Brucheinschnürung verlaufenden Risse, die mehr oder weniger verästelt oder verzweigt in den Werkstoff eindringen, bis der restliche Querschnitt durch Gewaltbruch zerstört wird. Die normale, sogenannte anodische Spannungsrißkorrosion wird durch eine Kombination von mechanischen Zugspannungen mit einem örtlich wirkenden elektrolytischen Auflösungsprozeß ausgelöst, falls die Legierung eine Anfälligkeit für diese Korrosionsart besitzt und das Angriffsmittel diese erzeugen kann. Voraussetzungen für das Auftreten der Spannungsrißkorrosion sind demnach örtliche Zerstörungen oder Unterbrechungen von Deck- bzw. Passivschichten.

Bei unlegierten Stählen wird durch Nitrat- und Alkalihydroxidlösungen eine interkristalline Rißbildung ausgelöst (Bild 1.13), während bei den nichtrostenden Austenitstählen in der Hauptsache durch Chloride eine Spannungsrißkorrosion

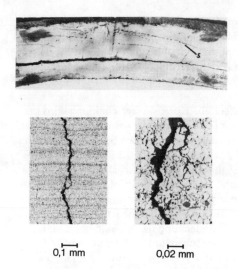

0,1 mm   0,02 mm

Bild 1.13:
Interkristalline Spannungsrißkorrosion an einem Schmelzkessel
aus WStE 47

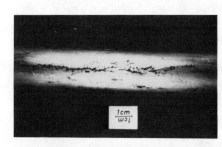

Angriffsmittel:
Kühlwasser mit 350 ppm Cl⁻

Temperaturen:
Produkt: 180.... 120°C
Wasser: 25.... 50°C

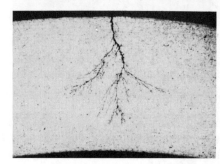

Betriebszeit:
3 Monate

100 µm

Bild 1.14: Transkristalline Spannungsrißkorrosion an einem Wärmetauscherrohr
aus dem Austenitstahl der Werkstoff-Nr. 1.4571

mit transkristallinem Rißverlauf erzeugt wird (Bild 1.14). An Nichteisenmetallen, z. B. Kupferlegierungen und an Aluminiumlegierungen, kann ebenfalls Spannungsrißkorrosion auftreten, wobei als auslösende Agenzien bei Kupferwerkstoffen ammoniakhaltige, bei Aluminiumwerkstoffen chloridhaltige Lösungen in Frage kommen.

Eine weitere — meistens rißartig auftretende — Korrosionserscheinung wird bei niedrigen Temperaturen (z. B. RT) durch Einwirkung von atomarem Wasserstoff hervorgerufen. Sie wird als wasserstoffinduzierte Rißbildung bezeichnet. Die Absorption von atomarem Wasserstoff bei Temperaturen $< 150\,°C$ bewirkt bei Stählen eine Veränderung der Zähigkeit und der Verformungsfähigkeit. Dies ist bei höher- und hochfesten Stählen besonders ausgeprägt. Infolgedessen kann bei Korrosionsreaktionen, die unter Entladung von Wasserstoffionen an Metalloberflächen ablaufen, durch Wasserstoffabsorption ein Schädigungsmechanismus einsetzen. Da hierfür eine besonders hohe Bedeckung der Stahloberfläche mit atomarem Wasserstoff notwendig ist, spielen sogenannte „Promotoren", das sind Verbindungen, welche die Rekombination der Wasserstoffatome zum Molekül H_2 hemmen, für die Schadensauslösung eine besondere Rolle. In dieser Hinsicht wirksame Verbindungen sind vor allem Schwefelwasserstoff, Arsenwasserstoff, CO und Cyanide. An weichen Stählen können durch aufgenommenen Wasserstoff Blasen, Anrisse und terrassenförmige Brüche (Bild 1.15), an höherfesten Stählen ausgesprochene Risse auftreten (Bild 1.16), wobei als wesentliche und mitwirkende Einflußgröße die jeweils vorliegende mechanische Beanspruchung anzusehen ist.

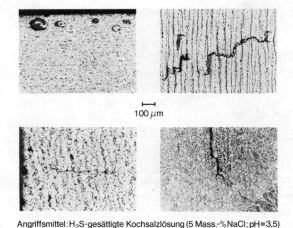

⊢⊣ 100 μm

Angriffsmittel: H_2S-gesättigte Kochsalzlösung (5 Mass.-% NaCl; pH=3,5)

Bild 1.15:
Typische Wasserstoffschäden an einem Röhrenstahl (X 60)

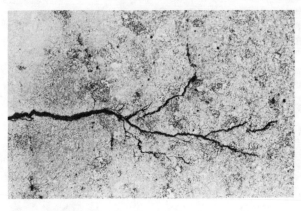

0,1 mm
⊢──┤

Bild 1.16: Wasserstoffinduzierte Spannungsrißkorrosion an einem CO_2-Absorber aus 19 Mn 5

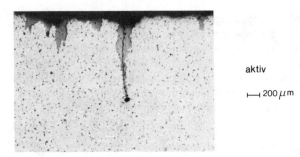

aktiv

⊢──┤ 200 μm

Bild 1.17: Schwingungsrißkorrosion bei aktiv korrodierender Oberfläche

Bauteile, die neben einer korrosiven Einwirkung durch die Umgebung auch sich zeitlich ändernden Zugspannungen ausgesetzt sind, können durch Schwingungsrißkorrosion geschädigt werden. Durch diesen ebenfalls rißerzeugenden Korrosionsprozeß verliert ein Bauteil seine Dauerfestigkeit. Man unterscheidet Schwingungsrißkorrosion an Werkstoffen, die während des Vorganges auf der gesamten Oberfläche korrodiert werden und daher zahlreiche Anrisse aufweisen bevor der Bruch eintritt (Bild 1.17) und an Werkstoffen im Passivzustand, bei denen nach einer Inkubationszeit meist nur an einer einzelnen Gleitstelle ein örtlicher Korrosionsprozeß auftritt, wodurch ein glatter, nur von einem Einzelriß ausgelöster Bruch entsteht (Bild 1.18).

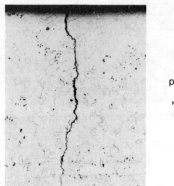

passiv

⊢⊣ 100 μm

Bild 1.18:
Schwingungsrißkorrosion bei passiver Werkstoffoberfläche

1.4 Möglichkeiten des Korrosionsschutzes

Grundlage eines gegenüber den Umgebungseinflüssen möglichst widerstandsfähigen Konstruktionsteiles ist die beanspruchungsgerechte Werkstoffauswahl und die korrosionsschutzgerechte konstruktive Planung. Hierunter versteht man erstens die Verwendung von Werkstoffen, die alle betrieblichen Anforderungen — mechanische, thermische, korrosive, verschleißende — so weit wie möglich erfüllen und die für alle zur Herstellung des Bauteiles notwendigen Fertigungsverfahren ohne kritische Einbuße an Eigenschaften geeignet sind und zweitens eine Bauteilgestaltung, welche konstruktionsbedingte Korrosionsprozesse wie Spaltkorrosion und Kontaktkorrosion vermeidet, die Anwendung von korrosionsschützenden Maßnahmen — falls sie erforderlich sind — optimal gestattet und darüber hinaus alle für eine Qualitätskontrolle erforderlichen Prüf- und Untersuchungsverfahren durch entsprechende Zugänglichkeit anzuwenden erlaubt. Die darüber hinausgehenden speziellen Korrosionsschutzmaßnahmen sollten erst danach zum Zuge kommen, d. h. immer dann, wenn die nach den genannten Regeln aufgestellte Grundkonzeption noch keine technisch ausreichende Lebensdauer garantiert. Sie sollten keineswegs dazu dienen, Planungsmängel zu sanieren.

Die Anpassung des Werkstoffes an die chemische Beanspruchung im Rahmen der Werkstoffauswahl stellt damit die erste Korrosionsschutzmaßnahme dar, die

Tabelle 1.1: Korrosionsschutzmaßnahmen

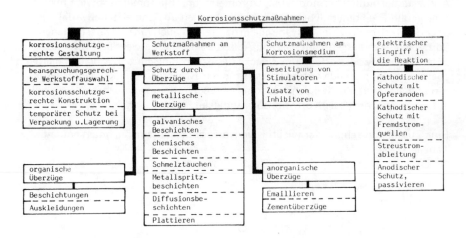

infolge der heute zur Verfügung stehenden großen Zahl von Legierungen keine einfache Aufgabe ist, da sie spezifische Kenntnisse verlangt, die in der Regel nur bei Werkstoffachleuten vorliegen. Besonders zu beachten ist hierbei, daß bei allen Eisen- und Nichteisenlegierungen bestimmten Legierungselementen besondere Eigenschaften hinsichtlich der Korrosionsbeständigkeit zukommt, z. B. eine Verbesserung der Fähigkeit zur Deckschichtbildung in speziellen Medien.

Korrosionsschutzmaßnahmen lassen sich in zwei Gruppen unterteilen, in die aktiven oder direkten Maßnahmen, worunter man den unmittelbaren Eingriff in den Korrosionsprozeß versteht und in die passiven oder indirekten Maßnahmen, die einen mittelbaren Eingriff darstellen, nämlich Werkstoff und Angriffsmittel durch eine Zwischenschicht zu trennen.

Zu den aktiven Korrosionsschutzverfahren zählt auch der elektrochemische Schutz, heute im wesentlichen ausgeführt durch Anwendung von aufgeprägtem Gleichstrom, wodurch man den Werkstoff entweder soweit kathodisch polarisiert, daß er nicht mehr korrodiert wird oder ihn anodisch polarisiert, bis er durch Erreichen des Passivzustandes geschützt wird. Die zuletzt genannte Methode setzt allerdings die Passivierbarkeit des Metalles voraus.

Zur Verminderung eines Korrosionsangriffs dienen auch Inhibitoren, welche den angreifenden Medien zugesetzt werden und eine Veränderung in der Grenzschicht Werkstoff/Elektrolytlösung durch Sorptionsvorgänge hervorrufen (häufig Filmbildung) und dadurch den Korrosionsvorgang hemmen.

Zu den indirekten Schutzmaßnahmen zählen organische Beschichtungssysteme, Auskleidungen mit Thermoplasten, Duromeren und Elastomeren sowie Emaillierungen und Fremdmetallüberzüge. Letztere können im Schmelztauchverfahren oder durch stromlose und galvanische Prozesse und auch mittels verschiedener Spritztechniken aufgebracht werden. Außerdem ist die Verwendung von metallischen Verbundwerkstoffen zum Zwecke des Korrosionsschutzes möglich, hierbei übernimmt der tragende Grundwerkstoff in der Regel die Festigkeitsanforderungen und eine durch Walz-, Schweiß- oder Sprengplattierung aufgebrachte spezielle Legierungsschicht die Korrosionsbeständigkeit.

Eine Zusammenstellung der wichtigsten Korrosionsschutzmaßnahmen enthält Tabelle 1.1.

Dr. rer. nat. Günter Herbsleb

2 Eigenschaften und Anwendung nichtrostender Stähle und korrosionsbeständiger Nickellegierungen

2.1 Einleitung

Stähle sind Legierungen des Elementes Eisen mit Kohlenstoff (unlegierte Stähle). Verglichen mit reinem Eisen haben sie bessere mechanische Eigenschaften (Zähigkeit, Härte), die zudem durch bestimmte Wärmebehandlungen beeinflußt werden können. Diese Eigenschaften können durch Zusätze weiterer Legierungselemente (Mangan, Silizium, Chrom) noch verbessert werden. Stähle, die $\leqslant 5$ Massen-% an besonderen Legierungselementen enthalten, sind „niedriglegierte Stähle".

„Hochlegierte Stähle" enthalten mehr als 5 Massen-% an besonderen Legierungselementen. Die bedeutendste Gruppe unter den hochlegierten Stählen sind die chemisch beständigen Stähle, die von der Legierungszusammensetzung her durch Chromgehalte > 12 Massen-% gekennzeichnet sind. Man unterteilt die chemisch beständigen Stähle in hitzebeständige und nichtrostende Stähle.

Hitzebeständige Stähle sind gegen den Angriff durch heiße Gase, insbesondere Luftsauerstoff und Verbrennungsgase, beständig. Diese Eigenschaft wird auch als Zunderbeständigkeit bezeichnet.

Als nichtrostende Stähle werden im allgemeinen Sprachgebrauch Stähle bezeichnet, die in der natürlichen Umgebung (Atmosphäre, Wasser, Erdboden) nicht rosten (rostfreie Stähle). Sie enthalten außer Chrom häufig Nickel. Die hochlegierten korrosionsbeständigen (säurebeständigen) Stähle sollen darüber hinaus auch in stärker korrosiven Medien (Säuren, Salzlösungen auch höherer Konzentrationen) gegen gleichmäßige Flächenkorrosion und besonders gegen örtliche Korrosionsangriffe beständig sein.

Wesentlich für die chemische Beständigkeit ist also das Legierungselement Chrom, welches sowohl hitzebeständigen als auch nichtrostenden Stählen ihre besonderen Eigenschaften verleiht.

Stähle sind Eisenlegierungen, bei denen Eisen den Hauptbestandteil darstellt.

Bei weiterem Erhöhen insbesondere des Nickel- und Molybdängehaltes gelangt man zu den korrosionsbeständigen Nickel- und Molybdänlegierungen, bei denen Eisen nicht mehr den Hauptbestandteil darstellt.

Es gibt eine Vielzahl von Stählen und Legierungen. Jeder dieser Werkstoffe kann durch die Werkstoffnummer (DIN 17 007) oder die chemische Zusammensetzung (DIN 17 006) gekennzeichnet werden.

In der Systematik der Werkstoffnummern haben Stähle die Hauptgruppe 1, Nickel- (und Kobalt-) Legierungen finden sich in der Hauptgruppe 2 (Werkstoff-Nr. 2.400 bis 2.499).

Ebenso wie niedriglegierte Stähle werden auch hochlegierte Stähle nach ihrer chemischen Zusammensetzung benannt, wobei für Unterscheidungszwecke den Bezeichnungen der hochlegierten Stähle ein „X" vorangesetzt wird. Die Benennung hochlegierter Stähle setzt sich zusammen aus

— Vorbuchstabe X (unmittelbar vor der Kohlenstoffkennzahl);
— Kohlenstoffkennzahl (Massengehalt x 100);
— die chemischen Symbole der kennzeichnenden Legierungselemente;
— die Kennzahlen (Massengehalte) der Legierungszusätze.

Bei den Nickellegierungen werden das X und die Kohlenstoffkennzahl, die für diese Werkstoffgruppe nicht kennzeichnend ist, fortgelassen.

Die mechanischen Eigenschaften nichtrostender Stähle werden durch die Gefügeausbildung, die durch den Legierungsaufbau und die Wärmebehandlung erzielt wird, bestimmt. Je nach der Gefügeausbildung unterteilt man die nichtrostenden Stähle in vier Gruppen:

1. Martensitische (härtbare) Stähle mit $> 0{,}12$ Massen-% Kohlenstoff und max. 15 Massen-% Chrom. Die Stähle werden bei Temperaturen $> 1000\,°C$ gehärtet (z. B. Messerstähle). Sie können nach dem Härten durch Anlassen auf Temperaturen zwischen 500 und 600 °C vergütet, d. h. auf eine gewünschte niedrigere Festigkeit gebracht werden und verbinden im vergüteten Zustand hohe Festigkeit mit guter Duktilität.

Beim Vergüten wird ein ferritisches Gefüge mit Ausscheidungen hochchromhaltiger Carbide ($M_{23}C_6$ oder M_3C; M = Metall) ausgebildet. Hierdurch entstehen chromverarmte Bereiche und die Korrosionsbeständigkeit nimmt ab. Der Chromgehalt in der ferritischen Matrix kann erst durch Glühen bei höheren Temperaturen über längere Zeiten ausgeglichen werden. Dadurch steigt zwar die Korrosionsbeständigkeit wieder an, jedoch nimmt die Festigkeit ab. Wegen des im Carbid abgebundenen Chromanteils ist die Korrosionsbeständigkeit nach einer solchen Ausgleichsglühbehandlung noch deutlich schlechter als die des Martensits.

2. Ferritische Stähle mit kubisch-raumzentriertem Gitter (α-Gitter). Hier haben die ferritischen Chromstähle mit etwa 17 Massen-% Chrom die größte praktische Bedeutung. Sie besitzen schlechtere mechanische Eigenschaften, sind aber in chloridhaltigen Angriffsmitteln gegen Spannungsrißkorrosion beständig.

3. Austenitische Stähle mit kubisch-flächenzentriertem Gitter (γ-Gitter). Besondere Bedeutung haben die austenitischen Chrom-Nickel-Stähle mit etwa 18 Massen-% Chrom und 10 Massen-% Nickel, ohne oder mit Molybdän. Sie haben verhältnismäßig niedrige Festigkeit bei sehr guter Duktilität, in chloridhaltigen Angriffsmitteln können sie aber für transkristalline Spannungsrißkorrosion anfällig sein.

4. Ferritisch-austenitische Stähle verbinden die guten mechanischen Eigenschaften austenitischer mit der hohen Spannungsrißkorrosionsbeständigkeit ferritischer Stähle. Sie werden deshalb häufig unter spannungsrißkorrosionserzeugenden Bedingungen angewendet.

Reines Eisen hat ein ferritisches (α-) Metallgitter. Bei den Legierungselementen, die dem Eisen zugesetzt werden können, sind Ferritbildner (Chrom, Molybdän, Silizium, Titan, Niob) und Austenitbildner (Kohlenstoff, Stickstoff, Nickel, Mangan) zu unterscheiden.

Die austenitischen Chrom-Nickel-Stähle ohne oder mit Molybdän werden im lösungsgeglühten Zustand (Lösungsglühtemperatur 1000 bis 1100 °C) angewendet. Im Dreistoffdiagramm Eisen-Chrom-Nickel liegen diese Stähle bei Lösungsglühtemperatur hart an der Grenze des ($\alpha + \gamma$)-Feldes, Bild 2.1. Mit steigendem Chromgehalt (Ferritbildner!) muß zum Aufrechterhalten des austenitischen Gefügezustandes der Gehalt an Nickel (Austenitbildner!) stark erhöht werden. Aus dem gleichen Grund muß zum Aufrechterhalten des austenitischen Zustandes auch mit ansteigendem Molybdängehalt der Nickelgehalt erhöht und/oder der Chromgehalt erniedrigt werden.

In ferritisch-austenitischen Stählen sind die Ferritbildner Chrom (und Molybdän) im ferritischen Gefügebestandteil angereichert, dafür ist dieser an Nickel verarmt. Der austenitische Gefügebestandteil enthält umgekehrt mehr Nickel als Austenitbildner und weniger Chrom (und Molybdän). Diese Konzentrationsunterschiede sind jedoch verhältnismäßig geringfügig und haben für die praktische Anwendung keine Bedeutung. Zudem ist die Legierungszusammensetzung so gewählt, daß Austenit und Ferrit zu etwa gleichen Anteilen im Gefüge vorliegen und der Chromgehalt im Austenit 17 Massen-% im allgemeinen nicht unterschreitet.

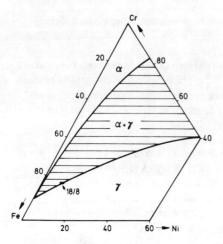

Bild 2.1:
Schnitt durch das Dreistoffsystem
Eisen-Chrom-Nickel bei 1100 °C

In nichtrostenden Stählen können beim Glühen in bestimmten Temperaturbereichen Carbide, Nitride und intermetallische Verbindungen ausgeschieden werden. Wegen des besonderen Einflusses von Chrom und Molybdän auf die Korrosionsbeständigkeit nichtrostender Stähle haben die Ausscheidungen solcher Phasen und Verbindungen, die diese Legierungselemente enthalten, besondere Bedeutung. Durch die Ausscheidung chrom- und molybdänhaltiger Phasen werden diese Elemente der die Ausscheidungen umgebenden Matrix entzogen. Die Matrix verarmt an den genannten Legierungselementen, wodurch ihre Korrosionsbeständigkeit herabgesetzt wird.

Bei ferritischen Chromstählen und austenitischen Chrom-Nickel-Stählen ist zwischen etwa 600 bis 900 °C mit der Ausscheidung der chromreichen σ-Phase zu rechnen. Für ferritische Stähle mit bis etwa 18 Massen-% Chrom hat die Ausscheidung dieser Phase keine und für molybdänfreie austenitische Stähle nur für das Schweißgut Bedeutung. Das Schweißgut austenitischer Stähle enthält aus schweißtechnischen Gründen (Vermeidung von Heißrissen) fast stets δ-Ferrit, der beim Glühen nach

$$\delta \rightarrow \gamma + \sigma \, (+ M_{23}C_6)$$

zerfällt. Der zerfallene δ-Ferrit kann bei korrosiver Beanspruchung selektiv gelöst werden.

Mit zunehmendem Chrom-, insbesondere aber mit zunehmendem Molybdängehalt nimmt die Neigung zur Ausscheidung intermetallischer Verbindungen (σ-Phase, χ-Phase, Laves-Phase Fe_2Mo) stark zu, vgl. das Ausscheidungsschaubild auf Bild 2.2. Intermetallische Verbindungen können sich bei hinreichend starker Ausscheidungsneigung bereits während der verhältnismäßig kurzzeitigen Wärme-

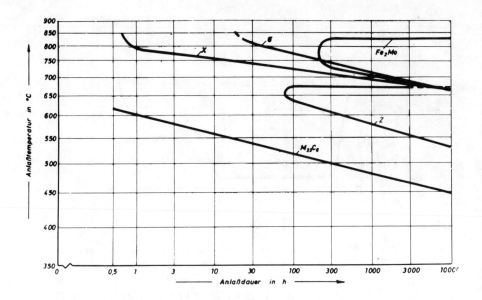

Bild 2.2: Ausscheidungsfelder von chromreichem Karbid $M_{23}C_6$, chromreicher σ- und χ-Phase, der molybdänreichen Laves-Phase Fe_2Mo sowie eines komplexen Nitrides (Z-Phase) für lösungsgeglühten (15 min 1050 °C/W) Stahl X 2 CrNiMo 18 12

einwirkung beim Schweißen ausscheiden. Dem aus korrosionschemischen Gründen wünschenswerten Zulegieren von Molybdän in höheren Gehalten sind deshalb verhältnismäßig enge Grenzen (in austenitischen Chrom-Nickel-Stählen bei 6 Massen-% Molybdän) gesetzt.

Zulegieren von 0,1 bis 0,2 Massen-% Stickstoff verzögert die Ausscheidung der σ- und χ-Phase erheblich und verbessert außerdem durch Einlagern des Stickstoffs auf Zwischengitterplätzen die mechanischen Eigenschaften. Stickstofflegierte austenitische und austenitisch-ferritische Stähle gewinnen deshalb zunehmende Bedeutung.

Anders als in austenitischen und austenitisch-ferritischen Chrom-Nickel-Stählen sind in eisenarmen bzw. eisenfreien Nickel-Chrom-Legierungen sehr hohe Molybdängehalte stabil löslich. Die hochkorrosionsbeständigen Legierungen auf der Basis 16 bis 20 Massen-% Chrom und etwa 16 Massen-% Molybdän sowie etwa 30 Massen-% Molybdän, Rest Nickel, haben in der chemischen Industrie erhebliche Bedeutung.

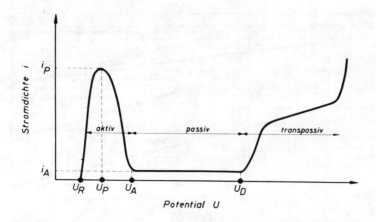

Bild 2.3: Anodische Stromdichte-Potential-Kurve eines passivierbaren Chromstahles unter den Bedingungen der Säurekorrosion (schematisch). U_A: Aktivierungspotential; U_P: Passivierungspotential; U_D: transpassives Durchbruchspotential; U_R: Ruhepotential; i_A: passive Auflösungsstromdichte; i_P: Passivierungsstromdichte

2.2 Allgemeines Korrosionsverhalten nichtrostender Stähle

Chrom ist ein von Natur aus stabil-passives Metall, das gegen Korrosionsangriffe durch eine unsichtbare, dünne (etwa 10 bis 100 Å) Passivoxidschicht geschützt wird. Sein Korrosionsverhalten kann am besten anhand der auf Bild 2.3 schematisch wiedergegebenen Stromdichte-Potential-Kurve für die Bedingungen der Säurekorrosion beschrieben werden. Einer anodischen Stromdichte von 1 mA cm^{-2} entspricht bei Chrom- und Chrom-Nickel-Stählen eine Korrosionsgeschwindigkeit von 10^{-2} g m^{-2} h^{-1} ($\hat{=} 10^{-2}$ mm a^{-1}). Mit zunehmendem Potential werden die Zustände aktiv, passiv und transpassiv durchlaufen. Zur Passivierung muß beim Passivierungspotential U_P die Passivierungsstromdichte i_P entweder durch äußere Polarisation oder durch Umsatz eines Oxidationsmittels aufgebracht werden. Bei Chrom bewirkt bereits das Oxidationsmittel Wasser mit sehr geringer Redoxkapazität die Passivierung. Oberhalb des transpassiven Durchbruchpotentials U_D, d. h. beim Übergang im Transpassivbereich, steigt die Stromdichte wieder an, da als neue Reaktion nunmehr die Oxidation von Chrom zu leichtlöslichem Chromat erfolgt.

Eisen besitzt die natürliche Passivität des Chroms nicht. Es ist ein instabilpassives Metall, das in den passiven Zustand nur bei Polarisation mit einem

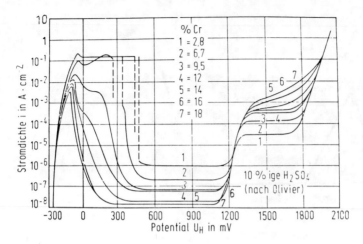

Bild 2.4: Anodische Stromdichte-Potential-Kurven von Eisen-Chrom-Legierungen mit unterschiedlichen Chromgehalten in 10 %iger Schwefelsäure

anodischen Strom oder in Gegenwart eines Redoxsystems mit hinreichend hoher Redoxkapazität übergehen kann.

Legiert man dem Eisen Chrom in steigenden Gehalten zu, so wird oberhalb etwa 10 Massen-% Chrom der Passivbereich von Eisen stark zu negativeren Potentialen hin erweitert und die passive Auflösungsstromdichte erniedrigt, Bild 2.4. Bei höheren Chromgehalten reichen deshalb schwächere Oxidationsmittel in geringeren Gehalten zum Überführen von Eisen in den passiven Zustand aus. Eisen-Chrom-Legierungen mit mehr als 13 Massen-% Chrom sind stabil-passiv. Ebenso wie gegenüber Chrom wirkt bereits Wasser auch gegenüber den passivierbaren Stählen mit mehr als 13 Massen-% Chrom bereits als ein die Passivierung erzeugendes Oxidationsmittel. Die Gegenwart von Sauerstoff im Wasser ist also zum Passivieren dieser Werkstoffe nicht notwendig. Weiterhin wird die Passivität nach Verletzungen (Kratzen, Schleifen, Schaben) der Passivoxidschicht schnell wieder hergestellt (Repassivierung).

Bild 2.5 zeigt den Einfluß von Legierungselementen auf das Verhalten nichtrostender Stähle im Aktiv-, Passiv- und Transpassivbereich in Form einer schematischen Darstellung der Strom-Potential-Kurve. Legierungselemente können die korrosionschemischen Eigenschaften positiv, aber auch negativ beeinflussen. Besondere Bedeutung hat natürlich Chrom, daneben sind aber auch die Einflüsse von Nickel, Molybdän und Kupfer von Bedeutung. Chrom erniedrigt im wesentlichen i_A. Der wesentliche Einfluß von Molybdän ist in der Erniedrigung der

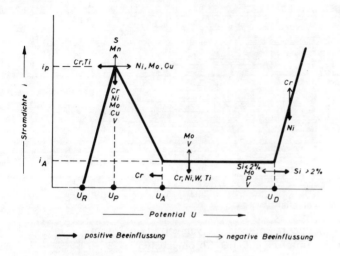

Bild 2.5: Einfluß von Legierungselementen auf die Passivität nichtrostender Stähle

Passivierungsstromdichte i_P zu sehen, wodurch der Übergang vom aktiven in den passiven Zustand erleichtert wird. Auch Kupfer erniedrigt i_P. Daher werden kupferhaltige Chrom-Nickel-Molybdän-Stähle auch im Aktivzustand angewendet, z. B. in höherkonzentrierter Schwefelsäure. Diese Anwendung im aktiven Zustand setzt aber eine so niedrige Korrosionsgeschwindigkeit voraus, daß der Korrosionsverlust, der durch Korrosionszuschläge in der Wanddickenbemessung berücksichtigt werden muß, noch wirtschaftlich tragbar ist. Da die sehr niedrigen Korrosionsgeschwindigkeiten des Passivzustandes bei aktiver Korrosion austenitischer nichtrostender Stähle auch bei Zulegieren von Molybdän und Kupfer kaum erreicht werden, ist in solchen Fällen bewußt eine geringere Lebensdauer des Anlagenteiles in Kauf zu nehmen.

Von diesen Sonderfällen abgesehen werden nichtrostende Stähle nur im passiven Zustand, in dem die Korrosionsgeschwindigkeit i_A sehr niedrig ist, angewendet. Als praktische Grenze der Korrosionsbeständigkeit sowohl im aktiven als auch im passiven Zustand wird allgemein 0,1 mm a^{-1} $\hat{=}$ 0,1 g m^{-2} h^{-1} angesehen. Entsprechende Angaben sind auch Beständigkeitstabellen und -diagrammen oder Herstellerangaben zu entnehmen. Derartige Beständigkeitsdiagramme, für die Bild 2.6 ein Beispiel zeigt, liegen jedoch häufig nur für chemisch reine Angriffsmittel vor. In Schwefelsäure können z. B. bereits verhältnismäßig geringe Anteile an Oxidationsmitteln (NO_3^-, Fe^{3+}) die Anwendung von Stahl X 5 CrNiMo 18 10 bis zu etwa halbkonzentrierter Schwefelsäure und wesentlich höheren Temperaturen als in Bild 2.6 angegeben ermöglichen. Angaben über die Korrosionsbestän-

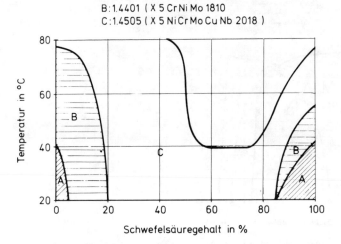

Bild 2.6: Temperatur-Konzentrations-Schaubild der Beständigkeit nichtrostender austenitischer Chrom-Nickel-Stähle in Schwefelsäure

digkeit in reinen Angriffsmitteln, wie sie im allgemeinen aus Tabellen und Diagrammen entnommen werden, sind deshalb oft nur als erster Anhalt zu bewerten. Zudem weichen diese Angaben auch häufig wegen der in einzelnen Laboratorien unterschiedlichen Untersuchungsverfahren voneinander ab. Daneben sind auch die Einflüsse der Belüftung, d. h. des Sauerstoffgehaltes des Angriffsmittels, und des Bewegungszustandes (stagnierende oder strömende Bedingungen) zu berücksichtigen.

Der Einfluß von Zusätzen zum Angriffsmittel wird auch aus den auf Bild 2.7 gezeigten Versuchsergebnissen deutlich. Der Potentialbereich der Aktivkorrosion von Stahl X 5 CrNi 18 9 in Schwefelsäure wird bei Spülen mit Schwefelwasserstoff und Schwefeldioxid bei gleichzeitiger Erhöhung der Korrosionsgeschwindigkeit stark erweitert. Letzteres ist gleichbedeutend mit einer Erhöhung der Passivierungsstromdichte i_P, also mit einem erschwerten Übergang vom aktiven in den passiven Zustand. Aus Bild 2.7 ist ferner zu entnehmen, daß die Korrosionsgeschwindigkeit nichtrostender Stähle in sauren Angriffsmitteln bei Potentialen, die negativer sind als das Ruhepotential, fast stets zunimmt. Aus diesem Grund können nichtrostende Stähle in Säuren nicht kathodisch geschützt werden.

Bei Korrosionsversuchen zum Ermitteln der chemischen Beständigkeit nichtrostender Stähle ist weiterhin wesentlich, ob die Werkstoffprobe vor Versuchsbeginn aktiviert wurde oder im luftpassiven Zustand vorlag. Wie Bild 2.8 zeigt,

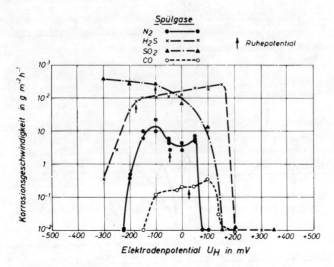

Bild 2.7: Einfluß der Spülgasse N_2, H_2S, SO_2 und CO auf die Korrosion vom Stahl X 5 CrNi 18 9 in Schwefelsäure

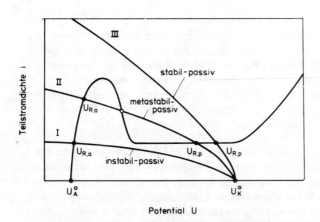

Bild 2.8: Kathodische und anodische Teilstromdichte-Potential-Kurven passivierbarer nichtrostender Stähle und Stabilität des passiven Zustandes
$U_{R,a}$ ($U_{R,p}$): Ruhepotentiale im aktiven (passiven) Zustand
U_A^o (U_K^o): Gleichgewichtspotentiale der anodischen (kathodischen) Teilreaktion

können diese Werkstoffe je nach den Schnittpunkten der anodischen und kathodischen Teilstromdichte-Potential-Kurven instabil, metastabil und stabil passiv sein. Bei instabiler Passivität gibt es nur ein Ruhepotential im Aktivbereich. Der Werkstoff kann nicht passiviert werden, beim Versuch einer Passivierung geht der Stahl stets wieder in den aktiven Zustand über. Bei metastabiler Passivität gibt es ein Ruhepotential sowohl im aktiven als auch im passiven Zustand. Das Oxidationsvermögen des Angriffsmittels reicht aus, um den vorgegebenen Passivzustand aufrechtzuerhalten, aber nicht, um den Werkstoff vom aktiven in den passiven Zustand zu überführen. Der Werkstoff ist also passivierbar, kehrt jedoch bei Aufheben der Passivität nicht von selbst wieder in den passiven Zustand zurück. Erst bei stabiler Passivität, in welchem nur ein Ruhepotential im Passivzustand besteht, passiviert sich der Werkstoff spontan im Angriffsmittel. Dies ist für die praktische Anwendung nichtrostender Stähle wesentlich. Unter betrieblichen Bedingungen muß man immer mit einer vorübergehenden Aktivierung durch mechanische Verletzung der Passivschicht oder kurzzeitige Änderung der Betriebsbedingungen (Temperatur- und Konzentrationserhöhung) rechnen. Bei metastabiler Passivität geht der Werkstoff dann nicht mehr von selbst in den Passivzustand über. Bei stabiler Passivität, d. h. bei der Fähigkeit zur Selbstpassivierung, besteht dagegen ein wesentlich größerer Spielraum gegenüber Änderungen der Betriebsweise. Die Stabilität des passiven Zustandes kann auf einfache Weise ermittelt werden, indem man den Stahl in dem konkret vorliegenden Angriffsmittel aktiviert, z. B. durch kurzzeitiges Berühren mit einem Zinkstab, und dann den Potentialverlauf mißt.

2.3 Örtliche Korrosionen an nichtrostenden Stählen

Korrosion mit gleichmäßigem Flächenabtrag, d. h. mit nahezu gleicher Abtragsrate auf der gesamten Oberfläche, ist technisch häufig weniger bedeutsam und kann bei der Bauteilauslegung durch einen Korrosionszuschlag berücksichtigt werden. Örtliche Korrosionen können dagegen bei geringem Massenverlust zu einem raschen und unkontrollierbaren Bauteilversagen führen und müssen deshalb grundsätzlich vermieden werden. Allgemein gilt, daß die Anfälligkeit metallischer Werkstoffe für örtliche Korrosionen mit ansteigender Beständigkeit gegen gleichmäßige Flächenkorrosion zunimmt. Da bei nichtrostenden Stählen im Fall örtlicher Korrosionen die verhältnismäßig kleinen, örtlich aktiven Bereiche in einem sehr ungünstigen Flächenverhältnis zur passiven Oberfläche stehen, ist bei nicht zu geringer Leitfähigkeit der als korrosives Medium vorliegenden Elektrolytlösung nach der Flächenregel die örtliche anodische Auflösungsstromdichte sehr hoch. Besonders gefährlich sind Korrosionsangriffe durch Spannungs- und Schwingungsrißkorrosion im passiven Zustand, die praktisch ohne jeden Massenverlust erfolgen. Diese Korrosionsangriffe können in kurzer Zeit auch dickere Bauteilwände durchdringen. Für nichtrostende Stähle haben als örtliche Korrosionsarten (Korrosionserscheinungen) interkristalline Korrosion

(Kornzerfall), Lochkorrosion (Lochfraß), Spannungsrißkorrosion (= SpRK) (Korrosionsrisse) und Schwingungsrißkorrosion (= SwRK) (Korrosionsrisse) besondere Bedeutung.

2.3.1 Interkristalline Korrosion

Interkristalline Korrosion ist eine selektive Korrosion, bei der korngrenzennahe Bereiche korrodieren. Sie ist stets auf eine der folgenden Ursachen zurückzuführen:

— Verarmung an Chrom oder Molybdän im korngrenzennahen Bereich durch Ausscheidungen, in denen diese Elemente stark angereichert sind, auf den Korngrenzen. Bei Verbindungsschweißungen können solche Ausscheidungen in den wärmebeeinflußten Zonen neben den Schweißnähten entstehen.
— Chemischer Angriff von Ausscheidungen auf den Korngrenzen, z. B. von Titancarbonitrid-Ausscheidungen in titanstabilisierten Stählen in oxidierenden Säuren (Salpetersäure).
— Bevorzugter Angriff durch Anreicherungen von Begleitelementen des Stahles, die die anodische Auflösung stimulieren (Phosphor, Silizium), an den Korngrenzen.

Die größte praktische Bedeutung hat die durch Verarmung an Legierungselementen verursachte Anfälligkeit für interkristalline Korrosion. Die Löslichkeit austenitischer Chrom-Nickel-Stähle und von Nickel-Chrom-Legierungen für Kohlenstoff ist bei niedrigen Temperaturen sehr gering, nimmt aber mit ansteigender Temperatur merklich zu. Der bei höheren Temperaturen im Mischkristall gelöste Kohlenstoff scheidet sich bei niedrigeren Temperaturen als chromreiches Carbid meist der Art $M_{23}C_6$ (M = Metall, d. i. Eisen, Chrom und in molybdänhaltigen Stählen auch Molybdän) auf den Korngrenzen wieder aus. Dadurch entstehen um die ausgeschiedenen Carbide an Chrom verarmte Zonen, die mit zunehmender Carbidausscheidung zu zusammenhängenden chromverarmten Bereichen zusammenwachsen.

2.3.1.1 Interkristalline Korrosion austenitischer Chrom-Nickel-Stähle

Die Anfälligkeit für interkristalline Korrosion wird im Temperatur-Glühdauer-Diagramm durch sogenannte „Kornzerfallsfelder" beschrieben, vgl. Bild 2.9. Die Lage und Ausdehnung eines Kornzerfallsfeldes wird am besten durch die Kornzerfallstemperatur T_K, das ist die höchste noch zur Anfälligkeit für interkristalline Korrosion (Sensibilisierung) führende Temperatur, und t_{min}, das ist die kürzeste noch zur Sensibilisierung führende Glühdauer, beschrieben. Bei austenitischen Chrom-Nickel-Stählen liegt t_{min} im Temperaturbereich um 650 °C, bei

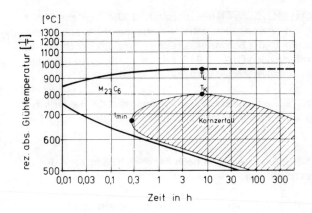

Bild 2.9: Bereich der Ausscheidung von chromreichem Karbid $M_{23}C_6$ und Kornzerfallsfeld im Strauß-Test für Stahl X 5 CrNi 18 9 mit 0,042 Massen-% Kohlenstoff (Ausgangswärmebehandlung 15 min 1300 °C/W) im Temperatur-Glühdauer-Diagramm

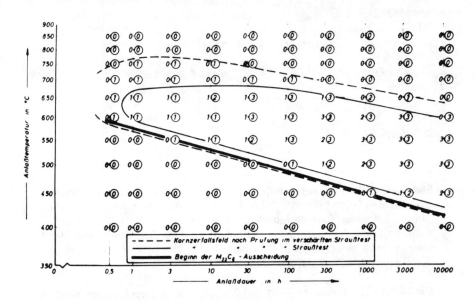

Bild 2.10: Kornzerfallsfelder von Stahl X 5 CrNi 18 9 (0,019 Massen-% Kohlenstoff, Ausgangswärmebehandlung 15 min 1050 °C/W) in Strauß'scher Lösung (14,2 % Schwefelsäure) und in Strauß'scher Lösung mit 34,7 % Schwefelsäure (verschärfter Strauß-Test).

austenitischen Chrom-Nickel-Molybdän-Stählen bei 750 °C. Die Ausdehnung des Kornzerfallsfeldes hängt nicht unwesentlich von der Korrosivität des angreifenden Mediums ab. Wenn man z. B. die Schwefelsäurekonzentration der Prüflösung nach Strauß, das ist die Prüfung nach DIN 50 914, erhöht, wird T_K zu höheren Temperaturen und t_{min} zu kürzeren Zeiten verschoben, vgl. Bild 2.10.

Der Temperaturbereich, in welchem austenitische Chrom-Nickel-Stähle für interkristalline Korrosion anfällig werden, wird beim Abkühlen nach dem Schweißen durchlaufen.

Beständigkeit gegen interkristalline Korrosion nach dem Schweißen kann durch folgende Maßnahmen erreicht werden:

— Absenken des Kohlenstoffgehaltes. Wie Bild 2.11 in halbschematischer Darstellung zeigt, werden die Kornzerfallsfelder im Temperatur-Glühdauer-Diagramm mit abnehmendem Kohlenstoffgehalt zu tieferen Temperaturen und vor allem längeren Glühzeiten verschoben. Bei hinreichend niedrigen Kohlenstoffgehalten (ELC-Stähle = Extra-Low-Carbon-Stähle) wird nach dem Schweißen das Kornzerfallsfeld von der Abkühlungskurve nicht mehr geschnitten. Für die in Lösung zu haltenden Kohlenstoffgehalte ist hierbei die Abkühlungsgeschwindigkeit nach dem Schweißen und damit der Materialquerschnitt von Bedeutung. Der maximal zulässige Kohlenstoffgehalt im Stahl ist daher bei Schweißkonstruktionen durch die Wanddicke bestimmt:

Wanddicke (mm)	max. Kohlenstoffgehalt (Massen-%)
$\leqslant 1$	$\leqslant 0{,}07$
> 1 bis $\leqslant 5$	$\leqslant 0{,}05$
> 5	$\leqslant 0{,}03$

— Stabilisieren durch Zulegieren der carbidbildenden Elemente Titan oder Niob/Tantal. Diese Elemente haben höhere Affinität zu Kohlenstoff als zu Chrom. Sie bilden Carbide (Sondercarbide) der Art M (C, N). Wegen der Affinität beider Elemente zu Stickstoff muß bei der Berechnung des Stabilisierungsverhältnisses außer dem Kohlenstoff- auch der Stickstoffgehalt des Stahles berücksichtigt werden.

Die Carbide der Elemente Titan und Niob/Tantal sind bei höheren Temperaturen merklich löslich. In von hohen Temperaturen abgeschreckten stabilisierten Stählen ist daher ein bestimmter Anteil des Kohlenstoffs im Mischkristall gelöst. Während eines nachfolgenden Glühens bei tieferen Temperaturen scheiden sich deshalb nicht nur Sondercarbide, sondern auch wieder chrom-

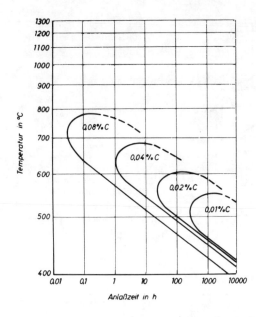

Bild 2.11:
Einfluß des Kohlenstoffgehaltes unstabilisierter nichtrostender Chrom-Nickel-Stähle auf die Lage des Kornzerfallsfeldes im Temperatur-Glühdauer-Diagramm (halbschematisch)

reiches Carbid $M_{23}C_6$ aus, wenn dessen Löslichkeit unterschritten wird. Die Neigung eines stabilisierten Stahles zur Anfälligkeit für interkristalline Korrosion hängt somit wesentlich von der Lösungsglühtemperatur ab. Dieser Umstand ist für das Kornzerfallsverhalten nachträglich wärmebehandelter Verbindungsschweißungen stabilisierter Stähle bedeutsam. Diese Werkstoffe können im geschweißten und nachträglich geglühten Zustand unmittelbar neben der Schweißnaht starke interkristalline Korrosion zeigen, vgl. Bild 2.12.

Bei richtiger Auswahl des Kohlenstoffgehaltes oder aber Anwendung stabilisierter Stähle wird nicht nur die Anfälligkeit austenitischer Chrom-Nickel-Stähle für interkristalline Korrosion nach dem Schweißen vermieden, sondern man kann auch Spannungsarm- oder Anlaßglühungen angeschweißter Komponenten aus niedriglegierten Stählen im Temperaturbereich von 600 bis 750 °C ohne Gefahr einer Sensibilisierung des nichtrostenden Stahles durchführen.

Die Löslichkeit von Kohlenstoff im austenitischen kubisch-flächenzentrierten γ-Mischkristall nimmt mit ansteigendem Nickelgehalt ab und ist in korrosionsbeständigen Nickel-Chrom-Legierungen außerordentlich niedrig. Mit ansteigendem Nickelgehalt nimmt daher die Neigung austenitischer nichtrostender Werkstoffe zu einer Anfälligkeit für interkristalline Korrosion zu, was auch durch die Lage der Kornzerfallsfelder in Bild 2.13 deutlich gemacht wird. Zum Erzeugen einer Beständigkeit gegen interkristalline Korrosion muß deshalb mit zunehmen-

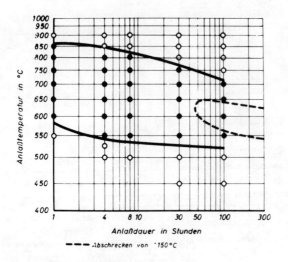

Bild 2.12:
Kornzerfallsfelder von abgeschrecktem (1050 °C/W) sowie geschweißtem warmfesten Stahl X 8 CrNiNb 16 13 (Strauß-Test)

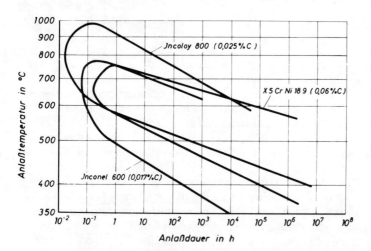

Bild 2.13: Im Strauß-Test ermittelte Kornzerfallsfelder von Stahl X 5 CrNi 18 9 (10 Massen-% Nickel), X 2 NiCrAlTi 32 20 (Incoloy 800, 32 Massen-% Nickel) und NiCr 15 Fe (Inconel 600, 74 Massen-% Nickel)

dem Nickel- auch der Kohlenstoffgehalt abgesenkt werden. Bei höhernickelhaltigen Werkstoffen, z. B. Inconel 600, kann keine Beständigkeit gegen interkristalline Korrosion mehr erreicht werden.

Auch Stickstoff kann durch Ausscheiden von chromreichem Nitrid Cr_2N Anfälligkeit für interkristalline Korrosion erzeugen. In austenitischen Chrom-Nickel-Stählen ist jedoch Stickstoff verhältnismäßig gut löslich und Gehalte von 0,2 Massen-% Stickstoff sind im Hinblick auf die Beständigkeit gegen interkristalline Korrosion unbedenklich.

2.3.1.2 Interkristalline Korrosion ferritischer Chromstähle

Die Ausscheidungsgeschwindigkeit chromreicher Carbide ist in ferritischen Chromstählen sehr hoch. Nach Glühen oberhalb 850 °C und schnellem Abkühlen ist ihre Ausscheidung und damit ein für interkristalline Korrosion anfälliger Zustand nicht zu vermeiden. Im Temperaturbereich um 800 °C erfolgt jedoch wegen der im ferritischen kubisch-raumzentrierten α-Gitter hohen Diffusionsgeschwindigkeiten eine sehr schnelle Nachdiffusion von Chrom aus der nicht an Chrom verarmten Matrix in die an Chrom verarmten Korngrenzenbereiche. Durch genügend langsames Abkühlen oder Halten im Temperaturbereich um 800 °C wird daher die Anfälligkeit ferritischer Chromstähle für interkristalline Korrosion vermieden. Absenken des Kohlenstoff- und Stickstoffgehaltes zum Vermeiden der Ausscheidung chromreicher Carbide der Art $M_{23}C_6$ oder von Chromnitrid Cr_2N ist erst bei Gehalten unter jeweils 0,005 Massen-% an diesen Elementen wirksam. Diese niedrigen Gehalte sind jedoch nur durch besondere metallurgische Maßnahmen zu erreichen. Zum Teil aus diesem Grund haben unstabilisierte ferritische Chromstähle mit etwa 17 Massen-% Chrom wenig Bedeutung. Interessant sind einige unstabilisierte und stabilisierte hochchromhaltige ferritische Sonderstähle der Art 26/1 CrMo und 28/2 CrMo wegen der Beständigkeit ferritischer Chromstähle gegen Spannungsrißkorrosion. Von allgemeiner technischer Bedeutung ist die Stabilisierung auch der ferritischen Chromstähle gegen Kornzerfall durch Zulegieren von Niob/Tantal und insbesondere Titan.

2.3.1.3 Interkristalline Korrosion von NiMo- und NiCrMo-Legierungen

Nickel-Molybdän-Legierungen sind nicht passivierbar, da sie kein Chrom enthalten. Ihre gute Beständigkeit in reduzierenden Säuren beruht auf der niedrigen Korrosionsgeschwindigkeit im aktiven Zustand, die letztlich durch Molybdän bewirkt wird.

Die Legierung NiMo 30 (Werkstoff-Nr. 2.4810) mit (Massen-%) 26 bis 30 Molybdän, 4 bis 7 Eisen, Rest Nickel, ist gegen Salzsäure aller Konzentrationen beständig. Unter oxidierenden Bedingungen sind derartige Nickel-Molybdän-Legierungen jedoch nicht anwendbar. Sie werden aber durch Zulegieren von Chrom in oxidierenden korrosiven Medien passiv und damit auch unter diesen Bedingungen korrosionsbeständig. Dabei behalten sie ihre niedrige Korrosionsgeschwindigkeit auch im passiven Zustand bei, so daß sie wie z. B. die Legierungen NiCr 20 Mo 15 (Werkstoff-Nr. 2.4811) und NiMo 16 Cr (Werkstoff-Nr. 2.4602) unter reduzierenden und oxidierenden Bedingungen angewendet werden können.

Da die Beständigkeit der Nickel-Molybdän- und der Nickel-Molybdän-Chrom-Legierungen auf den Elementen Molybdän und/oder Chrom beruht, können sie durch Ausscheidung intermetallischer Verbindungen, die diese Elemente enthalten, für Kornzerfall anfällig werden. Dabei hat die Ausscheidung molybdänreicher Verbindungen Kornzerfallsanfälligkeit im Aktivzustand, z. B. in Salzsäure, die Ausscheidung chromreicher Verbindungen aber Anfälligkeit im Passivzustand zur Folge.

2.3.2 Lochkorrosion und Spaltkorrosion

Lochkorrosion wird an nichtrostenden Stählen nur im passiven Zustand und in diesem Zustand praktisch ausschließlich durch Chlorid-Ionen in wäßriger Lösung erzeugt. Sie wird daher auch als Chloridkorrosion bezeichnet. Beim Primärschritt der Lochkorrosion werden Chlorid-Ionen an der Passivschicht örtlich verstärkt adsorbiert, worauf der Durchbruch durch die Passivschicht erfolgt. Der Korrosionsmechanismus ist heute noch nicht völlig geklärt.

Wesentlich ist die Potentialabhängigkeit der Lochkorrosion nichtrostender Stähle. Sie tritt nämlich erst auf, wenn das Potential einen kritischen Wert, das Lochfraßpotential U_L, überschreitet. Bei Vorliegen eines kritischen Mediums erfolgt Lochkorrosion daher nur, wenn das Ruhepotential des Stahles U_R positiver ist als das Lochfraßpotential, also bei $U_R > U_L$.

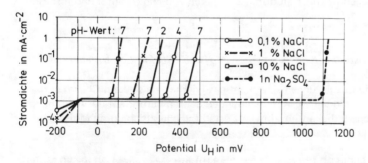

Bild 2.14: Lochfraßpotentiale von Stahl X 10 CrNiTi 18 9 in Natriumchlorid-Lösungen bei 25 °C

Die wesentliche mediumseitige Einflußgröße für das Lochfraßpotential ist die Chlorid-Ionenkonzentration, mit deren Anstieg U_L zunehmend negativer wird, vgl. Bild 2.14. Bei der Messung von Strom-Potential-Kurven ist das Lochfraßpotential durch einen Anstieg der Korrosionsstromdichte über den Wert der passiven Korrosionsstromdichte hinaus kenntlich. Dieser Anstieg beruht auf der beginnenden Bildung und dem Wachstum von Lochfraßstellen sowie der zeitlichen Zunahme ihrer Anzahl.

Die Lochfraßempfindlichkeit eines Werkstoffes kann durch das Lochfraßpotential gekennzeichnet werden. Die Lochfraßbeständigkeit ist umso höher, je positiver das Lochfraßpotential ist. Werkstoffseitig kann das Lochfraßpotential durch Erhöhen des Chrom- und vor allem Molybdängehaltes zu positiveren Potentialen verschoben werden, Bild 2.15, während die Legierungselemente Nickel und Mangan praktisch ohne Einfluß sind. Da Chlorid-Ionen aus dem Angriffsmittel meist nicht entfernt werden können, müssen für die jeweils vorliegenden Angriffsbedingungen lochkorrosionsbeständige Werkstoffe, d. h. solche mit einem genügend positiven Lochfraßpotential ausgewählt werden. Hierzu wird die beständigkeitssteigernde Wirkung vor allem von Molybdän ausgenutzt. Der unterschiedlichen Wirksamkeit von Chrom und Molybdän wird hierbei durch die Einführung der sogenannten „Wirksumme" W = Massen-% Chrom + 3,3 x Massen-% Molybdän Rechnung getragen. Wie Bild 2.16 zeigt, hängt das Lochfraßpotential über einen weiten Bereich des Gehaltes an diesen Elementen linear von der Wirksumme ab. Abweichungen von der Linearität für einige Werkstoffe sind auf die günstige Wirkung von Stickstoff auf die Lochkorrosionsbeständigkeit molybdänhaltiger Stähle (nicht aber auf die Lochkorrosionsbeständigkeit molybdänfreier Stähle) zurückzuführen.

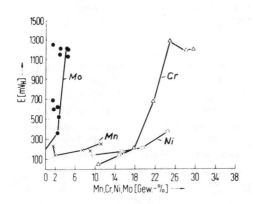

Potentiokinetische Messung, u = 0,1 V/h

Bild 2.15:
Einfluß der Legierungselemente Mangan, Chrom, Nickel und Molybdän auf die Lochfraßpotentiale austenitischer 18 Cr/10 Ni-Stähle in 3 %iger Natriumchlorid-Lösung

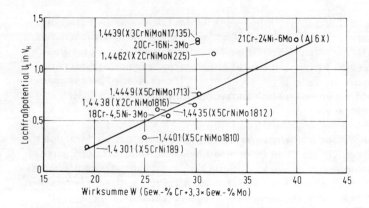

Bild 2.16: Abhängigkeit der Lochfraßpotentiale austenitischer und austenitisch-ferritischer Chrom-Nickel-Stähle in 1 M Natriumchlorid-Lösung von der Wirksumme

Die Beständigkeit nichtrostender Stähle gegen Lochkorrosion kann somit nach der aus der chemischen Zusammensetzung zu berechnenden Wirksumme verhältnismäßig einfach abgeschätzt werden. Hierbei handelt es sich jedoch tatsächlich nur um eine Abschätzung, die Bedeutung der chemischen Zusammensetzung darf nicht überbewertet werden. Den entscheidenden Einfluß auf die Schadenswahrscheinlichkeit nichtrostender Stähle durch Lochkorrosion haben Betriebsbedingungen, insbesondere Höhe und Richtung eines Wärmeübergangs, Strömungsverhältnisse und die Bildung von Ablagerungen, ferner Konstruktion und Verarbeitung (Bildung von Oxidfilmen oder sogar Zunderschichten makroskopischer Dicke beim Schweißen). In DIN 50 930 Teil 4 werden hierzu wesentliche Hinweise und Erläuterungen gegeben.

Temperatur und pH-Wert (im sauren bis schwach alkalischen Bereich) beeinflussen das Lochfraßpotential nur wenig. Zahlreiche Anionen inhibieren die Lochkorrosion durch Verschieben des Lochfraßpotentials zu positiveren Werten (OH^-, SO_4^{2-}), oder Ausbildung eines oberen Grenzpotentials für die Lochkorrosion (NO_3^-). Die inhibierende Wirkung solcher Stoffe kann für die korrosionssichere betriebliche Anwendung nichtrostender Stähle wesentlich sein. Da Lochkorrosion nur im passiven Zustand auftritt, werden Nickel-Molybdän- und Nickel-Molybdän-Chrom-Legierungen, sofern letzte aktiv korrodieren, in Angriffsmitteln, die Chlorid-Ionen enthalten, durch Lochkorrosion nicht angegriffen.

Spaltkorrosion ist bei nichtrostenden Stählen als Lochkorrosion in Spalten zu betrachten. Sie tritt nur in Angriffsmitteln, die Chlorid-Ionen enthalten, auf und erfolgt bevorzugt in Spalten zwischen nichtrostenden Stählen und Nichtleitern, z. B. unter Ablagerungen und Inkrusten von Wasserinhaltsstoffen. In höherkonzentrierten Chloridlösungen wird Spaltkorrosion aber auch in Spalten Metall/Metall beobachtet.

Ursache der Spaltkorrosion ist die Bildung von Ablagerungen (Inhaltsstoffe des Angriffsmittels, Schmutzteilchen) im schlecht durchströmten Spalt, welche Chlorid-Ionen aus dem Angriffsmittel absorbieren. Dadurch wird die Chloridkonzentration der Elektrolytlösung im Spalt gegenüber der äußeren Elektrolytlösung erhöht und das Lochfraßpotential bei genügend hoher Chloridkonzentration überschritten. Durch Hydrolyse der bei ablaufender Lochkorrosion entstehenden Korrosionsprodukte sinkt der pH-Wert der Elektrolytlösung im Spalt ab, dadurch beschleunigt sich wiederum der Korrosionsvorgang. Spaltkorrosion ist ebenso wie Lochkorrosion eine potentialabhängige Korrosionsart. Sie erfolgt nur oberhalb von kritischen Potentialen, die stets negativer als das Lochfraßpotential des jeweiligen nichtrostenden Stahles in der betreffenden Elektrolytlösung sind. Die Korrosionsgefährdung einer Oberfläche mit Spalten ist daher immer höher als bei einer spaltfreien Oberfläche. Außer dem Material, mit dem der nichtrostende Stahl einen Spalt bildet, hängt die Lage des Spaltkorrosionspotentials vor allem von der Spaltgeometrie ab.

Schutzmaßnahmen gegen Spaltkorrosion, z. B. kathodischer Schutz oder Entfernen von Chlorid-Ionen aus dem Angriffsmittel, sind meist schwer durchführbar. Wegen der hohen Gefährdung durch Spaltkorrosion sollten enge Spalte durch werkstoffgerechte konstruktive Gestaltung, z. B. Ersatz von Einwalz- durch Schweißverbindungen, auf jeden Fall vermieden werden.

2.3.3 Spannungsrißkorrosion

Bei nichtrostenden Stählen haben Schäden durch SpRK den prozentual größten Anteil an der Gesamtzahl der Schäden.

Bei der Gefährdung realer Bauteile durch SpRK sind folgende Einflußgrößen zu berücksichtigen:

— Vorliegen eines kritischen Systems Werkstoff/Angriffsmittel;
— Mechanische Einflußgrößen: statische oder dynamische (Druckschwankungen!) Zugspannungen, Dehngeschwindigkeit;
— Potential.

Austenitische nichtrostende Stähle können durch SpRK in Wässern geschädigt werden, die weniger als 10 mg/l an Fluoriden, Chloriden, Sulfaten oder Polythionaten enthalten, wenn bestimmte kritische Bedingungen hinsichtlich des Potentials und/oder der Temperatur vorliegen. Fluoride und Polythionate können SpRK an sensibilisierten Stählen bereits bei Raumtemperatur erzeugen. SpRK in Lösungen von Natronlauge oder Kalilauge wird bei Temperaturen unterhalb etwa 60 °C nicht beobachtet, während SpRK von sensibilisiertem, nichtrostendem Stahl in hochreinem Wasser mit $>$ 0,2 mg/l Sauerstoff erst bei Temperaturen über 120 °C erfolgt.

Unter Bedingungen, die SpRK erzeugen, können anstelle nichtrostender austenitischer 18 Cr/10 Ni Stähle nichtrostende ferritische Chromstähle mit 17 bis 28 Massen-% Chrom ohne und mit Molybdän, austenitisch-ferritische Stähle (Duplex-Stähle), deren Anwendung teilweise auf Temperaturen $<$ 300 °C beschränkt ist, austenitische Stähle mit erhöhtem Nickel- und/oder Molybdängehalt sowie schließlich Nickelbasislegierungen angewendet werden. Das entscheidende Legierungselement zum Erhöhen der Spannungsrißkorrosionsbeständigkeit nichtrostender austenitischer Stähle ist Nickel.

Der Abbau von Eigenspannungen durch Spannungsarm- oder Spannungsfreiglühen bei höheren Temperaturen (molybdänfreie stabilisierte Stähle: 900 ± 20 °C; molybdänfreie niedriggekohlte Stähle mit $\leqslant$ 0,03 Massen-% C: 900 ± 20 °C; molybdänhaltige niedriggekohlte Stähle: 960 ± 20 °C; nicht zulässig für molybdänhaltige stabilisierte Stähle mit $\geqslant$ 0,03 Massen-% C) ist problematisch, da bereits sehr niedrige Spannungen in der Größenordnung von 20 N mm^{-2} zum Erzeugen von SpRK an austenitischen Stählen in Chloridlösungen ausreichen können. Betriebs- und Konstruktionsspannungen können diesen Wert bereits weit überschreiten. Zum Entstehen von SpRK ausreichende Spannungszustände können bei austenitischen Chrom-Nickel-Stählen bereits durch grobes Schleifen der Oberfläche erzeugt werden.

Die wichtigsten Angriffsmittel, die an nichtrostenden austenitischen Stählen SpRK erzeugen, sind wäßrige Chloridlösungen und höherkonzentrierte Laugen bei erhöhter Temperatur.

Für Chloridlösungen, in denen der Rißverlauf ausschließlich transkristallin ist (nur an sensibilisierten Stählen wird interkristalline SpRK in solchen Angriffsmitteln beobachtet), ist vielfach das Fehlen einer unteren mechanischen Grenzspannung für das Entstehen von Spannungsrißkorrosion kennzeichnend. Falls mechanische Grenzspannungen für SpRK an austenitischen Chrom-Nickel-Stählen gefunden wurden, lagen diese immer unterhalb, meist sogar weit unterhalb der Streckgrenze. Vor allem im Hinblick auf die mögliche Überlagerung von Rest- und Eigenspannungen bei der betrieblichen Anwendung sollten ermittelte mechanische Grenzspannungen für die SpRK dieser Werkstoffe kritisch bewertet und keinesfalls zur Berechnungsgrundlage für eine Bauteilauslegung gemacht werden.

Vielfach ist eine ausgeprägte Potentialabhängigkeit, nämlich das Bestehen eines kathodischen Grenzpotentials für das Auftreten von Spannungsrißkorrosion in Chloridlösungen festzustellen, vlg. Bild 2.17. Diesem Bild ist auch zu entnehmen, daß bei Temperaturen unter 50 °C an austenitischen Chrom-Nickel-Stählen nicht mehr mit dem Auftreten von SpRK zu rechnen ist, was mit der praktischen Erfahrung übereinstimmt.

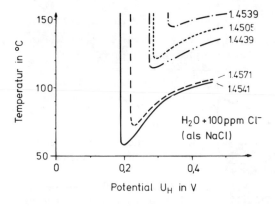

Bild 2.17:
Potential- und Temperaturgrenzen für das Auftreten von SpRK an grob geschliffenen Flachproben aus austenitischen Stählen in wäßriger Natriumchlorid-Lösung mit 100 mg/l Cl^-

Bei ablaufender SpRK sind die Rißfortpflanzungsgeschwindigkeiten sehr hoch, in heißen konzentrierten Chloridlösungen wurden sie über einen weiten Bereich der Spannungsintensität als von dieser unabhängig und in der Größenordnung von 2,5 mm d^{-1} ermittelt. Sie nehmen jedoch mit ansteigender Temperatur noch zu und sind zudem potentialabhängig.

In annähernd neutralen wäßrigen Chloridlösungen ist eine vorauslaufende Lochkorrosion Voraussetzung für das Auftreten von SpRK. Durch elektrochemische Vorgänge werden in den Löchern die notwendigen Voraussetzungen für die SpRK geschaffen (Anreicherung von Chlorid-Ionen, pH-Absenkung). Die Beständigkeit gegen SpRK geht bei nichtrostenden Stählen unter solchen Bedingungen mit der Beständigkeit gegen Lochkorrosion einher.

Die Beständigkeit eines Werkstoffes gegen durch Chloride erzeugte Spannungsrißkorrosion ist in dem jeweils konkret vorliegenden Angriffsmittel zu überprüfen. Die für Prüfzwecke häufig verwendete siedende 42 %ige Magnesiumchlorid-Lösung ist zum Beurteilen der Beständigkeit in anderen chloridhaltigen Angriffsmitteln völlig ungeeignet. Leider bestehen für die Durchführung von Beständigkeitsprüfungen austenitischer Chrom-Nickel-Stähle gegen SpRK keine Normen, zur Prüfung selbst und zum Ermitteln der SpRK-Beständigkeit muß auch auf das vorliegende Schrifttum verwiesen werden.

In Laugen ist der Rißverlauf ebenso wie in Chloridlösungen meist transkristallin, kann jedoch bei molybdänreichen Stählen, bei Stählen mit niedrigen Chromgehalten sowie in verdünnten Laugen auch interkristallin sein.

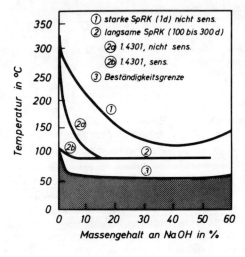

Bild 2.18:
Konzentrations- und Temperaturgrenzen für das Auftreten von SpRK an den Werkstoffen Nr. 1.4301, 1.4401, 1.4436, 1.4541 und 1.4550 in Natronlauge

Bild 2.18 gibt die Grenzen der Beständigkeit gegen SpRK für molybdänfreie austenitische Chrom-Nickel-Stähle in Abhängigkeit von Temperatur und Konzentration der Natronlauge an. Der Verlauf der Beständigkeitsgrenze und das Auftreten von SpRK bei Natronlaugegehalten < 0,1 % erscheinen unsicher. Die gegenseitige Beeinflussung von Sauerstoff- und Alkaligehalt bei Auftreten von SpRK in verdünnten Laugen wurde noch nicht systematisch untersucht, jedoch ist die Anwesenheit von Sauerstoff für das Erzeugen von SpRK in solchen Angriffsmitteln offenbar nicht erforderlich. Bis zum Vorliegen zuverlässiger Versuchsdaten ist jedoch vor allem der Einlauf der Grenzkurven in die Temperaturachse vorsichtig zu bewerten, die vorliegenden Grenzkurven wurden für Sauerstoffgehalte > 0,2 mg/l angegeben.

Für die austenitischen Chrom-Nickel-Stähle X 5 CrNiMo 18 12 und X 2 NiCrAlTi 32 20 (Incoloy 800) besteht offenbar eine kritische Grenzspannung für das Erzeugen von SpRK in Alkalilaugen, Bild 2.19, wohingegen in dem untersuchten Bereich das SpRK-Verhalten von Werkstoff Nr. 2.4816 (Inconel 600) nur wenig von der angelegten mechanischen Spannung abhängt. Für diesen Werkstoff wurden keine Anzeichen für das Bestehen einer mechanischen Grenzspannung gefunden.

Der Einfluß der Wärmebehandlung, insbesondere einer Sensibilisierung, auf die

SpRK austenitischer Stähle in konzentrierten Alkalilaugen ist offenbar gering. Bei sehr niedrigen Laugegehalten wird die Empfindlichkeit für SpRK durch Sensibilisierung erhöht, vgl. Bild 2.18.

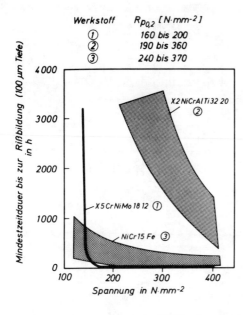

Bild 2.19:
Einfluß der mechanischen Spannung auf die SpRK nichtrostender Stähle und der Nickellegierung NiCr 15 Fe (Inconel 600) in sauerstofffreier Natronlauge (100 g/l NaOH) bei 350 °C

Eine wesentliche Bedeutung für das Erzeugen von SpRK an hochlegierten Werkstoffen hat das Vorhandensein von freier Lauge. Nur in deren Gegenwart trifft SpRK auf, während selbst hochkonzentrierte alkalische Salzlösungen, z. B. Na_2CO_3, Na_3PO_4, bei hohen Temperaturen und auch in Gegenwart von Chlorid-Ionen keine SpRK erzeugen. Das Vermeiden der Bildung freier Lauge im Kesselspeisewasser sowie in den Primär- und Sekundärkühlkreisläufen wassergekühlter Kernreaktoren ist eine wesentliche Aufgabe der Wasserchemie, wenn Bauteile aus hochlegierten Stählen, die durch SpRK gefährdet sind, vorliegen.

2.3.4 Schwingungsrißkorrosion

Als SwRK (Korrosionsermüdung, englisch: Corrosion fatigue) bezeichnet man Rißschäden, die in einem Bauteil bei mechanischer Wechselbeanspruchung und gleichzeitiger Einwirkung eines Angriffsmittels entstehen. Sie kann durch unspezifische Angriffsmittel an allen metallischen Werkstoffen erzeugt werden und unterscheidet sich in diesem Punkt sehr wesentlich von der SpRK, für deren Entstehen spezifische Angriffsmittel verantwortlich sind. Anders als bei der nach

Wöhler an Luft gemessenen Wechselfestigkeit wird bei SwRK keine Dauerfestigkeit mehr erreicht, vgl. Bild 2.20.

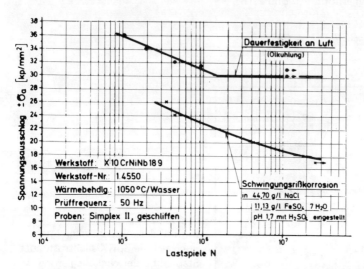

Bild 2.20: Verlauf der Wöhler-Kurve von Stahl X 10 CrNiNb 18 9 an Luft und bei Schwingungsrißkorrosion

Bei nichtrostenden Stählen unterscheidet man zwischen SwRK im aktiven und passiven Zustand. Bei ersterer treten sehr zahlreiche, bei letzterer nur wenige oder überhaupt nur ein einziger Anriß auf. Betriebliche Schäden an nichtrostenden Stählen durch SwRK sind jedoch verhältnismäßig selten.

Zum Vermeiden von SwRK gibt es die nachfolgend aufgeführten Möglichkeiten:

Werkstoffseitig: Anwendung von Werkstoffen

— mit höherer Korrosionsbeständigkeit, die sich wesentlich schneller und unter geringerer örtlicher Materialauflösung repassivieren;
— mit erhöhter Dauerfestigkeit an Luft, da hierbei bis zum Auslösen von Gleitungen, die beim Austritt die Oberfläche örtlich aktivieren, höhere Spannungsausschläge ertragen werden.

Mediumseitig:

— Zusatz von Passivatoren zum Angriffsmittel.

Verarbeitungsseitig:

— Erzeugen von Druckspannungen in einer oberflächennahen Schicht, z. B. durch Kaltverformen oder Kugelstrahlen. In lochkorrosionserzeugenden Angriffsmitteln ist diese Maßnahme unwirksam.

Übergänge zwischen SpRK und SwRK können bei Überlagerungen von Zugspannungen mit einer Wechselbeanspruchung bei Gegenwart eines Angriffsmittels auftreten (low cycle corrosion fatigue). Die Schadensbilder lassen sich in solchen Fällen oft nur schwierig einordnen.

Dr.-Ing. Werner Huppatz

3
Nichteisenmetalle und ihre Legierungen für den Korrosionsschutz
Teil 1: Aluminium, Zink, Zinn

3.1 Einteilung der Aluminiumwerkstoffe (vgl. Tabelle 3.1 und 3.2)

3.1.1 Rein-, Reinstaluminium

(Al98); Al99; *Al99,5;* Al99,7; Al99,8; Al99,9; Al99,98R — DIN 1712 Teil B —, Knetwerkstoff, Festigkeitseigenschaften vom Reinheitsgrad und Umformgrad abhängig.

3.1.2 Aluminiumlegierungen

Hauptlegierungskomponenten des Aluminiums: Mg, Mn, Si, Zn, Cu.

3.1.2.1 Legierungsgattungen (Knetlegierungen, DIN 1725, Teil 1)

a) AlMg, AlMgMn, AlMn,
   durch Wärmebehandlung nicht aushärtbar, Steigerung der Festigkeit durch Vergrößerung des Anteils an Legierungskomponenten bzw. Erhöhung des Umformgrades.

b) AlMgSi,
   durch Wärmebehandlung — Lösungsglühung, Abschreckung, Kalt- oder Warmauslagerung — *aushärtbar.* Die Aushärtung ist auf die intermetallische Phase Mg_2Si zurückzuführen.

c) AlZnMg, AlZnMgCu,
   aushärtbar entsprechend b), Bildung der Phase $ZnMg_2$.

d) AlCuMg,
   aushärtbar entsprechend b), Bildung der Phasen Al_2CuMg, Al_2Cu, bestimmend für das Aushärtungsgeschehen.

3.1.2.2 Legierungsgattungen (Gußlegierungen, DIN 1725, Teil 2)

Sandguß-G, Kokillenguß-GK, Druckguß-GD,

a) G, GK, GD – AlSi12; G, GK, GD – AlSi12(Cu),
nicht aushärtbar, durch Veredlung (Na- bzw. Sr-Behandlung der Schmelze) Verbesserung des Gußgefüges und der Duktilität.

b) G, GK, GD – AlSiMg; G, GK, GD – AlSiMg(Cu),
aushärtbar entsprechend 3.1.2.1 b).

c) G, GK, GD – AlSiCu,
bedingt aushärtbar.

d) G, GK, GD – AlMg entsprechend 3.1.2.1 b),
nicht aushärtbar.

e) G, GK – AlCu4Ti; G, GK – AlCu4TiMg,
aushärtbar entsprechend 3.1.2.1 b).

3.1.3 Das Korrosionsverhalten von Aluminium und Aluminiumlegierungen[1-3]

Das Normalpotential des Aluminiums liegt mit dem Wert $-1,66$ V vergleichsweise weit im negativen Bereich. Aufgrund dieser Stellung müßten sich Aluminium und Aluminiumlegierungen in wäßrigen Medien unter Wasserstoffentwicklung auflösen, was aber nicht zutrifft. U. a. wegen seiner Korrosionsresistenz haben Aluminiumwerkstoffe in Produktion und Verbrauch den 2. Platz unter den metallischen Werkstoffen eingenommen.

Die gute Korrosionsresistenz trotz großer Reaktionsenthalpie verdankt Aluminium der Bildung dünner Schutzschichten mit sehr geringer Elektronen- und Ionenleitfähigkeit, die vorwiegend aus Oxiden und Hydroxiden des Aluminiums bestehen (Bild 3.1). Sie bilden sich unter der Einwirkung der Atmosphäre, des Wassers und wäßriger Agenzien und setzen sich aus einer direkt auf dem Aluminium aufgewachsenen „Grundschicht", auch „Sperrschicht" genannt, und einer hiermit verbundenen „Deckschicht" zusammen[4-6]. Bei Beschädigung entstehen diese Schutzschichten innerhalb des potentialabhängigen Passivbereiches spontan wieder neu (Bild 3.2). Die Korrosionsresistenz von Aluminium hängt also weitgehend von den Eigenschaften seiner Oxidschicht ab. Im ph-Wert-Bereich unter etwa 4,5 und über etwa 8,5 nimmt die Löslichkeit der Aluminiumoxidschicht zu, so daß bei Einwirkung von Agenzien mit sehr niedrigem und sehr hohem ph-Wert Aluminium – meist flächenmäßig – angegriffen wird[3] (Bild 3.3). Von Ausnahmen wie dem Korrosionsverhalten gegenüber konz. Essig- und konz.

Tabelle 3.1: Wichtige Aluminiumwerkstoffe, Knetlegierungen (Auszug)
Zusammensetzung (Legierungskomponenten), Eigenschaften, Halbzeugarten, Verwendung

Kurz-zeichen	Werkstoff-Nr.	Zusammensetzung in %	aus-härt-bar	Eloxal-quali-tät***)	meer-wasser-beständig	f.sta-tisch bela-stete Kon-strukt.	gut schweiß-bar	f.Bear-beitung auf Auto-maten	Halb-zeug-arten*)	Verwendung**)
Al99,5	3.0255								GWPSDF	App, Nahrg, Offset, vieles
AlMn	3.0515	0,9-1,5Mn					x		PDW	Bau,Nahrg, Wärmet
AlMn1Mg0,5	3.0525	1,0-1,5Mn, 0,20-0,6Mg							GW	Behält, Schalen,Bau, Lackqual
AlMn1Mg1	3.0526	1,0-1,5Mn, 0,8-1,3Mg			x				GW	Bau,geschw.Rohre,Dosen
AlMg2Mn0,8	3.3527	1,6-2,5Mg, 0,5-1,1Mn			x		x		WPG	App, Isolierqual
AlMg2,7Mn	3.3537	2,4-3,0Mg, 0,5-1,0Mn, 0,05-0,20 Cr			x	x	x		PW	Schiff, Druckbehälter
AlMg4,5Mn	3.3547	4,0-4,9Mg, 0,40-1,0Mn, 0,05-0,25Cr-			x	x	x		WPS	App, Masch, Schiff
S-AlMg4,5Mn	3.3548	4,3-5,2Mg, 0,60-1,0Mn, 0,05-0,25Cr, 0,10-0,25Ti			x	x	x		D	Schweißzusatz
AlMg1	3.3315	0,7-1,1 Mg		x	x	x	x		WPD	Bau, Schiff, Haus
AlMg3	3.3535	2,6-3,6 Mg		x	x	x	x		PWDS	App, Schiff, Masch
AlMg5	3.3555	4,5-5,6Mg, 0,10-0,6 Mn+Cr			x	x	x	x	PSD	Fahrz, App, Optik
AlMgSi0,5***)	3.3206	0,35-0,6Mg, 0,30-0,6Si 0,10-0,30Fe	x		x	x	x		PSD	Konstr, Bau; Masch, App, Fahrz
AlMgSi0,8***)	3.2316	0,6-1,0Mg, 0,8-1,2Si	x		x	x	x		PSW	Fahrz
AlMgSi1	3.2315	0,6-1,2Mg, 0,7-1,35i, 0,40-1,0Mn	x		x	x	x		PSDW	Bau, Fahrz,Masch, Förder,Bergbau,Bierfaß

Legierung	Werkstoff-Nr.	Zusammensetzung	F	G	W	P	S	D	B	Code	Anwendung
AlMgSiPb	3.0615	0,6-1,2Mg, 0,40-1,0Mn, 1,0-2,5Bi+Cd+Pb+Sn					x		x	P	Automaten
AlZn4,5Mg1	3.4335	4,0-5,0Zn, 1,0-1,4Mg, 0,10-0,35Cr, 0,05-0,50Mn			x	x	x			PSDW	Schweiß-Konstrukt
AlZnMgCu0,5	3.4345	4,3-5,2Zn, 2,6-3,7Mg, 0,5-1,0Cu, 0,10-0,40Mn			x		x			PSWD	Masch, Bergbau
AlZnMgCu1,5	3.4365	5,1-6,1Zn, 2,1-2,9Mg, 1,2-2,0Cu			x		x			PWSD	Luft
AlCuMg1	3.1325	3,5-4,5Cu, 0,40-1,0Mg, 0,40-1,0Mn, 0,20-0,8Si			x		x			PSWD	Masch, Luft, Fahrz, Niet
AlCuMg2	3.1355	3,8-4,9Cu, 1,2-1,8Mg, 0,30-0,9Mn			x		x			PSW	Masch, Luft
AlCuMgPb	3.1645	3,3-4,6Cu, 0,40-1,8Mg, 0,50-1,0Mn, 1,0-2,5 Bi+Cd+Pb+Sn					x		x	P	Automaten
AlCuSiPb	3.1655	5,0-6,0Cu, 0,20-0,6Bi					x		x	P	Automaten
AlCuSiMn	3.1255	3,9-5,0Cu, 0,50-1,2Si, 0,40-1,2Mn, 0,20-0,8Mg					x			PSW	Masch

*)
- F = Folien
- G = Dünne Bänder
- W = Bleche, Bänder ≥ 0,5 mm
- P = Strangpreß- und Zieherzeugnisse
- S = Schmiedestücke
- D = Drähte
- B = Butzen

**)
- App = Apparatebau
- Automaten = Bohr-, Fräs- u. Dreh-Qualität
- Bau = Bauwesen
- Behält = Leichtbehälter
- Bergb = Bergbau
- Bierfaß = Tiefzieh-Qual., bes. für Bierfässer
- Dosen = Dosen verschiedener Art
- Fahrz = Fahrzeugbau Straße und Schiene
- Fließpr = Fließpreßteile
- Förder = Fördertechnik
- Gerüst = Gerüstbau

- Haush = Haushaltsgeräte
- Kernw = Kernwerkstoff, bes. für Lotplattierung
- Lei = Leiterbau
- Luft = Luftfahrzeugbau
- Masch = Maschinenbau, Hydraulik
- Nahrg = Nahrungs- und Genußmittelgeräte
- Niet = Nietdraht
- Rad = Fahrräder
- Schiff = Schiffbau
- Schild = Schilder, Verkehrsschilder
- Seilkl = Seilklemmen
- Wärmet = Wärmetauscher, Kühler

***) anodisch oxidiertes Halbzeug mit dekorativem Aussehen, bei Auftragserteilung ausdrücklich vermerken

Tabelle 3.2: Wichtige Aluminiumwerkstoffe, Gußlegierungen (Auszug)
Zusammensetzung (Legierungskomponenten), Eigenschaften, Verwendung

Kurzzeichen*) (Liefer-zustand)	Werkstoff Nr. (Leg.-Nr.d. Schmelzw.)**)	Zusammensetzung in % Al Rest	Gieß-bar-keit	Span-bar-keit	mechan. Polier-barkeit	dekorat. anodi-sche Oxida-tion	Korrosionsresistenz gegenüber Witterung	Korrosionsresistenz gegenüber Meer-wasser	Schweiß-bar-keit	Verwendung u.a. ****) *****)
G,GK-AlSi12g GD-AlSi12	3.2581... 3.2582... (230)	11,0-13,5Si;0-0,4Mn	1⁺	2	4	0	1	2	1⁺ 0	dünnw, verwick druckd, schwing
G,GK-AlSi12(Cu) GD-AlSi12(Cu)	3.2583... 3.2982... (231)	11,0-13,5Si;0,2-0,5Mn	1⁺	2	4	0	4	0	1⁺ 0	dünnw, verwick druckd, schwing
G,GK-AlSi10Mg wa GD-AlSi10Mg	3.2381... 3.2382... (239)	9,0-11,0Si;0,20-0,50 0 - 0,4 Mn Mg	1⁺	2	2	0	1	2	1⁺ 0	dünnw, verwick druckd,schwing,hochf
G,GK-AlSi10Mg (Cu) wa GD-AlSi10Mg(Cu)	3.2383... 3.2983... (233)	9,0-11,0Si;0,20-0,50 0,2 - 0,5 Mn Mg	1⁺	2	2	0	4	0	1 0	dünnw, verwick druckd
G,GK-AlSi8Cu3 GD-AlSi8Cu3	3.2161... 3.2162... (226)	7,5-9,5Si;2,0-3,5Cu; 0,2-0,5Mn 0 - 0,3 Mg	1⁺	1	2	0	5	0	1 0	dünnw, verwick warmf
G,GK-AlSi6Cu4 GD-AlSi6Cu4	3.2151... 3.2152... (225)	5,0-7,5Si;3,0-5,0Cu; 0,3-0,6Mn 0,1 - 0,3 Mg	1	1	2	0	5	0	2 0	warmf
G,GK-AlSi5Mg ka, wa	3.2341... (235)	5,0-6,0Si;0,4-0,8Mg; 0-0,4Mn;0-0,20Ti	2	1	1	4	1	2	2	hochf, Nahr, Feu
G,GK-AlMg3	3.3541... (242)	2,5-3,5Mg;0-0,4Mn; 0-0,20Ti;Be n.V.	4	1⁺	1⁺	1⁺	1⁺	1⁺	4	dekorat, Schiff
G,GK-AlMg3Si wa	3.3241... (243)	2,5-3,5Mg;0,9-1,3Si; 0-0,4Mn;0-0,20Ti; Be n.V.	2	1⁺	1⁺	1⁺	1⁺	1⁺	4	hochf, warmf
G,GK-AlMg3(Cu)	3.3543... (241)	2,0-4,0Mg;0-0,6Mn; 0-0,20Ti; Be n.V.	4	1⁺	1⁺	1⁺	2	5	4	Beschlag

Legierung	Legierungs-Nr.	Zusammensetzung	*)	**)	***)	****)	*****)	******)	*******)	Anwendung
G,GK-AlMg5	3.3561... (244)	4,5-5,5Mg;0-0,4Mn; 0-0,20Ti; Be n.V.	4	1⁺	1⁺	1⁺	1⁺	1⁺	2	Schiff, Innen, Außen Nahr, chem, Feu
G,GK-AlMg5Si	3.3261... (245)	4,5-5,5Mg;0,9-1,5Si; 0-0,4Mn;0-0,20Ti, Be n.V.	2	1⁺	1	1	1⁺	1⁺	2	verwick
GD-AlMg9	3.3292... –	7,0-10,0Mg;0-2,5Si; 0,2-0,5Mn; Be n.V.	2	1⁺	4	1⁺	1⁺	1⁺	0	opt, BürM, Ha
G-AlMg10 ho	3.3591... –	9,0-11,0Mg;0-0,30Mn; 0-0,15Ti; Be n.V.	4	1⁺	1⁺	1⁺	1⁺	1⁺	5	Beschlag, Schiff
G,GK-AlSi9Mg wa	3.2373... –	9,0-10,0Si;0,20-0,40Mg;0-0,05Mn	1⁺	1	2	1	2	2	5	verwick, dünnw hochf, zäh, Luft
G,GK-AlSi7Mg wa	3.2371... –	6,5-7,5Si;0,20-0,40 Mg; 0-0,05Mn	1	1	2	1	2	2	5	hochf, zäh, Luft
G,GK-AlCu4Ti ta wa	3.1841... –	4,5-5,2Cu;0,15-0,30Ti	4	1⁺	1	0	1	0	5	hochf, zäh, Luft
G,GK-AlCu4TiMg ka, wa	3.1371... –	4,2-4,9Cu;0,15-0,30Mg 0,15-0,30Ti	4	1⁺	1	0	1	0	5	hochf, zäh, Luft

*) G   = Sandguß
   GK   = Kokillenguß
   G,GK = Sand- bzw. Kokillenguß wahlweise möglich
   GD   = Druckguß
   ohne weitere Bezeichnung = Gußzustand
   g   = geglüht und abgeschreckt
   ho   = homogenisiert
   ka   = kaltausgehärtet
   wa   = warmausgehärtet
   ta   = teilausgehärtet

**) Legierungs-Nr. der Schmelzwerke

***) 1⁺ = ausgezeichnet
     1 = sehr gut
     2 = gut
     4 = ausreichend
     5 = bedingt
     0 = nicht angewandt

****) Für Anforderungen an Gußstücke:
   dünnw   = dünnwandig
   verwick = verwickelt
   druckd = druckdicht
   schwing = schwingungsfest
   warmf   = warmfest
   hochf   = hochfest
   dekorat = dekorativ
   zäh   = hochzäh

*****) Anwendungsbeispiele:
   Nahr   = Gußstück für Nahrungsmittelindustrie
   Feu   =   "   für das Feuerlöschwesen
   Beschlag =   "   für Beschlagteile
   chem   =   "   für chemische Industrie
   Innen   =   "   für Innenarchitektur
   Außen   =   "   für Außenarchitektur
   opt   =   "   für optische Industrie
   BürM   =   "   für Büromaschinen
   Ha   =   "   für Haushalt
   Schiff =   "   für den Schiffbau
   Luft   =   "   für den Luftfahrzeugbau

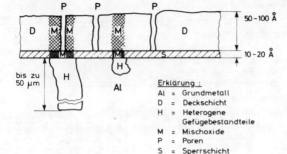

Bild 3.1:
Schematischer Aufbau einer in feuchter Luft bei RT gewachsenen Aluminiumoxidschicht

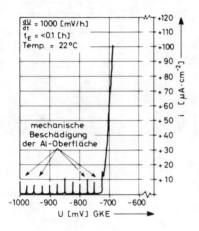

Bild 3.2:
Stromdichte-Potential-Diagramm von AlMg 2 Mn 0.8 in künstlichem Meerwasser
GKE = gesättigte Kalomelektrode

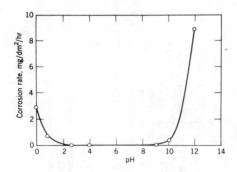

Bild 3.3:
Einfluß des pH-Wertes auf die Löslichkeit des Oxidfilms (nach Shatalov)

Salpetersäure, sowie dem gegenüber Ammoniumhydroxidlösung abgesehen, kommt Aluminium als Werkstoff in diesen pH-Wert-Bereichen nicht in Betracht[17].

Im mittleren pH-Wert-Bereich ist die Löslichkeit der Oxidschicht äußerst gering, der flächenmäßige Abtrag des Aluminiums meist vernachlässigbar klein, Aluminium verhält sich passiv. Aluminiumwerkstoffe finden also dort ihre Hauptanwendung, wo sie zeitweise oder ständig wäßrigen Medien im Neutralbereich ausgesetzt sind, z. B. im Bau-, Fahrzeugwesen, im Apparatebau und als Verpackung für Nahrungsmittel usw.

Bei Einwirkung halogenionenhaltiger wäßriger Korrosionsmittel kann die Passivität lokal aufgehoben werden — Teilpassivität —, und es sind bei Überschreiten kritischer Potentialgrenzen nach Ablauf einer oberflächenspezifischen Induktionszeit unterschiedliche Korrosionsarten wie Loch-, Mulden- und selektive Korrosion möglich (Bild 3.4 und 3.5). Die Kenntnis dieser Potentialgrenze einerseits sowie das Wissen über den Umfang der zeitlichen Veränderungen der Freien Korrosionspotentiale andererseits sind unter Berücksichtigung der auftretenden Erscheinungsformen der Korrosion daher für die Abschätzung einer möglichen Korrosionsgefahr wichtige Kriterien[7−12].

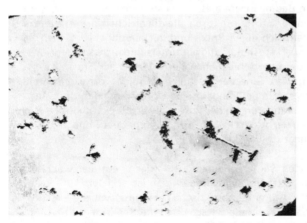

Bild 3.4: Lochfraß im Boden eines Al 99,3 Wasserkessels

Die in Polarisationsversuchen bestimmten Potentialgrenzen zwischen dem Bereich der Passivität und der Korrosion sind bei Reinst- und Reinaluminium sowie den Aluminiumlegierungen der Gattung AlMn, AlMg und AlMgMn in wäßrigen Medien weniger von dem Anteil der Legierungskomponenten als viel-

Bild 3.5: Querschliff durch eine Lochfraßstelle

mehr von der Art des einwirkenden Korrosionsmittels und der Konzentration seiner Inhaltsstoffe z. B. der Chloride abhängig. Das bedeutet, in gleichen Korrosionsmitteln und gleichen Bedingungen, z. B. in künstlichem Meerwasser, weisen die genannten Aluminiumwerkstoffe praktisch alle die gleichen Grenzpotentialwerte auf[12]. Dennoch stellt sich in der Praxis und in Dauertauchversuchen zwischen den Aluminiumwerkstoffen häufig ein unterschiedliches Korrosionsverhalten heraus, was an der unterschiedlichen Veränderung der Freien Korrosionspotentiale erkennbar wird. Eine Verlagerung der Freien Korrosionspotentiale zu positiven Werten zeigt in der Tendenz eine Korrosionsgefährdung an, während umgekehrt bei Veränderungen der Potentialwerte in kathodische Richtung eine evtl. Gefährdung der Al-Werkstoffe durch Loch- oder Muldenkorrosion abnimmt bzw. nicht vorliegt (Bilder 3.6, 3.7, 3.8).

Diese Potentialverlagerungen werden in einem lufthaltigen neutralen wäßrigen Medium in einem sonst redoxfreien System hauptsächlich von dem Umfang der Sauerstoffreduktion an der Aluminiumoberfläche bestimmt, wobei die Reduktion örtlich in unterschiedlichem Maße erfolgen und die Reaktion durch Antransportprobleme des Sauerstoffs gehemmt sein kann.

Zu 3.1.1

Bei Rein- und vor allem bei Reinstaluminium wird diese Teilreaktion der Korrosion infolge der isolierenden Oxidschicht stark behindert, weshalb relativ negati-

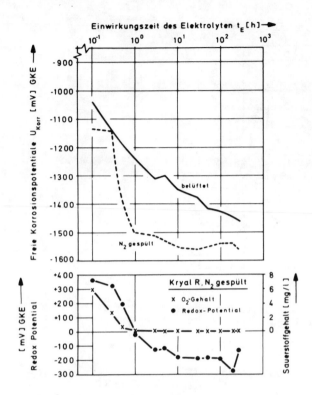

Bild 3.6:
Kyral R (Markenbez. für Reinstaluminium der VAW AG, Bonn) in künstlichem Meerwasser von 22 °C

ve Werte für das Freie Korrosionspotential gemessen werden (Bild 3.6 und 3.7)[12]. Rein- und Reinstaluminium zeigen deshalb ein besonders günstiges Korrosionsverhalten, allerdings sind ihre Festigkeitswerte niedrig. Reinaluminium findet Verwendung für beispielsweise Geschirr sowie für Apparate und Behälter der Nahrungsmittel- und chemischen Industrie. Gegenüber Salpetersäure hoher Konzentration ist je nach Temperatur Reinaluminium oder nur Reinstaluminium geeignet, wobei man sich in technischen Großanlagen aus wirtschaftlichen Gründen gewöhnlich auf Qualitäten bis Al 99,9 beschränken muß. Wo Schwierigkeiten hinsichtlich der Festigkeitseigenschaften auftreten, kann Reinaluminium auf Aluminiumwerkstoffe mit höherer Festigkeit walzplattiert werden.

Zu 3.1.2.1 a)

Magnesium und in geringerem Maße auch Mangan gehören zu den Legierungselementen, die die Festigkeitseigenschaften von Aluminium verbessern, ohne

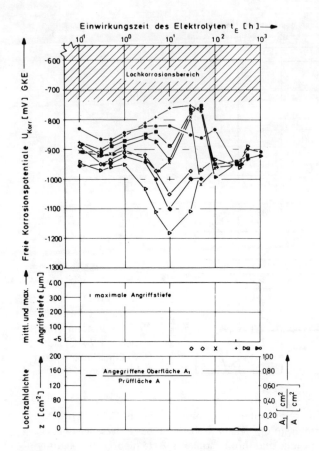

Bild 3.7:
Al99,5 in belüftetem künstlichem Meerwasser von 22 °C

daß Einbußen an Korrosionsresistenz auftreten. Die Legierungen AlMg3, AlMg5, AlMg2Mn0,8 und AlMg4,5Mn zählen daher auch zur Gruppe der sogenannten „meerwasserbeständigen" Aluminiumwerkstoffe entsprechend den Vorschriften des Germanischen Lloyds. Bei Gehalten über 3 % Mg in den Legierungen kann es bei unzweckmäßiger Behandlung zur Entstehung ungünstiger Gefügezustände kommen, die den Werkstoff bei korrosiver Beanspruchung empfindlich gegenüber interkristalliner Korrosion machen und eine Neigung zur Spannungsrißkorrosion hervorrufen. Die Empfindlichkeit beruht auf der Ausscheidung zusammenhängender Säume der magnesiumreichen β-Phase Al_3Mg_2 an den Korngrenzen des α-Mischkristalls. Diese β-Phase bildet in chloridhaltigen und in sauren Korrosionsmitteln die Anode gegenüber der Matrix. Durch eine spezielle Wärmebehandlung — Homogenisierungsglühung bei 420 °C und langsames Abkühlen des Werkstoffs bis auf 130 °C — läßt sich erreichen, daß die Ausscheidungen nicht zusammenhängend, sondern „perlschnurartig" an den Korngrenzen erfol-

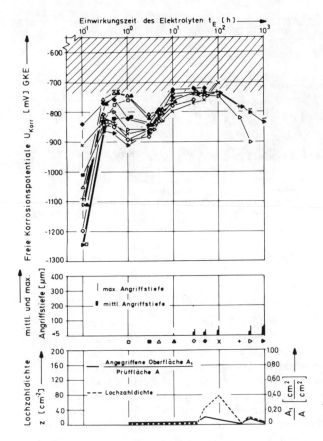

Bild 3.8:
AlMg 2 Mn 0,8 in belüftetem künstlichem Meerwasser von 22 °C

gen, was die Neigung zu dieser Korrosionsart zumindest bei Dauertemperaturen unter 50 °C aufhebt[15, 16] (Bild 3.9). Bei Dauertemperaturen über 80 °C und gleichzeitiger korrosiver Beanspruchung sollten nur AlMg-Legierungen mit einem Mg-Gehalt < 3 % eingesetzt werden.

Die Legierungselemente Mangan und Chrom wirken sich vorteilhaft auf die Korrosionsresistenz aus. Durch die Modifizierung sowohl von der Legierungsseite als auch von der Wärmebehandlung her entstanden die AlMgMn-Werkstoffe, von denen AlMg4,5Mn gute Festigkeitseigenschaften mit ausgezeichneter Korrosionsresistenz in sich vereint. In der chemischen Industrie, vor allem im Behälter- und Apparatebau, sowie im maritimen Bereich ist AlMg4,5Mn ein bevorzugter Aluminiumwerkstoff geworden.

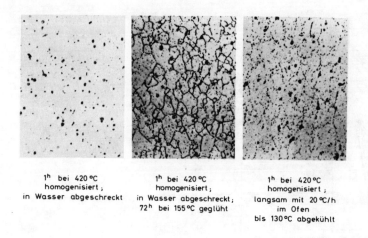

| 1ʰ bei 420 °C homogenisiert; in Wasser abgeschreckt | 1ʰ bei 420 °C homogenisiert; in Wasser abgeschreckt; 72ʰ bei 155 °C geglüht | 1ʰ bei 420 °C homogenisiert; langsam mit 20 °C/h im Ofen bis 130 °C abgekühlt |

Bild 3.9: Gefüge von AlMg4,5Mn in Abhängigkeit von der Wärmebehandlung

Zu 3.1.2.1 b)

Das Korrosionsverhalten der einzelnen Al-Legierungen dieser Gruppe unterscheidet sich voneinander nach dem Anteil der Legierungselemente und deren Verhältnis zueinander. Bei einem Überschuß an Silicium — bezogen auf das stöchiometrische Verhältnis der gebildeten intermetallischen Phase Mg_2Si — können zwar höhere Festigkeitswerte bei der Aushärtung erzielt werden, aber infolge heterogener Ausscheidungen von Silicium an den Korngrenzen besteht bei korrosiver Beanspruchung, meist ausgehend von lochförmigen Korrosionsstellen, eine Tendenz zu interkristalliner Korrosion, wobei das stranggepreßte Profil im allgemeinen anfälliger ist als das Walzprodukt. An den Si-Ausscheidungen im Gefüge kann in lufthaltigen Wässern die Sauerstoffreduktion als kathodischer Teilschritt der Korrosion ohne die Reaktionshemmungen ablaufen, die an der Matrix infolge der isolierenden Aluminiumoxidschicht gegeben sind. Bei zu erwartender größerer Korrosionsbeanspruchung sollte daher dem niedriger legierten Al-Werkstoff — AlMgSi0,5 — mit dem ausgewogeneren Mg-Si-Verhältnis der Vorzug vor AlMgSi1 gegeben werden. Der Zustand kaltausgehärtet ist bei Gegenüberstellung mit dem Zustand warmausgehärtet für erhöhte Ansprüche an Korrosionsresistenz geeigneter, da das Gefüge nach der Kaltauslagerung weitgehend homogen bleibt[13].

Zu 3.1.2.1 c)

Die Al-Legierungen der Basis AlZnMg und AlZnMgCu erreichen nach Aushärtung die höchsten Festigkeitswerte aller Al-Werkstoffe, wobei die kupferfreien zudem

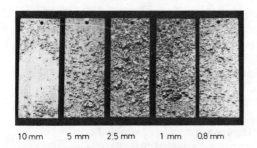

10 mm   5 mm   2.5 mm   1 mm   0.8 mm

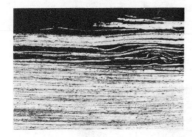

Bild 3.10:
Schichtkorrosion bei kaltausgehärteten AlZnMg1-Blechen

noch gut schweißbar sind und nach dem Schweißen wieder kaltaushärten. Im warmausgehärteten Zustand weisen AlZn4,5Mg1 und AlZnMgCu0,5 trotz ihrer hohen Festigkeitswerte gegenüber Witterungseinflüssen und neutralen bis schwach alkalischen wäßrigen Agenzien eine gute Korrosionsresistenz auf. AlZn4,5Mg1 findet Verwendung bei hochfesten Schweißkonstruktionen, z. B. Brücken, AlZnMgCu0,5 hat sich als Werkstoff für Grubenstempel bewährt.

Der warmausgehärtete Zustand ist bei dieser Legierungsgruppe nicht nur deshalb vorzuziehen, weil er höhere Festigkeitswerte bringt, sondern vor allem auch, weil durch die Warmauslagerung die Neigung zu einer speziellen Art der selektiven Korrosion abgebaut wird, die als „Schichtkorrosion" bezeichnet wird. Entlang von Seigerungen, die vom Guß herkommen und die durch die Umformvorgänge — hauptsächlich beim Walzen — parallel zur Blechoberfläche gedrückt werden, verläuft bei dieser Korrosionsart der Angriff transkristallin, d. h. mitten durch die Kristallite und führt infolge der sich ausdehnenden Korrosionsprodukte zum „Aufblättern" des darüberliegenden Metalls. Da die Ausrichtung der Seigerungszonen für das Einsetzen von Schichtkorrosion von Einfluß ist, tritt bei Strangpreßprofilen diese Korrosionsart selten und bei Schmiedeteilen überhaupt nicht auf. Nach einer ausreichend langen Warmauslagerung bei Temperaturen zwischen 120 bis 140 °C verschwindet die Empfindlichkeit für Schichtkorrosion. Schweißkonstruktionen, die aus warmausgehärtetem Halbzeug erstellt worden sind, sollten daher nach dem Schweißen erneut warmausgelagert werden.

Auch bei den hochfesten AlZnMg-Werkstoffen kennt man die Frage nach der interkristallinen Spannungsrißkorrosion — SpRK —. Bei dieser Korrosionsart entstehen bei empfindlichen Werkstoffen unter Zuglast, die gewöhnlich weit unter der Streckgrenze liegt, ohne vorherige Anzeichen, d. h. spontan mit großer Ausbreitungsgeschwindigkeit, Risse in dem Werkstoff (Bild 3.11)[18 – 23]. Im Vergleich zu anderen SpRK-empfindlichen Metallen üben bei Aluminiumlegierungen die Zusammensetzung des Werkstoffs und der Aushärtungszustand einen größeren Einfluß aus als das Korrosionsmedium, denn die SpRK-empfindlichen Al-Legierungen können auch in Korrosionsschutzöl bei Anwesenheit von Wasserspuren interkristalline Spannungsrißkorrosion erleiden. Als Ursache wird eine Korngrenzenversprödung durch eindiffundierten Wasserstoff angesehen, der durch Korrosionsreaktionen gebildet wurde und unter dem Einfluß der Zugspannungen an die Korngrenzen der Kristallite wanderte. Durch Legierungsmaßnahmen und modifizierte Wärmebehandlung wurden die genormten AlZnMg-Werkstoffe SpRK-resistent.

Bild 3.11: Spannungsrißkorrosion bei Rohren für hydraulische Bergbaustempel

Die zu den hochfesten Aluminiumwerkstoffen gehörenden AlCuMg-Legierungen weisen gegenüber Feuchtigkeit und atmosphärischen Einflüssen nur eine geringe Korrosionsresistenz auf. Auch interkristalline Korrosion ist bei ungünstigen Gefügezuständen möglich (Bild 3.12). Die Anwendung von AlCuMg-Legierungen in der Witterung macht Korrosionsschutzmaßnahmen erforderlich. AlCuMg-Bleche werden durch eine Walzplattierschicht von Al99,5 geschützt.

Zu 3.1.2.2 a — 4), Tabelle 3.2

An Al-Guß werden je nach Anwendungsfall unterschiedliche Ansprüche wie hohe Festigkeit bei hinreichender Zähigkeit, Druckdichtigkeit, gute Oberflächen,

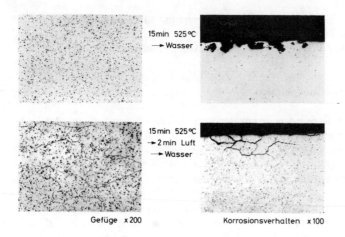

Bild 3.12: Einfluß verzögerter Abschreckung auf Gefüge und Korrosionsverhalten von Stangen aus AlCuPbBi (Korrosionstest nach MIL 6088)

leichte Bearbeitbarkeit, große Korrosionsresistenz usw. gestellt, die sich in der Auswahl der Al-Gußlegierungen widerspiegeln. Vorrang hat aber bei den Gußlegierungen die Forderung nach guten Gießeigenschaften. Gußwerkstoffe unterscheiden sich deshalb z. T. erheblich in der Zusammensetzung von Knetlegierungen. Günstige Gießeigenschaften liegen im Bereich von 5 bis 20 % Si vor, weshalb AlSi-Gußlegierungen dort Anwendung finden, wo verwickelte, druckfeste, dünnwandige Gußstücke bei mittleren Festigkeitswerten gefragt sind. Die gute Korrosionsresistenz dieser Legierungsgruppe wird von den AlMg-Gußlegierungen noch übertroffen, die jedoch vergleichsweise schwieriger zu vergießen sind und deshalb für dickwandigere weniger verwickeltere Formgußteile in Frage kommen. AlSiMg bzw. AlMgSi-Gußwerkstoffe sind aushärtbar. Kupfer kommt als Beimengung bei AlSi-Legierungen vor und beeinträchtigt die Korrosionsresistenz. Kupfer als Legierungselement bei AlSiCu-Gußlegierungen hat einen positiven Einfluß auf die Zugfestigkeit. Die höchsten Festigkeiten werden mit AlCuTi bzw. AlCuTiMg-Gußlegierungen erreicht, die warmausgehärtet bis auf einen Wert $R_m =$ 440 N/mm^2 kommen. Gußstücke aus diesen Al-Legierungen finden im Luftfahrzeugbau Verwendung. Ihre geringe Korrosionsresistenz erfordert in den meisten Fällen einen Oberflächenschutz.

Folgende Al-Gußlegierungen nach DIN 1725 Blatt 2 sind vom Germanischen Lloyd für Meerwasserbeanspruchung ohne besonderen Eignungsnachweis zugelassen:
G-AlSi12; G-AlSi9Mg; G-AlSi5Mg; G-AlMg3; G-AlMg3Si; G-AlMg5; G-AlMg5Si; GD-AlMg9; G-AlMg10 ho; G-AlSi9Mg; G-AlSi7Mg.

Mit Ausnahme von G-AlMg10 ho, dessen Anwendung auf Sandguß homogenisiert beschränkt ist, können die Al-Legierungen für Gußstücke nach allen Gießverfahren und in allen Werkstoffzuständen verwendet werden.

3.1.4 Korrosionschutzmaßnahmen

Zur Erhöhung der Korrosionsresistenz von Aluminium können folgende Maßnahmen angewendet werden.

3.1.4.1 Chemische Oberflächenbehandlungsverfahren

— Aufbringen von Böhmitschichten durch Kochen in entionisiertem Wasser oder durch Dampfeinwirkung von 100 — 150 °C auf Reinaluminium oder auf kupferfreie Al-Knetlegierungen nach Entfetten, Beizen und Neutralisieren der Oberfläche[1].
— Aufbringen von Chromatier- oder Phosphatierschichten durch chemische Behandlung der Al-Oberflächen in besonderen Bädern — Transparent-, Gelb-, Grünchromatierung, Phosphatierung mit sauren Zinkphosphatlösungen[1].
— Aufbringen von Schichten durch alkalische Chromatierverfahren, z. B. MBV-Verfahren (Modifiziertes Bauer-Vogel-Verfahren)[1].

3.1.4.2 Elektrochemische Oberflächenbehandlungsverfahren

— Aufbringen von Schichten durch anodische Oxidation (Eloxalverfahren[R])[1].

3.1.4.3 Aktive Korrosionsschutzmaßnahmen

— Verwendung von Inhibitoren, beispielsweise in Kreislaufwässern.

— Potentialabsenkung der korrosionsbeanspruchten Al-Bauteile unter experimentell ermittelte Grenzpotentiale, z. B. in Wässern. Hierbei ist zu beachten, daß bei zu großer kathodischer Polarisation infolge Wasserstoffentwicklung eine alkalische Flüssigkeitsgrenzschicht an der Aluminiumoberfläche entsteht, die Aluminium als amphoteres Metall angreift
   a) durch Kontakt mit Zink oder mit zinkhaltigen Al-Legierungen (u. a. als Plattierung, Flamm- und Lichtbogenspritzen), wobei Zink in kalten Wässern die Opferanode bildet,
   b) durch potentiostatische Polarisation (Fremdstrom) bei Potentialwerten unterhalb der Grenzpotentiale, z. B. dem Lochfraßpotential.

3.1.4.4 Passive Korrosionsschutzmaßnahmen

— Beschichten der Al-Oberfläche mit organischen Stoffen nach Vorbereitung der Metalloberfläche (Korrosionsschutzöl, Lackierung, Kaschierung, Gummierung).
— Beschichten der Al-Oberfläche mit anorganischen Stoffen nach Vorbereitung der Metalloberfläche (Emaillierung).

Die Auswahl der Korrosionsschutzmaßnahmen kann nur unter Abwägung der speziellen Anforderungen von einem Fachmann getroffen werden.

3.2 Zink[25–34]

3.2.1 Feinzink[30]

Kurzzeichen	Werkstoff-Nr.	Verwendungsbeispiele
Zn 99,995	2.2045	Feinzinklegierungen, lösl. Anoden
Zn 99,99	2.2040	Ätzplatten, Bleche, Bänder
Zn 99,95	2.2035	Drähte, Tiefzieh-Messing, Verzinkung

3.2.2 Hüttenzink[30]

Zn 99,5	2.2095	Verzinkung, Bleche, Bänder
Zn 98,5	2.2085	Legierungen
Zn 97,5	2.2075	

Im Vergleich zu den metallischen Werkstoffen Kupfer und Zinn besitzt Zink einen geringen Widerstand gegen chemische Beanspruchung. Das Normalpotential von Zink liegt bei etwa $-0,763 [V] U_H^0$ [22] und zeigt auch, daß sich Zink unter Wasserstoffentwicklung auflösen kann. Bei Einwirkung von Säuren wird der flächenbezogene Massenverlust in Funktion vom pH-Wert so groß, daß eine Verwendung bei chemischer Beanspruchung wie beispielsweise im Apparatebau oder in ähnlichen Bereichen aus Korrosionsgründen nicht in Frage kommt (Bild 3.13). Auch starke Alkalilaugen greifen Zink unter Bildung von Zinkaten wie z. B. $Na_2[Zn(OH)_4]$ an, obwohl bei der Einwirkung alkalischer Medien seine Korrosionsbeständigkeit höher ist als vergleichsweise die von Aluminium[28]. Im Bereich der pH-Werte von 7,5 bis 12,5 ist Zink aufgrund der Entstehung von Schutzschichten praktisch beständig und findet auch hier seine Hauptanwendung.

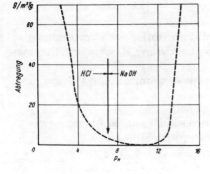

Bild 3.13:
Angriff von Salzsäure und Natronlauge auf Zink in Abhängigkeit vom pH-Wert (n. Roetheli, Cox und Litteral)

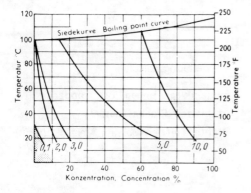

Bild 3.14:
Abtragungsraten (mm · a^{-1}) von Sn 99,75 in CH_3COOH (nach F. F. Berg)

In der Witterung haben sich Bauteile aus Zink korrosionsmäßig bewährt, insbesondere, seitdem es gelungen ist, die Dauerstandfestigkeit des Zinks durch Zulegieren von Titan erheblich zu verbessern. So werden u. a. Regenrinnen und Fallrohre aus dauerstandfestem, bandgewalztem Titanzink (nach DIN 17770 D-Zn bd) auf Basis Zn 99, 995 in großem Maße hergestellt. Der evtl. Korrosionsangriff auf Zink in der Witterung ist wesentlich von der Art und der Konzentration der Atmosphärilien abhängig. Neben dem Staub und dem Gehalt an CO_2 in der Luft spielt vor allem die Konzentration an Schwefeldioxid eine Rolle, die in Industriegebieten größer ist als in ländlichen Gegenden. Mit einer Konzentrationszunahme des SO_2 wächst die Korrosionsrate des Zinks entsprechend[26].

Das Korrosionsverhalten von Zink in Wässern ist komplex und für eine Abschätzung des zu erwartenden Verhaltens ist der pH-Wert des Wassers (Bild 3.13) zwar eine außerordentlich wichtige Größe, seine Kenntnis allein reicht aber nicht aus; vielmehr sind Daten über den Gehalt an löslichen Salzen wie z. B. Chloriden,

Karbonaten und Sulfaten, als auch über die Art und die Konzentration der Kationen, des Sauerstoff- und des Kohlensäuregehaltes zusammen mit den Anwendungsbedingungen wie Temperatur und Strömungsgeschwindigkeit erforderlich. Auch dann wird eine Beurteilung der Korrosionsbeständigkeit nicht immer einfach sein, weil infolge der Wechselwirkung von Metall und Wasserinhaltsstoffen in dem einen Fall schützende Deckschichten gebildet werden können, in einem anderen Fall eine derartige Entstehung einer Schutzschicht unterbleiben kann. Untersuchungen an Schutzschichten auf Zinkwerkstoffen haben ergeben[27], daß ihre Zusammensetzung und ihr Typus entsprechend den Wasserinhaltsstoffen und den Beanspruchungsbedingungen variiert. U. a. wurden in Wässern im Neutralbereich neben Ausscheidungen von Härtebildnern Zinkkarbonate, basische Zinkkarbonate, Zinkoxide und Hydroxide unterschiedlicher Morphologie mit geringer Löslichkeit in Wasser nachgewiesen[33].

Überschüssige freie Kohlensäure vermag die Ausbildung von Schutzschichten zu verhindern. Wässer mit mittlerer und hoher Härte sind deshalb dem Aufbau der Deckschichten entsprechend im allgemeinen weniger aggressiv gegenüber Zink als vergleichsweise weiche Wässer wie z. B. Oberflächenwässer aus Talsperren. Chloride im Wasser fördern in der Regel die Korrosion des Zinks, wenn sie in einer Konzentration von größer als 50 mg Cl⁻/l enthalten sind. Ihre Wirkung ist aber sehr stark abhängig von der Karbonathärte des Wassers. In weichen, karbonatarmen Wässern kann der Korrosionsangriff schon bei niedrigerer Chloridkonzentration viel stärker sein als bei etwa 10-facher Cl^--Konzentration in hartem Wasser. Sulfate im Wasser üben auf die Korroison des Zinks weniger Einfluß aus als die Chloride. Nitrate, die normalerweise nur in geringen Beimengungen im Regenwasser enthalten sind, wirken erst bei höheren Gehalten — etwa über 100 mg NO_3^-/l — korrosiv[27] (siehe auch[34]).

Von den Kationen sind die Erdalkalimetalle in Gegenüberstellung mit den Alkalimetallen korrosionsmäßig als günstiger anzusehen, da sie — vor allem aber Calcium — schwerlösliche Verbindungen mit einigen Anionen des Wassers eingehen, was die Entstehung von Schutzschichten fördert. Ammoniumsalze im Wasser greifen Zink noch stärker an, weil sie Komplexverbindungen zu bilden vermögen (zul. Höchstwert 20 mg/l). Schwermetallionen, insbesondere Kupferionen, können den lokalen Korrosionsangriff erheblich verstärken und sollten noch wesentlich unter 100 µg/l liegen.

Hohe Strömungsgeschwindigkeiten, vor allem turbulente Strömungen, können den Aufbau von Schutzschichten auf Zink stören und so die Korrosion begünstigen. Auch der Einfluß der Temperatur des Wassers darf nicht vernachlässigt werden. Im allgemeinen bewirkt eine Temperaturerhöhung um 10 °C eine Verdopplung der Reaktionsgeschwindigkeit[27].

3.2.3 Zink-Aluminium-, Zink-Aluminium-Kupfer-Legierungen

Von den Zinklegierungen haben insbesondere die Druckgußlegierungen GD-ZnAl4 und GD-ZnAl4Cu1 nach DIN 1743 besondere Bedeutung erlangt. Durch die Verwendung von Feinzink mit 99,995 % Zn als Basis für diese Zinklegierungen ist die frühere Empfindlichkeit dieser Werkstoffe zu interkristalliner Korrosion — beispielsweise bei Beanspruchung in Klimata hoher relativer Luftfeuchtigkeit — weitgehend verschwunden. Diese Empfindlichkeit wurde bei unreineren ZnAl-Legierungen durch zu hohe Beimengungen von Zinn, Blei und Cadmium verursacht. Zink-Druckgußteile lassen sich mit Metallen wie Kupfer, Nickel, Chrom galvanisch überziehen, was nicht nur einen dekorativen Effekt bringt, sondern auch ihre Korrosionsbeständigkeit in der Witterung beträchtlich erhöht.

3.3 Zinn [35]

Zinn ist ein Metall, das mit seinem Normalpotentialwert von $-0{,}136\,[V]\,U_H^0$ noch als relativ edles Element gelten kann, dennoch bleibt thermodynamisch die Möglichkeit offen, daß es sich unter Wasserstoffentwicklung auflösen kann. Normalerweise ist es aber von einer dünnen, unsichtbaren Oxidschicht bedeckt, die dem Korrosionsangriff einen Widerstand entgegensetzt. So besteht bei nichtoxidierenden Bedingungen die Möglichkeit der Auflösung unter Wasserstoffentwicklung nur bei starken Säuren, z. B. Salzsäure in hoher Konzentration. Mit oxidierenden Säuren wie Salpetersäure reagiert Zinn unter Bildung weißer unlöslicher Zinnsäuren der Zusammensetzung $SnO_2 \cdot xH_2O$ [35]. Das Korrosionsverhalten von Zinn gegenüber organischen Säuren ist in großem Maße abhängig von der Konzentration und der Temperatur der Säuren sowie von der Anwesenheit von Oxidationsmitteln wie dem Luftsauerstoff. Obwohl Zinn gegenüber Essig-, Zitronen-, Bernstein-, Apfel-Malon-, Wein- und Milchsäure ziemlich beständig ist, wirkt sich der Zutritt von Luft — beispielsweise bei Essigsäure niedrigerer Konzentration ($\approx$ 7 %) — sehr ungünstig aus. Schon in schwacher Konzentration können organische Säuren in Gegenwart von Luftsauerstoff Zinn merklich angreifen, während in denselben sauren Lösungen bei Abwesenheit von Luft kein wesentlicher Metallabtrag erfolgt. Diese starke Abhängigkeit der Korrosionsgeschwindigkeit vom Sauerstoffpartialdruck der wäßrigen Lösungen organischer Säuren hat in der Lebensmitteltechnologie für die Verwendung von Zinn bzw. verzinnten Dosen eine Bedeutung erlangt (Bild 3.14).

Von den Zinnlegierungen enthalten die Bronzen und Rotguß nur bis zu 13 % Sn. Die Knet- und Gußwerkstoffe sind nach DIN 1716, Juni 1973; DIN 1705, Juni 1973 und nach DIN 17662, April 1974 genormt, und ihre Eigenschaften werden in dem Kapitel „Kupfer" dargestellt. Allgemein besitzen sie eine gute

Korrosionsbeständigkeit in der Atmosphäre und in Wässern, auch in Meerwasser. Die zinkfreien Legierungen sind auch unempfindlich gegenüber Spannungsrißkorrosion. Die Lagerwerkstoffe, die einen Zinngehalt von etwa 80 − 91 % Sn haben, sind normalerweise großen korrosiven Beanspruchungen nicht ausgesetzt. Ihre Beständigkeit gegenüber den möglichen einwirkenden Medien ist aber völlig ausreichend. Andere Werkstoffeigenschaften sind hier vorrangig[35].

Zinn-Blei-Legierungen nach DIN 1707 mit meist 30 bis 60 % Sn und gegebenenfalls Zusätzen von Antimon und Kupfer werden als Weichlote verwendet, wobei die binären Legierungen wie SnPb40, PbSn50, PbSn40 am häufigsten zur Anwendung kommen. Die Korrosionsbeständigkeit dieser Lote ist bei nicht zu großer Korrosionsbeanspruchung ausreichend. In sauren Lösungen können unter Umständen einzelne Legierungsbestandteile selektiv angegriffen werden, wie z. B. das Blei von verdünnter Salpetersäure oder das Zinn von Essigsäure. Antimonhaltige Lotwerkstoffe werden beispielsweise von verdünnter Salzsäure weniger korrodiert als das Zinn an sich. Bei Lötverbindungen sollte der Frage der Kontaktkorrosion, die zwischen den zu verbindenden Metallen und dem Weichlot auftreten kann, stets besondere Beachtung geschenkt werden[35].

Dr.-Ing. Werner Huppatz

4 Nichteisenmetalle und ihre Legierungen für den Korrosionsschutz
Teil 2: Kupfer, Blei

4.1 Einteilung der Kupferwerkstoffe

— Kupfer (Tabelle 4.1)
— Kupferlegierungen
  a) Kupfer-Zink-Legierungen — Messinge (Tabellen 4.2 und 4.3);
  b) Kupfer-Nickel-Legierungen
     Kupfer-Nickel-Zink-Legierungen — Neusilber (Tabelle 4.4);
  c) Kupfer-Zinn-Legierungen — Zinnbronzen (Tabellen 4.5 und 4.6);
  d) Kupfer-Aluminium-Legierungen (Tabellen 4.7).

Das Korrosionsverhalten von Kupfer und Kupferlegierungen

4.1.1 Kupfer

Kupfer findet u. a. auch wegen seines guten Korrosionsverhaltens vielfältige Anwendung[5]. Die hervorragende Korrosionsresistenz von Kupferwerkstoffen[1, 3, 4, 13] beruht wesentlich auf ihrer geringen Reaktionsenthalpie, so ist bei nichtoxidierenden Bedingungen, beispielsweise in Salz- und Essigsäure bei Abwesenheit von Sauerstoff, eine unter Wasserstoffentwicklung erfolgende Auflösung nicht möglich[3, 13]. In Gegenwart von Oxidationsmitteln wie u. a. gelöstem Sauerstoff, Kupfer-II- und Eisen-III-Ionen ist Korrosion auch in wäßrigen Medien nicht ausgeschlossen[1]. Die Neigung von Kupfer, in beiden Oxidationsstufen mit Cyaniden, Halogeniden, Ammoniak und Wasser lösliche Komplexverbindungen der Art zu bilden wie $[Cu^I(CN)_4]^{3-}$; $[Cu^I Cl_2]^-$; $[Cu^I(NH_3)_4]^+$; $[Cu^{II} Cl_4]^{2-}$; $[Cu^{II}(NH_3)_4]^{2+}$; $[Cu(H_2O)_4]^{2+}$, deutet schon darauf hin, daß seine Korrosionsresistenz bei Einwirkung dieser Agenzien begrenzt ist. Ammoniakalische Lösungen greifen Kupfer bei Anwesenheit von Sauerstoff stark an[1, 3]. In wäßrigen Lösungen, die Ammoniak enthalten, kann bei Vorliegen innerer oder äußerer Zugspannungen auch interkristalline Spannungsrißkorrosion u. a. bei Kupfer-Zink-Legierungen — meist bei Legierungen mit mehr als 15 % Zink — auftreten[1, 3, 4, 13]. Kupfer ist gegenüber Lösungen von Alkalihydroxiden und Karbonaten weitgehend beständig[3].

Tabelle 4.1: Eigenschaften und Verwendung von Kupfer (Auszüge)[14a]

Werkstoff Kurzzeichen Werkstoff-Nr. DIN	Legierungs- bestandteile	Eigenschaften, Korrosionsverhalten	Verwendungsbeispiele [x]
Kupfer, SF-Cu (phosphordes- oxidiertes Kupfer) 2.0090 DIN 1787	Cu-Gehalt mindestens 99,90% Cu	nicht aushärtbar, sauerstofffrei für hohe Anforderungen an Schweiß-, Lötbarkeit und Ver- formbarkeit, unempfindlich gegenüber Wasserstoffbrüchig- keit 3, 4, 13)	Rohre f.: Warm-, Kaltwasser- versorgung, Gasleitungen, Heizungsanlagen, Kühlschränke, Kältemaschinen, Wärmeaus- tauscher, Schmiermittelför- derung, flüssige Brennstoffe Bleche f.: Dachrinnen, Dachab- deckung, Fassaden, dekora- tiven Innenausbau Boiler u. Rohre f. Warmwasser- bereitung Apparate f. Destillation, Käse- zubereitung Kessel, Braupfannen, Brat- u. Kochgeräte, Großküchen Blitzableiter, Druckwalzen Autokühler

[x] Nach Dr. O. v. Franque; Deutsches Kupferinstitut, Berlin

Tabelle 4.2: Eigenschaften und Verwendung von Kupfer-Zinklegierungen

Werkstoffe Kurzzeichen Werkstoff-Nr. DIN	Legierungsbestand-teile (%), mittlere Zusammensetzung	Eigenschaften Korrosionsverhalten [4)13)14)	Verwendungsbeispiele [4)13)14)
Kupfer-Zink-Leg. (Messing) DIN 17660 Knetwerkstoffe		Kaltumformbarkeit gut bis sehr gut Warmumformbarkeit mittel bis gut Korrosions-Beständigkeit ähnlich Cu	
CuZn5 (Ms95) 2.0220	95Cu, 5Zn		
CuZn10 (Ms90) 2.0230	90Cu, 10Zn	α'-Phase	Hülsen f. Federungskörper, Schlauchrohre, Druckmeßgeräte
CuZn15 (Ms85) 2.0240	85Cu, 15Zn		Installationsteile f.d. Elektrotechnik
CuZn20 (Ms80) 2.0250	80Cu, 20Zn		Plattierungen auf Stahl, Instrumente,
CuZn28 (Ms72) 2.0261	72Cu, 28Zn		Hülsen
CuZn30 (Ms70) 2.0265	70Cu, 30Zn		Drahtgeflecht, Kühlerbänder, Rohrniete
CuZn33 (Ms67) 2.0280	67Cu, 33Zn	+ β"	Metall-, Holzschrauben, Druckwalzen
CuZn37 (Ms63) 2.0321	63Cu, 37Zn		Reißverschlüsse, Blattfedern, Hohlwaren, Kühlerbänder
CuZn40 (Ms60) 2.0360	60Cu, 40Zn		Beschlag-, Schloßteile, Nippeldraht
CuZn36Pb1,5 2.0331 CuZn39Pb3 2.0401	62,5Cu, 36Zn, 1,5Pb 58Cu, 39Zn, 3Pb	Zerspanbarkeit: gut " sehr gut	Automatenlegierung, Formdrehteile
CuZn20Al 2.0460 CuZn40Al2 2.0550	78Cu, 20Zn, 2Al 56Cu, 40Zn, 2Al, 2Mn	beständig i. Meerwasser <3m/s hohe Festigkeit, beständig i. d. Witterung	Rohre, Rohrböden f. Kondensatoren, Wärmeaustauscher
CuZn28Sn 2.0470 CuZn39Sn 2.0530	71Cu, 28Zn, 1Sn 60Cu, 39Zn, 1Sn	beständig i. Kühlwasser pH ≥ 7, <2m/s, weniger beständig	Rohre, Rohrböden f. Kondensatoren, Apparatebau, Bootsbeschläge
CuZn35Ni1 2.0540 CuZn40Ni1 2.0571 CuZn40Mn1 2.0572	59Cu, 35Zn, 3Ni, 2Mn, 1Al 57Cu, 40Zn, 2Ni, 1Mn 58Cu, 40Zn, 2Mn	Beständigkeit durch Ni+Mn verbes. Apparatebau, Schiffbau " " " Ni+Mn " Apparatebau, Kältetechnik " " " Mn " Apparatebau	

Pfeile (β-Phasen-Bereich):
- abnehmend → "Entzinkung" möglich
- Lösg. möglich → SRK i. NH$_3$, -SO$_2$

[4)n. K. Dies   13)n. Angaben des Deutschen Kupferinstituts   14)n. DIN 17660

*) ⤴ = von ... bis

Tabelle 4.3: Eigenschaften und Verwendung von Kupfer-Zink-Gußlegierungen

Werkstoffe Kurzzeichen Werkstoff-Nr. DIN	Legierungs- bestandteile [%]	Eigenschaften Korrosionsverhalten [3) 4) 13) 14)]	Verwendungsbeispiele [4) 13) 14)]
Kupfer-Zink-Gußleg. (Guß-Messing und Guß-Sondermessing) DIN 1709			
G-CuZn15, 2.0241.01	83,0–87,5Cu,0,05–0,20As, Rest Zn	sehr gut weich-+hartlötbar, gute Meerwasserbeständigkeit	Flanschen f.Schiff-, Maschinenbau Elektrotechnik, Feinmechanik
G-CuZn33Pb3, 2.0290.01	63,0–67,0Cu,1,0–3,0Pb, Rest Zn	beständig gegenüber Gebrauchs- wässern bis etwa 90°C,gut zerspanbar	Gehäuse für Gas- u. Wasserarmaturen, Konstruktionsteile, Beschlagteile
GD-CuZn37Pb,GK-CuZn 37Pb 2.0340.05, 2.0340.02	59,0–63,0Cu0,2–0,8Al0,5–2,5Pb, Rest Zn	gut spanend bearbeitbar	Beschlag-,Konstruktionsteile,Sanitär-, Stapelarmaturen,Druckgußteile für Maschinenbau
GK-CuZn38Al,2.0591.02	59,0–63,0Cu,0,2–0,8Al, Rest Zn	gut gießbar,kaltzäh,korr.- beständig i.d.Atmosphäre	verwickelte Konstruktionsteile f. Elektrotechnik u. Maschinenbau
G-CuZn40Fe,GZ-CuZn40 Fe 2.0590.01,2.0590.03 GK-CuZn37Al1	56,0–62,0Cu,0,2–1,2Fe, Rest Zn 60,0–64,0Cu,0,4–1,8Al, Rest Zn	kaltzäh,gut weich- + hartlötbar	Armaturengehäuse f.hohe Gas- u. Wasserdrücke,Tieftemperaturtechnik Konstruktionsteile f.Maschinenbau Elektrotechnik, Feinmechanik
G-CuZn35Al1,GZ-CuZn 35Al1 2.0592.01, 2.0592.03	56,0–65,0Cu0,5–2,0Al0,5–2,0Fe, 0,5–3,0Mn,Rest Zn	mäßige Gleiteigenschaften gute Korrosionsbeständig- keit in Wässern	Druckmuttern,Grund-,Stopfbuchsen, Schiffsschrauben
G-CuZn34Al2,GZ-CuZn 34Al2 2.0596.01, 2.0596.03	55,0–66,0Cu,1,0–3,0Al 0,5–2,5Fe 0,5–4,0Mn,Rest Zn	hohe statische Festigkeit, hohe Härte	Ventil-,Steuerungsteile,Sitze,Kegel
G-CuZn25Al5,GZ-CuZn 25Al5, 2.0598.01, 2.0598.03	60,0–67,0Cu,3,0–7,0Al 1,5–4,0Fe, 2,5–5,0Mn,Rest Zn	sehr hohe statische Belast- barkeit	Lager hoher Last, aber geringer Dreh- zahl, hochbeanspruchte Schneckenrad- kränze, Innenteile f.Hochdruckarmaturen
G-CuZn15Si4,GD-CuZn 15Si4,GK-CuZn15Si4, 2.0492.01,2.0492.05, 2.0492.02	78,0–83,0Cu,3,8–5,0Si, Rest Zn	sehr gut gießbar,gute Korro- sionsbeständigkeit,auch in Meerwasser	hochbeansprucht, dünnwandige ver- wickelte Konstruktionsteile

4) n. K. Dies 13) n. Angaben des Deutschen Kupferinstitutes 14) n. DIN 1709
3) n. F. Tödt

89

Tabelle 4.4: Eigenschaften und Verwendung von Kupfer-Nickel-Legierungen

Werkstoffe Kurzzeichen Werkstoff-Nr. DIN	Legierungsbestand-teile (%)	Eigenschaften Korrosionsverhalten 3)4)13)14)	Verwendungsbeispiele 4)13)14)
Kupfer-Nickel-Leg.,Knetleg. DIN 17664			
CuNi 5Fe, 2.0662	4,6-6,0Ni,1,0-1,5Fe 0,3-0,8Mn, Rest Cu	ausgezeichnet beständig gegen Erosion,Kavitation,Korrosion, besonders i. Meerwasser, gut schweißbar	Rippenrohre, Apparatebau, Rohrleitungen, Elektrotechnik
CuNi10Fe, 2.0872	9,0-11,0Ni,1,0-1,8Fe 0,5-1,0Mn, Rest Cu	ausgezeichnet beständig gegen Erosion,Kavitation,Korrosion, besonders i. Meerwasser, gut schweißbar	Rohre f.Meerwasserleitungen, Wärmeüberträger, Kondensatoren, Speisewasservorwärmer, Apparatebau, Süßwasserbereiter
CuNi20Fe, 2.0878	20,0-22,0Ni,0,5-1,0Fe 0,5-1,5Mn, Rest Cu	ausgezeichnet beständig gegen Erosion,Kavitation,Korrosion, bes. i. Meerwasser, gut schweißbar, geringe Kaltverfestigung	Plattierwerkstoff, Tiefziehteile, Apparatebau
CuNi25, 2.0830	24,0-26,0Ni, Cu Rest		Münzlegierung, Plattierwerkstoff
CuNi30Fe, 2.0882	30,0-32,0Ni,0,4-1,0Fe 0,5-1,5Mn, Rest Cu	ausgezeichnet beständig gegen Erosion,Kavitation,Korrosion, bes. i. Meerwasser, gut schweißbar	Rohrleitungen i.Schiffbau, Böden, Platten, Rohre f. Wärmeaustauscher u.Kondensatoren. Trinkwassererzeug. aus Meerwasser
CuNi44, 2.0842	43,0-45,0Ni,0,5-2,0Mn Rest Cu	gut kalt- u. warmumformar, geringer Temperaturkoeffizient d. elektr. Widerstandes	Anlaß-, Regel-, Kontroll-, Belastungswiderstand, Röhreneinbauwerkstoff
Gußlegierungen DIN17658 G-CuNi10, 2.0815.01	9,0-11,0Ni,1,0-1,8Fe 1,0-1,5Mn,0,15-0,35 Nb 0,15-0,25Si	sehr gut korrosionsbeständig gegenüber Wässer unterschiedlichster Wasserinhaltstoffe, keine Empfindlichkeit gegen SRK, gute Erosions- u. Kavitationsbest., gut schweißbar, gut bearbeitbar	Schiffbau, Papiermaschinenbau, Lebensmittel-Getränkeindustrie, Kraftwerke, chemische Industrie f. Fittings, Armaturen, Pumpen, Rührwerke, Abfüllorgane, Zentrifugen, Trichter u.a.f. Meerwasserentsalzungsanlagen
G-CuNi30, 2.0835.01	29,0-31,0Ni,0,5-1,5Fe 0,6-1,2Mn,0,5-1,0Nb 0,3-0,7Si	gut bearbeitbar "	

3)n. F. Tödt 4)n. K. Dies 13)n. Angaben d. Deutschen Kupferinstitutes 14)n. DIN 17664 u. DIN 17658

Tabelle 4.5: Eigenschaften und Verwendung von Kupfer-Zinn-Knetlegierungen

Werkstoffe Kurzzeichen Werkstoff-Nr. DIN	Legierungs- bestandteile [%]	Eigenschaften, Korrosionsverhalten 3)4)13)14)	Verwendungsbeispiele 4)13)14)
Kupfer-Zinn-Legierungen (Zinnbronze) Knetlegierungen DIN 17662		gute Wechselfestigkeit, gute Verformbarkeit, hohe Korrosionsbeständigkeit, nahezu unempfindlich gegenüber lochförmigem Korrosionsangriff, einphasiges Gefüge günstiger.	
CuSn2, 2.1010	1,0-2,5Sn,0,01-0,4P Rest Cu	Korrosionsresistenz mit zunehmendem Sn-Gehalt steigend.	Bänder f. Metallschläuche, Rohre, stromleitende Federn.
CuSn6, 2.1020	5,5-7,5Sn,0,01-0,4P Rest Cu		Federn aller Art; Rohre, Hülsen, Teile f. chem. Industrie, Gewebe-, Siebteile
CuSn8, 2.1030	7,5-9,0Sn,0,01-0,4P Rest Cu	erhöhte Korrosionsbeständigkeit gegenüber CuSn6	Gleitelemente, Holländermesser
CuSn6Zn, 2.1080	5,0-7,0Sn,5,0-7,0 Zn,0,01-0,1 P, Rest Cu		Federn aller Art, Membranen

3) n. F. Tödt 4) n. K. Dies 13) n. Angaben des Deutschen Kupferinstitutes 14) n. DIN 17662

Tabelle 4.6: Eigenschaften und Verwendung von Kupfer-Zinn bzw. Kupfer-Zinn-Zink-Gußlegierungen

Werkstoffe, Kurzzeichen Werkstoff-Nr. DIN	Legierungsbestandteile (%)	Eigenschaften Korrosionsverhalten [3)4)13)14)]	Verwendungsbeispiele [4)13)14)]
Kupfer-Zinn;Kupfer-Zinn-Zink-Gußlegierungen (Guß-Zinn-Bronze, Rotguß) DIN 1705		Korrosionsbeständigkeit gegenüber Atmosphärilien mit zunehmendem Sn-Gehalt steigend, homogenes α -Gefüge günstiger als zwei bzw. mehrphasige	
G-CuSn12;GZ-CuSn12,GC-CuSn12;2.1052.01,2.1052.03, 2.1052.04	85,5-87,5Cu,11,0-13,0 Sn	gute Verschleißfestigkeit, meerwasserbeständig	Kupplungsstücke, Schnecken-, Schraubenräder
G-CuSn12Ni, GZ-CuSn12Ni; 2.1060.01, 2.1060.03	84,0-87,0Cu,11,0-13,0Sn;1,5-2,5Ni	sehr gute Verschleißfestigkeit, meerwasserbeständig, widerstandsfähig gegen Kavitation	Leit-, Lauf-, Schaufelräder f. Pumpen, Wasserturbinen, hochbeansprucht Armaturen, Pumpengehäuse
G-CuSn12Pb,GZ-CuSn12Pb, GC-CuSn12Pb,GZ-CuSn12Pb; 2.1061.01, 2.1061.03, 2.1061.04	84,3-87,3Cu;11,0-13,0 Sn;1,0-2,0Pb	gute Verschleißfestigkeit, meerwasserbeständig	Gleitlager mit hohen Lastspitzen u. Notlaufeigenschaften, Gleitleisten
G-CuSn10;2.1050.01	88,0-90,0Cu;9,0-11,0 Sn	hohe Dehnung, meerwasserbeständig	Armaturen, Pumpengehäuse, Leit-, Lauf-, Schaufelräder f. Pumpen, Wasserturbinen
G-CuSn10Zn,GZ-CuSn10Zn GC-CuSn10Zn,2.1086.01, 2.1086.03, 2.1086.04	86,0-89,0Cu,9,0-11,0 Sn;1,0-3,0 Zn	harter Werkstoff, meerwasserbeständig	Stevenrohre, Schiffswellenbestüge, Papier-, Kalanderwalzenmäntel, Gleitlagerschalen
G-CuSn7ZnPb,GZ-CuSn7ZnPb	81,0-85,0Cu,6,0-8,0 Sn 3,0-5,0Zn,5,0-7,0Pb	mittelhart, meerwasserbeständig	Gleitlagerschalen, Schiffswellenbezüge, Zylindereinsatzbuchsen, Kuppelstücke, Friktionsscheiben
GC-CuSn7ZnPb, GZ-**2.1090.01**, 2.1090.03, 2.1090.04 G-CuSn6ZnNi;2.1093.01	83,5-87,5Cu,5,5-7,0Sn 1,5-3,0Zn,2,5-4,0Pb 1,5-2,5Ni	gute Festigkeit, gute Dehnung, gut gießbar, meerwasserbeständig	Armaturen, Pumpengehäuse
G-CuSn5ZnPb, 2.1096.01	84,0-86,0Cu,4,0-6,0Sn 4,0-6,0Zn, 4,0-6,0Pb	Sn gut gießbar, weich- u. bedingt hartlötbar, meerwasserbeständig	Wasser-, Dampfarmaturengehäuse bei 225°C, Pumpengehäuse f. dünnwandige Armaturen bei 225°C
G-CuSn2ZnPb, 2.1098.01	80,0-85,0Cu,1,5-3,0Sn 7,0-9,0Zn,4,0-6,0Pb 1,5-2,5Ni	mittelhart, gut gießbar, korrosionsbeständig gegenüber Gebrauchswässern, auch bei erhöhten Temperaturen	

3)n. F. Tödt   4)n. K. Dies   13)n. Angaben des Deutschen Kupferinstitutes   14)n. DIN

Tabelle 4.7: Eigenschaften und Verwendung von Kupfer-Aluminium-Legierungen

Werkstoffe Kurzzeichen Werkstoff-Nr. DIN	Legierungs- bestandteile [%] x) (mittlere Zusammensetzung)	Eigenschaften Korrosionsverhalten 3)4)13)14)	Verwendungsbeispiele 4)13)14)
Kupfer-Aluminium-Leg.,Knetleg. DIN 17665 (Aluminiumbronze)			
CuAl5	95 Cu, 5 Al$^{x)}$	Durch Legieren des Cu mit Al, vor allem über 4% zunehmende Verbesserung des Korr.-Verhaltens, vor allem in Meerwasser	
CuAl5As	>94,6Cu,5Al,<0,4As$^{x)}$	KV: durch As in Salzlösg., Meerwasser erhöht	
CuAl8	92 Cu, 8 Al x)		
CuAl8Fe	89 Cu, 8 Al, 3 Fe$^{x)}$		
CuAl10Fe	84 Cu, 10Al, 3 Mn$^{x)}$	hohe Kerbschlagzähigkeit auch b.tief.Temp.	Kessel f. Zellulose-Acetat Leitungen für O_2
CuAl9Mn	89 Cu, 9 Al, 2 Mn$^{x)}$		
CuAl10Ni	81 Cu, 10 Al,5Ni,4Fe$^{x)}$		Meerwasserpumpe f.Entsalzungsanlage
CuAl11Ni	77 Cu,11Al,6Ni,6Fe	sehr beständig gegen Kavitation	
Gußlegierungen, DIN 1714			
G-CuAl10Fe,GK-CuAl10Fe 2.0940.01,2.0940.02	83,0-89,5Cu,8,5-11,0Al 2,0-4,0Fe	beständig in kaltem u.warmem Meerwasser in nichtoxidierenden Säuren,Salzlösungen best.Laugen gut schweißbar	Gehäuse,Schaufelräder f.Pumpen,Hebel Buchsen,Beschläge,Ritzel,Kegelräder korrosionsbeanspruchte Teile, Armaturen f.aggressive Wässer, Verstellpropeller,Flanschen f.d. Schiffbau, Belzkörbe
G-CuAl9Ni,GK-CuAl9Ni,2.0970.01, 2.0970.02	82,0-87,0Cu,8,5-10,0Al 1,5-4,0Ni,1,0-3,0Fe		
G-CuAl10Ni,GK-CuAl10Ni, GZ-CuAl10Ni, 2.0975.01,2.0975.02, 2.0975.03,2.0975.04	76,0-81,0Cu,8,8-10,8Al 4,5-6,5Ni,3,5-5,5Fe	verbesserte Festigkeitseigenschaften, beständig in kaltem u. warmem Meerwasser, gute Dauerschwingfestigkeit	Verteilerköpfe,Umkehrböden i.d. Petrochemie u.i.Apparatebau, Schiffspropeller, Laufräder, Pumpengehäuse
G-CuAl11Ni,GK-CuAl11Ni, GZ-CuAl11Ni, 2.0980.01,2.0980.02, 2.0980.03	71,0-78,0Cu,9,0-11,5Al 5,0-7,0Ni,4,0-6,0Fe	hohe Festigkeit, sehr gute Dauerschwing- festigkeit,sehr kavitationsbeständig,hoch belastbar b.guter Verschleißfestigkeit, beständig i.kaltem u.heißem Meerwasser	Francis-u.Kaplan-Schaufeln,Pumpen- laufräder,Schnecken-u.Schrauben- räder,Innenteile f.Höchstdruckarma- turen,Gleitlager m.sehr hohen Stoßbelastungen
G-CuAl8Mn,GK-CuAl8Mn 2.0962.01,2.0962.02	82,0-85,0Cu,7,0-9,0Al 5,0-6,5Mn,1,0-2,0Ni	niedrigere Permeabilität b.niedriger spez. elektr.Leitfähigkt.,meerwasserbeständig	Propellerteile,Maschinenrahmen Stevenrohre, Deckel

3) n. F. Tödt   4) n. K. Dies   13) n. Angaben des deutschen Kupferinstitutes   14) n. DIN 17665 u. 1714

In anorganischen und organischen Säuren hängt die Korrosionsrate des Kupfers in großem Maße von der Anwesenheit von Oxidationsmitteln ab. Während sie in Lösungen nichtoxidierender Säuren bei Abwesenheit von Sauerstoff und Raumtemperatur gering bleibt, nimmt sie für etwa 1 n Salz-, Essig- und Schwefelsäure mit zunehmendem O_2-Gehalt ungefähr linear zu. Stärkere Oxidationsmittel wie Wasserstoffperoxid und andere Korrosionsbedingungen können die Korrosionsrate zeitlich noch erhöhen[3]. Deshalb sind die in den Bildern 4.1 – 4.6 wiedergegebenen Abtragungsraten[12] für eine erste Orientierung zu benutzen und nur anwendbar, wenn gleichmäßiger Flächenabtrag auftritt. Für die Werkstoffauswahl, vor allem in Grenzfällen, sind unter Anwendungsbedingungen chemische und elektrochemische Korrosionsuntersuchungen nach DIN 50905 Teil 1 – 4 und DIN 50918 erforderlich.

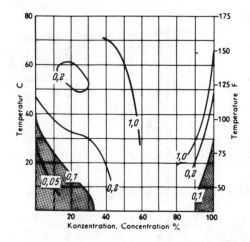

Bild 4.1:
Abtragungsraten [mm · a^{-1}]
von Cu in H_2SO_4 (nach F. F. Berg)
(nach F. F. Berg

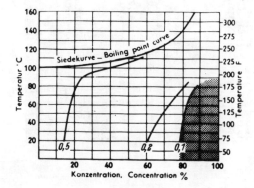

Bild 4.2:
Abtragungsraten [mm · a^{-1}]
von Cu in H_3PO_4 (nach F. F. Berg)

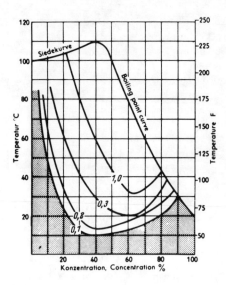

Bild 4.3:
Abtragungsraten [mm · a^{-1}]
von Cu in HF (nach F. F. Berg)

Bild 4.4:
Abtragungsraten [mm · a^{-1}]
von Cu in CH$_3$COOH
(nach F. F. Berg)

Bei gleichmäßigem Flächenabtrag wird ein Werkstoff nach der DECHEMA-Werkstofftabelle[15] wie folgt bewertet.

Flächenbezogene Massenverlustrate v in g · m^{-2} · d^{-1} bis etwa *)	Abtragungsrate w in mm · a^{-1} bis etwa	Bewertung
2,4	0,1	praktisch beständig
24	1,0	ziemlich beständig
72	2,5 – 3,0	nicht besonders beständig
> 72	> 3,0	nicht brauchbar aus korrosionschemischen Gründen

*) für Al, Mg, Ti und ihre Legierungen ist wegen der geringeren spezifischen Dichte nur 1/3 des Wertes einzusetzen. Bei der Bewertung ist zu berücksichtigen, daß die Anforderungen an das Korrosionsverhalten des Werkstoffes bei den Anwendungsfällen unterschiedlich sein können.

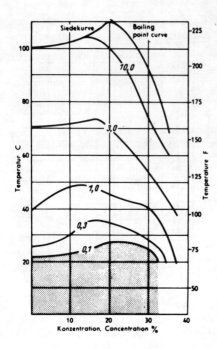

Bild 4.5:
Abtragungsraten $[\text{mm} \cdot \text{a}^{-1}]$
von CuSi3 in H_2SO_4
(nach F. F. Berg)

In der Witterung, auch im Meeresklima, erweist sich Kupfer als sehr korrosionsresistent und findet deshalb im Bauwesen z. B. als Bedachungsmaterial Verwendung[13]. Es überzieht sich in der Atmosphäre zunächst mit einer dunkelbraunen bis nahezu schwarzen, vorwiegend oxidischen[20] Deckschicht, die sich später in die grüne Patina — bestehend je nach Klimazone unterschiedlich aus basischem Kupfersulfat und basischem Kupferchlorid — umwandeln kann.

Über das Korrosionsverhalten von Kupfer im Erdboden wird positiv berichtet[2]. Asche- und schlackehaltige, sowie saure und sulfidhaltige Böden können Kupfer angreifen, wobei örtlich ungleichmäßiger Flächenabtrag unter Mulden- und Lochbildung möglich ist.

Ein Hauptanwendungsgebiet von Kupferwerkstoffen liegt in dem Bereich, wo sie mit Wässern unterschiedlicher Wasserinhaltsstoffe und Temperaturen benetzt werden, wie u. a. bei Wärmeaustauschern und in der Hausinstallation. Obwohl sich Kupfer auf diesem Anwendungsgebiet insgesamt korrosionsmäßig gut bewährt hat, sind auch bei Einwirkung von Trink- und Brauchwässern je nach den vorliegenden Bedingungen Korrosionsschäden nicht ausgeschlossen[6, 7, 8, 9, 10, 11]. Während die gleichmäßige Flächenkorrosion in den meist annähernd neutralen wäßrigen Medien nicht zu einer Funktionsbeeinträchtigung des Kupfers als Werkstoff führt, sondern nur Kupferionen an das Wasser abgegeben werden, die ihrerseits für andere Metalle wie Zink und Aluminium korrosionsrelevant werden können, kann es durch Mulden- und Lochkorrosion (DIN 50900, Teil 1, Juni 1975) zu Korrosionsschäden am Kupfer kommen. Für das Auftreten dieser Korrosionsarten in aggressiven Wässern gibt es verschiedene Möglichkeiten. Bei Einwirkung von sauerstoffhaltigen Wässern kann u. a. unter Ablagerungen oder unter Verunreinigungen, die beispielsweise von der Montage herrühren, eine unterschiedliche Belüftung der Kupferoberfläche erfolgen, wobei Belüftungselemente hoher anodischer Stromdichte entstehen können. Die geringer belüfteten Bezirke werden zu Anoden und bilden die Ansatzstellen beginnender Lochkorrosion. Zur Verringerung der Lochkorrosionsgefahr sollten deshalb in Rohrleitungssystemen von der Installation herrührende Verunreinigungen vor Inbetriebnahme durch Spülung entfernt werden und die evtl. vom Wasser mitgeführten Feststoffe, die sich in Rohren ablagern können, durch Feinfilter zurückgehalten werden. Lufteinschlüsse in mit Wasser gefüllten Rohren können auch zu solchen Belüftungselementen führen. Reste von Flußmitteln, insbesondere in stagnierenden Wässern, können Lochkorrosion initiieren.

Für das zukünftige Korrosionsverhalten ist wesentlich die Beschaffenheit der sich bildenden Kupfer(I)-oxid-Schicht von Einfluß. Eine Verhinderung oder eine Störung im gleichmäßigen Schichtaufbau kann in aggressiven Wässern die Gefahr lokal lochförmiger Korrosion bedeuten. Nach den Untersuchungen mehrerer Autoren treten im wesentlichen zwei Formen des Lochfraßes in Trinkwässern auf[8, 9, 10, 11]. Lochfraß vom Typ I wurde bisher fast nur im Kaltwasserbereich bei Überprüfung von Korrosionsschadensfällen festgestellt und ist die häufigste Form der Lochkorrosion.

Zur Auslösung dieser Lochkorrosion müssen meist mehrere ungünstige Umstände wie ungünstige Betriebs- und Installationsbedingungen sowie eine unvorteilhafte Wasserbeschaffenheit zusammentreffen. Dabei ist die Art und Konzentration der im Wasser enthaltenen Stoffe von großem Einfluß. Aus der Wasseranalyse allein ist aber die Beurteilung der Wahrscheinlichkeit eines evtl. Korrosionsschadens nicht möglich. Chloride spielen vor allem bei der Entstehung des Lochfraßes vom Typ I eine bedeutende Rolle, ohne daß man ihren Einfluß bisher quantifizieren kann. Wässer mit hohem Sulfatgehalt scheinen die Empfindlichkeit des Kupfers zur Lochkorrosion zu vergrößern, obwohl Sulfate im Korrosionsmechanismus zur Auslösung lochförmiger Korrosion nicht notwendig sind. Während nach bisherigen Erkenntnissen zunehmende Nitrationengehalte sich günstig auswirken, steigt mit größerer Sauerstoffkonzentration und höherem Gehalt an Natriumionen die gegebene Korrosionswahrscheinlichkeit.

Die Oberfläche im Bereich der Korrosionsstellen des Typs I ist meist mit einer zusammenhängenden Kupfer(I)-oxid-Schicht bedeckt, und über dem Angriffsort befinden sich häufig als kennzeichnende Korrosionserscheinungen grüne bis blaugrüne Korrosionsprodukte, die als Malachit, $CuCO_3 \cdot Cu(OH)_2$, röntgenographisch identifiziert worden sind. An der Angriffsstelle konnten weiterhin Chloride, Sulfate und machmal auch Phosphate nachgewiesen werden[9, 11, 20]

Schäden durch Lochfraß vom Typ II wurden meist in Warmwasser beobachtet. Das Schadensbild des Typs II ist verschieden von dem des Typs I. Unter meist weiß-gelben bis gelb-braunen amorphen Ablagerungen, die den Eindruck eines unangegriffenen Werkstoffs vermitteln, befinden sich viele Lochfraßstellen mit grünen Korrosionsprodukten, die meist Kupfersulfate wie Brochantit, $4CuO \cdot SO_3 \cdot 3H_2O$, oder Paralangit, $3Cu(OH)_2 \cdot CuSO_4 \cdot 1,5H_2O$, enthalten[9]. Nach Auswertung von Wasseranalysen scheint bei Lochfraß des Typs II dem Molverhältnis Hydrogenkarbonat/Sulfat ein großer Einfluß zuzukommen, wobei bei einem Quotienten größer als 2 die Gefahr eines Korrosionsschadens gering ist. Durch Anhebung des pH-Wertes kann dieser Lochfraß vermindert oder verhindert werden[9, 11].

Kupferrohre finden wegen ihrer guten Korrosionsbeständigkeit[18] auch in zunehmendem Maße in der Heizungsinstallation Verwendung. Da die Heizungswässer schon im Hinblick auf den Werkstoff der Kesselanlage nahezu sauerstofffrei sein müssen, ergeben sich für Kupfer, auch in Kombination mit anderen Metallen, keine Korrosionsprobleme. Bei der geforderten Sauerstofffreiheit des Heizungswassers sind durch den Kontakt mit Kupfer an Eisen[18] und Aluminiumwerkstoffen[21] keine Korrosionsschäden zu erwarten. Nach neueren Untersuchungen[17] ist zur Bindung des Sauerstoffs in Heizungsanlagen mit Betriebstemperaturen bis zu etwa 100 °C Hydrazin im Überschuß von mindestens 5 bis 15 mg/l notwendig und zulässig, ohne daß es zur Gefährdung durch Ammonium kommt.

4.1.2.1 Kupfer-Zink-Legierungen (Messinge, Sondermessinge)

Früher wurden Kupfer-Zink-Legierungen mit Gehalten bis zu etwa 30 % Zink auch „Tombak" genannt[1].

Die Legierungen des Kupfers mit Zink[13, 14], die zu den wichtigsten Kupfer-Werkstoffen zählen, zeigen ein Korrosionsverhalten, das in großem Maße von dem Zinkanteil bzw. von dem entstandenen Gefüge geprägt wird.

Legierungen mit Zinkgehalten bis etwa 37,5 % — sogenannte α-Messinge — besitzen einheitlich ein kubisch-flächenzentriertes Gitter, sie sind duktil, aber zäh und ähneln in ihrem Korrosionsverhalten dem reinen Kupfer. Ihre Korrosionsbeständigkeit gegenüber Wässern, Dampf und verschiedenen Salzlösungen ist hoch[1].

Die Gruppe der Kupfer-Zink-Legierungen mit heterogenem Gefüge, die sogenannten ($\alpha + \beta$)-Messinge, umfaßt Kupferwerkstoffe mit Gehalten von etwa 37,5 bis 46 % Zink[1]. Das Vorliegen der β-Phase mit kubisch raumzentriertem Gitter neben dem α-Mischkristall bedeutet eine Einbuße an Korrosionsresistenz. Die zinkreichere β-Phase stellt im heterogenen Gefüge die anodischen Teilbezirke, die bevorzugt angegriffen werden. Legierungen mit diesem Mischgefüge sind besonders empfindlich für eine Korrosionsart, die unter dem Namen „Entzinkung" bekannt ist (Bild 4.7). Der Name für diese selektive Korrosion beschreibt die Korrosionsreaktion nicht ganz zutreffend; denn Zink wird von korrosiven Mitteln nicht allein angegriffen, sondern vielmehr wird der β-Mischkristall vorzugsweise aufgelöst[1]. An der Phasengrenze zwischen dem Werkstoff und dem Korrosionsmedium entstehen dadurch hohe Kupferionenkonzentrationen, die bei entsprechenden Bedingungen zur Abscheidung von Kupfer auf der Metalloberfläche führen, was den Vorgang autokatalytisch beschleunigt. Korrodierte Kupfer-Zink-Werkstoffe mit reinem β-Gefüge weisen daher in ihren Korrosionsprodukten überwiegend Zinkverbindungen auf, während das Kupfer aus der Auflösung des β-Mischkristalls hauptsächlich metallisch in schwammähnlicher Form auf der Oberfläche wieder abgeschieden wird. ($\alpha + \beta$)-Messinge dürfen deshalb Korrosionsbeanspruchungen nicht ausgesetzt werden[1].

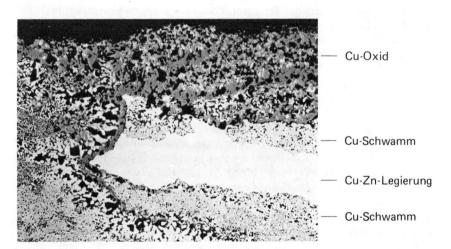

— Cu-Oxid

— Cu-Schwamm

— Cu-Zn-Legierung

— Cu-Schwamm

Bild 4.7

Bei Kupfer-Zink-Legierungen mit α-Gefüge kann die Empfindlichkeit gegenüber dieser selektiven Korrosion durch Gehalte von Arsen bis zu 0,035 % bei Knetwerkstoffen und bis zu 0,20 % bei Gußlegierungen herabgesetzt werden. In der Regel bilden sich unter der Einwirkung von korrosiven Mitteln an der Oberfläche der As-legierten Kupfer-Zink-Legierungen Schutzschichten aus, die die Abscheidung von Kupfer verhindern.

Durch Legierungsmaßnahmen kann das Korrosionsverhalten der Kupfer-Zink-Legierungen noch weiter verbessert werden. Zusätze von Aluminium, Mangan, Nickel und Zinn wirken sich vorteilhaft auf die Beständigkeit in der Atmosphäre und in Wässern aus. Von den so bezeichneten Sondermessingen hat sich in salzhaltigen Wässern CuZn20Al als Werkstoff für Kühler-, Kondensator- und Wärmeüberträgerrohre bewährt[13, 14]. Diese Legierung zeigt bei Einwirkung von Meerwasser einen hohen Widerstand gegen Korrosion und bei Kühlwassergeschwindigkeiten bis zu etwa 3 m/s auch gegen Erosion. In Flußwässern wird als Werkstoff für Kühlerrohre meist CuZn28Sn vorgezogen, der auch für Dampfkondensatoren Verwendung findet.

Auf die Möglichkeit, daß Spannungsrißkorrosion — vor allem an Messingen mit höherem Zinkgehalt — bei Einwirkung spezifischer Angriffsmittel auftreten kann wurde schon hingewiesen. Neben den bevorzugt entstehenden interkristallinen Rissen wurden auch transkristalline festgestellt. Eine Kaltverformung von Kupfer-Zink-Legierungen begünstigt das eventuelle Auftreten von Rissen, deren Geschwindigkeit auch von der Temperatur des einwirkenden Korrosionsmediums in der Weise abhängig ist, daß eine Temperaturerhöhung in der Regel eine Vergrößerung der Rißgeschwindigkeit bewirkt.

4.1.2.2 Kupfer-Nickel-Legierungen
Kupfer-Nickel-Zink-Legierungen (Neusilber)

Durch das Legierungselement Nickel wird der Bereich der α-Phase erweitert, was die Korrosionseigenschaften dieser Legierungsgruppe beeinflußt. Die Möglichkeit des Auftretens selektiver Korrosion ist daher bei diesen Legierungen äußerst gering, zumal das Gefüge homogen bleibt. Lochkorrosion wurde bei diesen Werkstoffen nur selten beobachtet[4]. Mit zunehmendem Gehalt an Nickel — bis zu 30 % Ni — steigt die Korrosionsresistenz dieser Werkstoffe, die überhaupt zu den korrosionsbeständigsten Kupferlegierungen zählen. Ihr Nickelgehalt kann 5 bis 45 % betragen, sie enthalten meist noch Eisen und Mangan. Durch Zusätze von Eisen wird die Korrosionsbeständigkeit sowohl gegenüber Brack- und Grubenwässern als auch bei vergleichsweise schnell strömendem Meerwasser erhöht, weil die Haftung der Schutzschichten durch das Legierungselement Eisen verbessert wird[1]. In Meerestechnik und im Schiffsbau gewinnen deshalb Kupfer-Nickel-Eisen-Legierungen wie z. B. CuNi10Fe und CuNi30Fe als Rohrwerkstoffe für Kondensatoren, Kühler oder sonstige Wärmeübertrager bei großen Wasserdurchlaufgeschwindigkeiten bis zu 4 m/s zunehmend an Bedeutung[16, 19]. Die Kupferlegierung CuNi20Fe zeigt auch einen hohen Widerstand gegen Korrosion, Erosion und Kavitation, insbesondere in Meerwasser, und sie wird sowohl als Plattierwerkstoff als auch im Apparatebau bei korrosiver Beanspruchung verwendet.

Gegenüber Spannungsrißkorrosion sind Kupfer-Nickel-Werkstoffe unempfindlich.

Kupfer-Nickel-Zink-Legierungen, die früher als „Neusilber" bezeichnet wurden, wurden einst meist nur für dekorative Anwendungszwecke benutzt, obwohl sie gegenüber neutralen bis leicht alkalischen wäßrigen Salzlösungen und O_2-armen organischen Säuren eine hohe Korrosionsresistenz aufweisen. Der flächenmäßige Abtrag ist im allgemeinen bei ihnen geringer, und sie neigen auch weniger zur Entzinkung als Messinge. Gegenüber Spannungsrißkorrosion sind besonders die hoch-nickelhaltigen Legierungen kaum empfindlich. Aus diesen Gründen finden Werkstoffe dieser Gruppe neuerdings auch in anderen Bereichen, vor allem in der Elektrotechnik und Elektronik, zunehmend Verwendung.

4.1.2.3 Kupfer-Zinn-Legierungen (Zinnbronzen, Rotguß, Guß-Zinn-Blei-Bronzen)

Kupfer-Zinn-Legierungen — Zinnbronzen — können als Knetwerkstoffe bis zu 9 % Zinn enthalten und besitzen bei guter Wechselfestigkeit und gutem Verformungsvermögen, insbesondere bei einphasigem Gefüge, auch eine ausgezeichnete Korrosionsresistenz. Sie nimmt im allgemeinen, wie bei Kupfer-Nickel-Legierungen, mit steigendem Zinngehalt zu. Gegenüber salz- und kohlensäurehaltigen Wässern als auch in Meerwasser zeigen sich diese Kupferlegierungen weitgehend beständig, wobei als evtl. Korrosionsform gleichmäßiger Flächenabtrag gegenüber anderen Korrosionserscheinungen bevorzugt ist. Auch gegenüber Spannungsrißkorrosion sind Zinnbronzen nahezu unempfindlich.

Das Korrosionsverhalten der Kupfer-Zinn-Gußlegierungen (Guß-Zinnbronzen) sowie der Mehrstoff-Legierungen mit Zink (Rotguß) und mit Blei (Guß-Zinn-Bleibronzen) entspricht im wesentlichen dem der entsprechenden Knetwerkstoffe. Ihre hervorragende Korrosionsresistenz in Meerwasser und in anderen wäßrigen Medien hat den Kupfer-Zinn-Guß-Werkstoffen vielfältige Anwendung in der Meerestechnik, im Schiffsbau, sowie im allgemeinen Maschinen- und Apparatebau eröffnet. Als Beispiele können Pumpen-, Wärmetauscher- und Ventilgehäuse als auch Lauf- und Zahnräder genannt werden.

4.1.2.4 Kupfer-Aluminium-Legierungen (Aluminiumbronzen)

Als Legierungselement in Kupferwerkstoffen kann Aluminium bis zu einem Anteil von 14 % enthalten sein, es verbessert die Eigenschaften dieser Kupferwerkstoffe. Neben der Erhöhung des Verschleißwiderstandes, der Zugfestigkeit bei zunächst steigender Dehnung sowie der Härte wächst bei reinen α-Legierungen und zunehmendem Aluminiumgehalt die Korrosionsresistenz, da Aluminium unter der Einwirkung von Agenzien festhaftende Oxidschichten bildet, die eine Schutzwirkung ausüben[4]. Kupfer-Aluminium-Legierungen werden daher von Säuren, wie Phosphor-, Schwefel-, Essigsäure je nach Konzentration bei Raumtemperatur und von salzhaltigen wäßrigen Lösungen nur geringfügig angegriffen, so daß Aluminiumbronzen u. a. als Werkstoffe für Beizkörbe und für Säureleitungen sowie für Ventile und Pumpen bei der Meerwasserförderung eingesetzt werden[1, 3, 13]. Sie sind verhältnismäßig beständig gegenüber örtlich lochförmiger Korrosion und zeigen sich auch in schnellströmenden Wässern widerstandsfähig gegenüber Erosion und Kavitation.

Während die binären Kupfer-Aluminium-Werkstoffe mit Aluminium-Gehalten von 4 bis 9 % in der Regel ein einphasiges α-Gefüge aufweisen, wird das Gefüge bei höherem Anteil an Aluminium heterogen. Zur Verbesserung bestimmter Werkstoffeigenschaften, u. a. der Festigkeit, enthalten diese mehrphasigen Kupfer-Aluminium-Legierungen als Zusatzelemente Eisen, Mangan und Nickel, von denen Nickel die Korrosionsbeständigkeit, insbesondere in Meerwasser, erhöht[1, 13]. Bei mehrphasigem Gefüge läßt sich die Möglichkeit des Auftretens von selektiver Korrosion, „Entaluminierung", bei starker korrosiver Beanspruchung, z. B. durch verdünnte Schwefelsäure, nicht ganz ausschließen[4].

Spannungsrißkorrosion kann bei Aluminiumbronzen, vorzugsweise im kaltverformten Zustand, in ammoniakalischen Lösungen auftreten. Ein Arsenzusatz erniedrigt eine etwaige Empfindlichkeit sehr stark[4].

4.2 Einteilung der Bleiwerkstoffe (Tabelle 4.8)

- Blei
- Blei-Kupfer; Blei-Kupfer-Zinn-Legierungen
- Blei-Antimon-Legierungen

Das Korrosionsverhalten von Blei und Bleilegierungen

4.2.1 Blei

Blei, das zu den ältesten metallischen Werkstoffen der Menschheit zählt, war schon im Altertum wegen seiner hohen Korrosionsbeständigkeit geschätzt.

Der Wert des Normalpotentials von Blei liegt bei $-0,126$ [V] U_H^0, d. h. eine Reaktion mit O_2-freiem, destilliertem Wasser unter Wasserstoffentwicklung ist praktisch nicht möglich, zumal das mögliche Korrosionsprodukt von Blei $Pb(OH)_2$ alkalisch reagiert. Erst bei hoher Acidität, pH-Wert < 2, ist eine derartige Reaktion möglich[3]. Wegen der hohen Überspannung des Wasserstoffs geschieht dies in Säuren normaler Konzentration und Temperatur an unlegiertem Blei nur in geringem Maße.

Die Einwirkung lufthaltigen Wassers kann aber zu einem Korrosionsangriff auf Blei nach folgendem Reaktionsablauf führen:

$Pb + 1/2\ O_2 + H_2O \rightarrow Pb(OH)_2$.

Blei kann deshalb von weichen lufthaltigen Wässern, von Wässern, die Kohlensäure enthalten und Kalk-Schutzschichten auflösen, und von Wässern, die bei Benetzung der Bleioberfläche keine Schutzschichten zu bilden vermögen, angegriffen werden. Härtebildner im Wasser wirken sich vorteilhaft auf das Korrosionsverhalten von Blei aus, weil sich eine festhaftende Schicht von schwerlöslichem basischem Bleikarbonat — $Pb(OH)_2 \cdot 2PbCO_3$ — und/oder Bleisulfat — bilden kann. In Meerwasser ist Blei vergleichsweise sehr resistent[24]. Flächenbezogene Massenverlustraten von $0,4\ g \cdot m^{-2} \cdot d^{-1}$ sind normal.

Für die Verwendung von Blei als Werkstoff für Stromkabelmäntel spielt sein Korrosionsverhalten im Erdboden eine Rolle. Lehm-, Mergel-, Kalkböden fördern ebenso wie die Berührung mit Koks und Schlacke in der Regel die Korrosion des Bleis; Sandböden sind vorteilhaft.

In der Atmosphäre ist Blei durch die Entstehung einer Deckschicht aus Bleioxid und basischem Bleikarbonat geschützt, so daß sich niedrige Abtragungsraten ergeben. Abtragungsraten von Blei betragen in Industrieatmosphäre $\approx 0,6\ \mu m/Jahr$[20], in Meeresklima $\approx 0,4\ \mu m/Jahr$, in Trockenklima $\approx 0,23\ \mu m/Jahr$. Blei findet deshalb im Bauwesen als Fassadenwerkstoff, Verkleidung von Dächern und Brüstungen und zur Schallschutzisolierung Anwendung, wobei die leichte Verformbarkeit, der niedrige Elastizitätsmodul und die hohe Dichte von Vorteil sind. Nachteilig dagegen wirkt sich bei Blei seine geringe Wechselbiege- und Temperaturwechselfestigkeit aus. Bei mechanischer und/oder Wärmewechselbeanspruchung entstehen als erste Anzeichen einer Ermüdung von Blei Oberflächenveränderungen, die als sog. „Elefantenhaut" bezeichnet werden und ein mögliches Versagen des Werkstoffs ankündigen. Bleilegierungen, z. B. Kupferfeinblei oder die Bleilegierung PbCuSnPd, weisen neben der höheren Korrosionsbeständigkeit — insbesondere in siedender Schwefelsäure — eine erhöhte Zeitstandfestigkeit im Vergleich zu unlegiertem Blei auf.

Tabelle 4.8: Blei und Bleilegierungen [Auszug[27]]
Zusammensetzung (Legierungskomponenten), Verwendung

Benennung	Kurz-zeichen	Werkstoff-Nr.	Zusammensetzung in % Rest Pb	Verwendungshinweise
Feinblei	Pb99,99 Pb99,985	2.3010 2.3020		Bleche, Rohre, Drähte, Apparate u.a. f. chem. Industrie, Herstellung von Mennige, Bleiweiß, opt. Gläser, Akku-Platten
Kupferfein-blei	Pb99,9Cu	2.3021	0,04 - 0,08 Cu	Geräte f. Schwefelsäureindustrie
Hüttenblei	Pb99,94 Pb99,9	2.3030 2.3040		f. Pb-Legierungen, Hartblei f. Pb-Legierungen, außer f. chem. Apparate
Umschmelz-blei	Pb99,75 Pb98,5	2.3075 2.3085		f. Pb-Legierungen, Pb-Waren nicht immer gut schweißbar
Kabelblei "	Kb-Pb Kb-Pb(Sb)	2.3131.00 2.3132.00	0,03-0,05 Cu[*] Basis 99,94 [**]) 0,03-0,05Cu[*];0,1-0,15Sb "	schwach legierte Kabelmäntel Basismetall f. Herstellung von leg. Kabelmänteln
Kabel-Anti-mon-Blei	Kb-PbSb0,5	2.3137.00	0,03-0,05Cu[*];0,5-1,0Sb "	f. Kabelmäntel, die Erschütterungen ausgesetzt sind
Kabel-Zinn-Blei	Kb-PbSn2,5	2.3138.00	0,03-0,05Cu[*]; ≈ 2,5Sn "	
Kabel-Tel-lur-Blei	Kb-PbTe0,04	2.3139.00	0,03-0,05Cu[*]; ≈0,035Te "	

Rohrblei	R-Pb	2.3201	0,75-1,25Sb;0,02-0,05As Basis Pb99,9	Hartbleirohre f. Druckleitungen
	Pb(Sb)	2.3202	0,2 - 0,3 Sb	Bleileg. f. Abflußrohre
Schrotblei	PbSbAs	2.3203	2,0-3,8Sb; 1,2-1,7As	Hartschrot
Hartblei	PbSb5	2.3205	5 - 7 Sb	korrosionsbeständiger Werkstoff
	PbSb8	2.3208	7,5 - 8,5 Sb	"
	PbSb12	2.3212	12 - 13 Sb	Basisleg. z. Herstellung von NE-Metall-Legierungen
	PbSb9	2.3290	8,7 - 9,0 Sb	Basismetall z. Herstellung von PbSb-Legierungen größerer Reinheit und anderen NE-Metall-Legierungen
	PbSb9X	2.3299	8,7 - 9,0 Sb (größere Beimengungen an Ag, As, Bi, Cu und Sn als bei 2.3290 zulässig)	

*) nach Vereinbarung auch ohne Cu-Zusatz lieferbar
**) als Basis auch Pb99,99 oder Pb99,985 nach Vereinbarung lieferbar

Große Bedeutung hat Blei als Konstruktionswerkstoff für Reaktionsgefäße, Elektrolysebehälter, Gaswäschertürme, Kühler, Rohrleitungen, Pumpen, Armaturen und Elektroden in der technischen Chemie und Elektrochemie erlangt. Für diese Anwendung ist Blei geeignet, weil es gegenüber Phosphorsäure-, Chromsäure (Bild 4.8) und vor allem gegenüber Schwefelsäure im Konzentrationsbereich von 0 bis 80 % und bis zu 100 °C gut beständig ist[23, 25]. Die Korrosionsbeständigkeit des Bleis in diesen Medien hängt — anders als bei Metallen mit oxidischen Deckschichten — von der Entstehung ionenleitender Salzschutzschichten ab, deren Löslichkeit — unter Beachtung evtl. möglicher Bildung von Komplexverbindungen — maßgebend für die Auflösung des Metalls sind: Sulfate, Karbonate, Phosphate und Chromate des Bleis weisen in Wasser eine sehr geringe Löslichkeit auf[3]. Der geringen Löslichkeit in Wasser entspricht gewöhnlich die in den zugehörigen Salz- bzw. Säurelösungen. Komplexbildungen, die in Salzsäure, Schwefelsäure hoher Konzentration, Halogeniden und Ammoniumacetet möglich sind, erhöhen allerdings das Löslichkeitsprodukt. Zur Verminderung der Korrosionsrate des Bleis ist es notwendig, daß sich unter Einwirkung des Korrosionsmittels schnell auf dem Blei eine Salzschutzschicht mit geringer Löslichkeit bildet[26]. Einflüsse, wie zu hohe Strömungsgeschwindigkeit, Reinigungszyklen, die einen Abbau oder Schädigung dieser Salzdeckschicht zur Folge haben, vergrößern die Korrosionsrate.

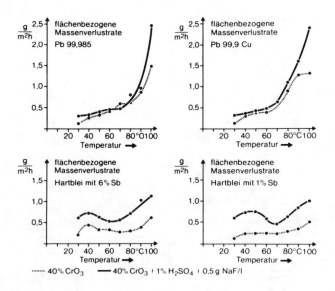

Bild 4.8: Bleiwerkstoffe in Chromsäure und Chromsäuregemisch

4.2.2 Blei-Kupfer-; Blei-Kupfer-Zinn-Legierungen
(Pb 99,9 Cu; Pb 99,9 CuSn)

Durch Legierungselemente kann die schnelle Bildung von Salzdeckschichten auch gefördert werden, wobei sich kathodisch wirksame Elemente wie Kupfer, Silber und Palladium in der Weise als günstig erwiesen haben, daß sie die Wasserstoffüberspannung herabsetzen, die Sauerstoffreduktion beschleunigen und dadurch die Bleilegierung über den Aktivbereich hinweg in den Passivbereich polarisieren. Blei vermag nämlich in festem Zustand nur sehr wenig Kupfer, Silber bzw. Palladium zu lösen, so daß diese Elemente ausgeschieden sind. Zur Erzielung eines optimalen Kornfeinungseffektes ist deshalb eine feine Verteilung der ausgeschiedenen Partikel im Gefüge anzustreben. Im Vergleich zu unlegiertem Blei verhalten sich daher die Blei-Kupfer- (Pb 99,9 Cu, Werkstoff-Nr. 2.3021), die Blei-Kupfer-Zinn- (Pb 99,9 CuSn mit 0,06 % Cu, 0,10 % Sn bzw. 0,12 % Cu, 0,12 % Sn bzw. 0,17 % Cu, 0,17 % Sn bzw. 0,25 % Cu, 0,25 % Sn) und die Blei-Kupfer-Zinn-Palladium-Legierungen (Pb 99,9 CuSnPd mit 0,05 % Cu, 0,12 % Sn, 0,10 % Pd)[26] in heißer und siedender Schwefelsäure günstiger (Bild 4.9 – 4.12). Für die Verwendung von Blei als Konstruktionswerkstoff wird aus diesem Grunde überwiegend Kupferfeinblei[22] und für besonders hohe Korrosionsbeanspruchungen Palladiumblei[26] benutzt. Bei Temperaturschwankungen, Druck bzw. Unterdruck, wo Blei allein und normale Bleiauskleidungen nicht mehr für den Korrosionsschutz angewandt werden können, wird eine „Homogene Verbleiung von Apparaten, Behältern und Rohrleitungen" nach DIN 28058 vorgenommen. In einem speziellen Verfahren (Bild 4.13) wird auf die vorher verzinnte Oberfläche der Behälter, Apparate usw. meist Kupferfeinblei mit reduzieren-

Legierung	50 % H_2SO_4	70 % H_2SO_4	80 % H_2SO_4
Pb 99,9 Cu	0,48 mm/Jahr	8,23 mm/Jahr	aufgelöst
Pb Cu Pd (0,06 0,1)	0,12 mm/Jahr	0,21 mm/Jahr	0,22 mm/Jahr
Pb Cu Au (0,06 0,1)	1,86 mm/Jahr	0,10 mm/Jahr	0,30 mm/Jahr
Pb Sb Pd (1,1 0,1)	0,17 mm/Jahr	0,19 mm/Jahr	aufgelöst
Pb Cu Sn Pd (0,05 0,12 0,10)	0,01 mm/Jahr	0,10 mm/Jahr	0,26 mm/Jahr
Pb Cu Sn Pd (0,10 0,13 0,2)	0,01 mm/Jahr	0,05 mm/Jahr	0,19 mm/Jahr
Pb Cu Sn Au (0,04 0,05 0,10)	0,15 mm/Jahr	0,23 mm/Jahr	1,95 mm/Jahr
Pb Ni Sn Pd (0,10 0,10 0,10)	0,09 mm/Jahr	0,28 mm/Jahr	2,80 mm/Jahr
Pb Te Sn Pd (0,10 0,10 0,10)	0,09 mm/Jahr	0,29 mm/Jahr	3,50 mm/Jahr

Bild 4.9: Lineare Korrosionsgeschwindigkeiten von Blei-Mehrstofflegierungen in siedender Schwefelsäure

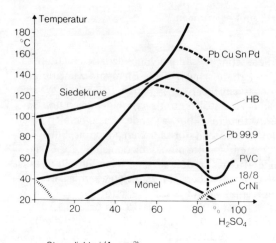

Bild 4.10: Isokorrosionskurven (0,1 mm/a) verschiedener Werkstoffe

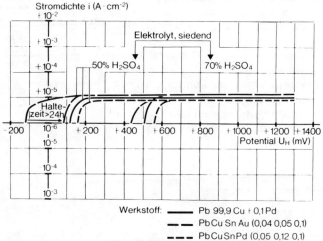

Bild 4.11: Stationäre Stromspannungskurven von Blei-Mehrstofflegierungen in Schwefelsäure

der Flamme in einer oder in mehreren Lagen aufgeschmolzen, wobei vor der Verzinnung die Metallflächen — Stahl, rostfreier Edelstahl, Kupferwerkstoffe — durch Strahlen oder Beizen von Oxiden und Verunreinigungen sorgfältig befreit werden müssen. Das Aufschmelzen mehrerer Lagen Blei ist dann erforderlich, wenn Cu-freies Blei als Auftragsmaterial verwendet wird, damit an der korrosionsbeanspruchten Oberfläche der Gehalt an Zinn niedrig bleibt, denn der positive Einfluß, den Zinn auf das Korrosionsverhalten von Blei ausübt, ist nur bei Anwesenheit von Kupfer gegeben.

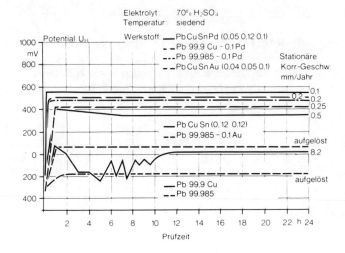

Bild 4.12: Potential-Zeit-Kurven von Bleilegierungen

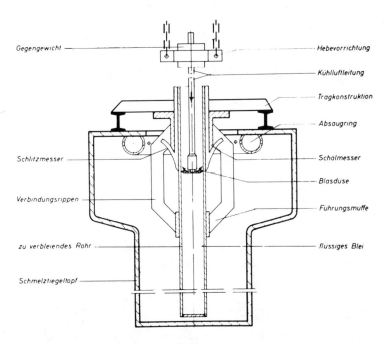

Bild 4.13: Vorrichtung zur Herstellung außen homogen verbleiter Rohre

4.2.3 Blei-Antimon-Legierungen

Antimon als Legierungskomponente des Bleis steigert die Festigkeit und Härte — Hartblei. Antimonhaltige Bleilegierungen kommen zum Einsatz, wenn neben der großen Korrosionsbeständigkeit mechanische Anforderungen — wie z. B. bei Pumpen, Ventilen, Elektrodengerüsten bei Akkumulatoren — erhoben werden.

Dr.-Ing. Klaus Rüdinger

5
Sonderwerkstoffe für den Korrosionsschutz
(Titan, Tantal, Zirkonium)

5.1 Einleitung

Bei chemischen Prozessen ist der Trend zu höheren Drücken und Temperaturen oft mit verschärften Korrosionsbedingungen gepaart. Deshalb muß dann vielfach auf hochwertige korrosionsfeste Sonderwerkstoffe zurückgegriffen werden. Hierzu gehören u. a. die im periodischen System der Grundstoffe in der IV. Nebengruppe eingereihten Metalle Titan, Zirkonium und Tantal sowie ihre Legierungen. Die spezifischen Eigenschaften dieser Werkstoffe und ihre Verarbeitungstechniken sind im Chemieapparatebau bekannt und gehören zum Stand der Technik. Für die Verwendung der Sonderwerkstoffe unter gegebenen Bedingungen sind außer dem geeigneten Korrosionsverhalten auch die Werkstoff- und Verarbeitungskosten, die deutlich über denjenigen herkömmlicher, im Chemieapparatebau verwendeten Werkstoffe liegen, für wirtschaftliche Lösungen von Bedeutung. Eine vergleichende Zusammenstellung gibt Tabelle 5.1.

Tabelle 5.1: Preisvergleich für Titan, Zirkonium und Tantal

Basis: 1,5 mm Blech, unverarbeitet	Titan	Zirkonium	Tantal
Gewichtsvergleich in kg/m^2	4,5	6,5	16,6
Mehrgewicht gegenüber Titan	1-fach	1,44-fach	3,69-fach
Preis DM/kg	83,–	120,–	1 100,–
DM/m^2	373,50	780,–	18 260,–
Mehrkosten gegenüber Titan	1-fach	2,1-fach	41-fach

Tabelle 5.2: Chemische Zusammensetzung in Gew.-% von Titan, Zirkonium und Tantal

Werkstoffe	Fe	Cr	Ni	Nb	Hf	N	C	O	H	Ti	Zr	Ta	Pd*)
Titan													
DIN 3.7025	≤ 0,20	–	–	–	–	≤ 0,05	≤ 0,08	≤ 0,10	≤ 0,0125	≥ 99,8	–	–	(≥ 0,15)
DIN 3.7035	≤ 0,25	–	–	–	–	≤ 0,06	≤ 0,08	≤ 0,20	≤ 0,0125	≥ 99,7	–	–	(≥ 0,15)
DIN 3.7055	≤ 0,30	–	–	–	–	≤ 0,06	≤ 0,10	≤ 0,25	≤ 0,0125	≥ 99,6	–	–	(≥ 0,15)
DIN 3.7065	≤ 0,35	–	–	–	–	≤ 0,07	≤ 0,10	≤ 0,30	≤ 0,0125	≥ 99,5	–	–	–
Zirkonium													
Reaktorqualität	≤ 0,15	≤ 0,02	≤ 0,007	–	–	≤ 0,0020	≤ 0,05	≤ 0,12	≤ 0,004	–	Rest	–	
Qualität 701	≤ 0,05[+]	–	–	–	≤ 4,5	≤ 0,0020	≤ 0,05	≤ 0,12	≤ 0,004	–	≥ 99,5[x]	–	
Qualität 702	≤ 0,20[+] + Fe+Cr	–	–	–	≤ 4,5	≤ 0,0020	≤ 0,05	≤ 0,12	≤ 0,004	–	≥ 99,2[x] x Zr+Nb	–	
Tantal ES													
ES-geschmolzen	≤ 0,01	–	–	≤ 0,03	–	≤ 0,005	≤ 0,05	≤ 0,010	≤ 0,001	–	–	≥ 99,9	
gesintert	≤ 0,02	–	–	≤ 0,04	–	≤ 0,005	≤ 0,05	≤ 0,010	≤ 0,001	–	–	≥ 99,8	

*) Gilt nur für Titan-Palladium-Legierungen

5.2 Werkstoffeigenschaften

Die Eigenschaften der Sonderwerkstoffe Titan, Zirkonium und Tantal werden weitgehend von Sauerstoff, Stickstoff und Wasserstoff beeinflußt. Sie sind meist als Verunreinigungen enthalten. Bei Titan wird Sauerstoff als Legierungszusatz zur Steigerung der Festigkeit benutzt. Die chemische Zusammensetzung der handelsüblichen Sorten von Titan, Zirkonium und Tantal ist in Tabelle 5.2 angegeben, während die Festigkeitseigenschaften dieser Werkstoffe aus Tabelle 5.3 hervorgehen.

Tabelle 5.3: Festigkeitseigenschaften von Titan, Zirkonium und Tantal bei Raumtemperatur (Richtwerte)

Werkstoff	Werkstoff-Nummer	Zugfestigkeit R_m, N/mm²	0,2-Grenze $R_{p0,2}$ N/mm²	Bruchdehnung A_5 %
Titan	3.7025	370	245	55
	3.7035	460	315	35
	3.7055	520	365	30
	3.7065	650	560	27
Zirkonium	–	390	250	35
Tantal	–	275	200	25

Die Titansorten technischer Reinheit überdecken – abhängig vom Sauerstoffgehalt – einen Festigkeitsbereich zwischen rd. 300 und 700 N/mm² und sind abgestuft in 4 Festigkeitsgruppen. Alle Titansorten technischer Reinheit entsprechen sich im Korrosionsverhalten. Zur Verbesserung des Korrosionsverhaltens unter reduzierenden Bedingungen wird diesen Titanwerkstoffen vielfach 0,15 % Palladium zulegiert, ohne daß sich dadurch die Festigkeitseigenschaften, die physikalischen und Verarbeitungseigenschaften verändern.

Für Zirkonium werden eine Hafnium-freie Reaktorqualität, sowie für den Chemieapparatebau zwei Handelsqualitäten, die bis zu 4,5 % Hf enthalten können, angeboten. Daneben existieren noch mehrere Hafnium-freie Zirkonlegierungen für den Reaktorbau. Die Festigkeitseigenschaften von Zirkonium liegen zwischen denen der weicheren Titansorten 3.7025 und 3.7035.

Die Festigkeit von Tantal liegt aufgrund des hohen Reinheitsgrades unter der weichsten Titansorte 3.7025.

Einige physikalische Eigenschaften von Titan, Zirkonium und Tantal sind, soweit sie für die Verarbeitung im Chemieapparatebau von Bedeutung sind, in Tabelle 5.4 zusammengestellt.

Tabelle 5.4: Physikalische Eigenschaften von Titan, Zirkonium und Tantal (Richtwerte)

Werkstoff/ Eigenschaften	Titan	Zirkonium	Tantal	Maßeinheit
Dichte 20°	4,5	6,5	16,6	$\times 10^3$ kg/m^3
Wärmeausdehnungsbeiwert 20–400°	9,4	5,9	6,5	$\times 10^{-6}$ °C^{-1}
Spez. el. Widerstand	0,57	0,44	0,12	ohm · mm^2/m
Wärmeleitfähigkeit 20°	0,039	0,050	0,13	cal/cm · s · °C
E-modul	108 000	100 000	180 000	N/mm^2

Auf die im Reaktorbau verwendeten Zirkonium-Legierungen Zircalloy 2 mit rd. 1,5 % Zinn und einem Höchstgehalt von 0,38 % Chrom, Eisen, Nickel sowie Zircalloy 4, das Nickel-frei ist und dessen Gehalte an Eisen und Chrom eingeengt sind, sowie die warm- und hochfesten Titanlegierungen, deren Anwendungsgebiet im wesentlichen in der Luftfahrt liegt, wird hier nur am Rande eingegangen.

5.3 Korrosionseigenschaften

Den Sonderwerkstoffen Titan, Zirkonium und Tantal gemeinsam ist, daß sie ihre Korrosionsbeständigkeit durch einen Passivierungsvorgang durch Bildung eines dünnen, dichten, stabilen, festhaftenden und sich selbstregenerierenden Oxidfilms auf der Metalloberfläche erhalten. Diese Oxidschicht bildet sich nach einer mechanischen Beschädigung sofort nach, sofern geringste Sauerstoffanteile im umgebenden Medium vorhanden sind. Gegenüber Stoffen, die diese Oxidhaut lösen, sind Titan, Zirkonium und Tantal nicht korrosionsbeständig.

Gemeinsam ist ihnen auch die hohe Empfindlichkeit gegen Wasserstoff, insbesondere von atomarem Wasserstoff, der bereits bei niedriger Temperatur nicht nur aus Wasserstoffgas, sondern auch aus wasserstoffhaltigen Verbindungen oder

Hydriden aufgenommen wird. Schon geringe Gehalte an Wasserstoff führen in zunehmender Empfindlichkeit bei Titan, Zirkonium und Tantal zur Versprödung.

5.3.1 Titan

Während Titan in stark reduzierenden Medien nur wenig korrosionsbeständig ist, besitzt es gegenüber oxidierenden Medien auch unter Temperatur- und Druckbeanspruchung vielfach ausgezeichnete Beständigkeit (Bild 5.1).

beständig	begrenzt beständig	unbeständig
Salpetersäure	Schwefelsäure	Fluor
Chromsäure	Salzsäure	trockenes Chlorgas
schweflige Säure	Phosphorsäure	rote rauchende Salpetersäure
Alkalilaugen	Oxalsäure	
Ammoniak	Ameisensäure	
wäßrige Chloride		
Salzsole		
Meerwasser		
feuchtes Chlorgas		
Essigsäure		
Maleinsäure		
Acetaldehyd		
Karbamat		
Dimethylhydrazin		
flüssiger Wasserstoff		
zunehmend ◄──	beständig ──►	abnehmend
oxidierende Bedingungen		reduzierende Bedingungen
$Fe^{3+}, Cu^{2+}, Ti^{4+}, Cr, Si, Mn$		steigende Konzentration
Pd im Titan		höhere Temperatur
		Fluor u. Fluorverbindungen

Bild 5.1: Korrosionsverhalten von Titan

Der Zusammenbruch der korrosionshemmenden Oxiddeckschicht und damit Beginn des Korrosionsangriffs an der Titanoberfläche erfolgt unter 3 Bedingungen:

1. In völlig trockener, wasserfreier Umgebung, wie trockenem Chlorgas, trockenem Sauerstoff oder roter rauchender Salpetersäure. Aber schon Spuren von Wasser führen zur Passivierung der Metalloberfläche und unterbinden den Korrosionsangriff.
2. In nicht oxidierenden, also reduzierenden Angriffsmitteln, die den bestehenden Oxidfilm abbauen, so daß schließlich Metallangriff erfolgt. Durch anodi-

sche Passivierung, durch Erhöhung des Potentials beispielsweise durch Legieren mit Palladium oder auch durch die Wirkung eines Redox-Systems kann in gewissen Grenzen die Passivität und damit die Korrosionsbeständigkeit erhalten bleiben.

3. In neutralen, wäßrigen, vorzugsweise Chlor-Ionen-haltigen Lösungen kann die Passivschicht örtlich zusammenbrechen, so daß Lochfraß- und Spaltkorrosion eintreten.

5.3.1.1 Passivierung

Das Normalpotential Ti $\rightarrow$ Ti^{++} + 2e bezogen auf die Normalsauerstoffelektrode beträgt $-1{,}75$ V[1]. Die gute Korrosionsbeständigkeit des an sich unedlen Titans wird durch die Bildung von Deckschichten hervorgerufen, die das Metall vor weiterem Angriff schützen. Art und Wirksamkeit der Deckschichten ist vom jeweiligen Angriffsmittel abhängig. Potentialkurven lassen vermuten, daß sich zunächst vor der Passivierung eine Adsorptionsschicht bildet, aus der dann die oxidische Passivschicht entsteht. Diese hat eine niedrige Elektronenleitfähigkeit und hemmt oder verhindert dadurch die Auflösung[2].

In einem angreifenden Medium nimmt das Potential einer Titanoberfläche mit der Zeit ab. Durch den Angriff wird die zuvor an Luft gebildete oxidische Deckschicht gelöst und das Potential zur negativen Seite hin verschoben (Bild 5.2)[3].

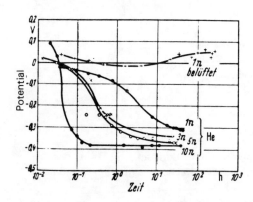

Bild 5.2:
Potential-Zeit-Kurven von Titan in Salzsäure bei 25 °C[3]

Die Korrosionsgeschwindigkeit wird in diesen angreifenden Medien durch die Auflösungsgeschwindigkeit einerseits und die Bildungsgeschwindigkeit der Deckschichten andererseits bestimmt. Im Elektrolyten befindlicher gelöster Sauerstoff verzögert die Auflösung der Deckschichten oder unterbindet sie, sofern die Säurekonzentration nicht zu hoch ist.

Die Grenzkonzentration für den Übergang vom passiven zum aktiven Bereich ist in Bild 5.3 beispielhaft für belüftete Salzsäure durch den horizontalen Kurvenverlauf dargestellt. Es zeigt, daß sie sich mit steigender Temperatur zu niedrigeren Konzentrationen verschiebt[4].

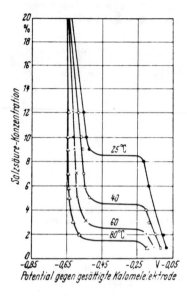

Bild 5.3:
Ruhepotentiale von Titan in belüfteter Salzsäure[4]

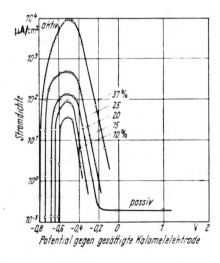

Bild 5.4:
Anodische Stromdichte-Potential-Kurven von Titan in Salzsäure bei Raumtemperatur[5]

117

Die Lage des Passivierungspotentials ist von der Art und der Konzentration sowie der Temperatur des Elektrolyten kaum abhängig. Es liegt, hohe Konzentrationen und starke Angriffsmittel ausgenommen, im allgemeinen zwischen $-0,2$ und $-0,5$ V bezogen auf die Normalwasserstoffelektrode. Bild 5.4 zeigt Stromdichte-Potential-Kurven von Titan in belüfteter Salzsäure unterschiedlicher Konzentrationen bei 20 °C. Während mit steigender Konzentration die Passivierungsstromdichte steigt, bleibt das Passivierungspotential konstant bei $-0,5$ V[5]. Auch mit steigender Temperatur nehmen die Stromdichten, auch die im oxidpassiven Zustand zu (Bild 5.5), weshalb im passiven Bereich der Korrosionsabtrag steigt[6].

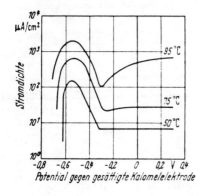

Bild 5.5:
Stromdichte-Potentialkurven von Titan in 5 %iger Schwefelsäure mit Zusatz von 5 % Natriumsulfat

5.3.1.2 Passivierung durch Inhibitoren

Durch geringe Zusätze bestimmter Metallionen zu nichtoxidierenden, d. h. reduzierenden Medien, läßt sich Titan passivieren. Den Einfluß dieser mehrwertigen Metallionen, sogenannte Inhibitoren, auf den zeitabhängigen Portentialverlauf in Salzsäure von 25 °C zeigt Bild 5.6, während in Bild 5.7 der Einfluß der Konzentration an Eisen-III-Ionen auf den Korrosionsabtrag in Salz- und Schwefelsäure dargestellt ist[7].

Die durch Inhibitoren auf der Titanoberfläche sich bildende Oxiddeckschicht bleibt so lange erhalten, wie die Konzentration des Inhibitors größer ist als der zur Aufrechterhaltung der Passivität notwendige Gehalt. Andernfalls tritt Korrosion ein. Mit steigender Temperatur und Säurekonzentration nimmt die zur Passivierung erforderliche Inhibitorkonzentration zu[8], wie Bild 5.8 für Zusätze aus Kupfersulfat, Chromsäure und Salpetersäure in Salzsäure zeigt.

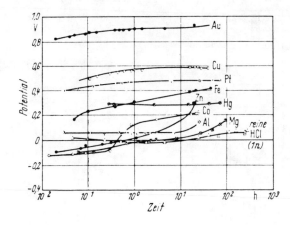

Bild 5.6:
Einfluß von Inhibitoren (0,0032 mol/l) auf die Potential-Zeit-Kurven von Titan in Salzsäure bei 25 °C[3]

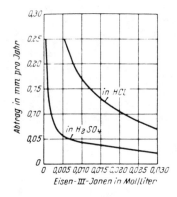

Bild 5.7:
Einfluß von Ferri-Ionen auf das Korrosionsverhalten von Titan in kochender 10 %iger Salz- und Schwefelsäure[7]

5.3.1.3 Passivierung durch Fremdstrom und Elementbildung

Nicht in allen Fällen ist es möglich, den Aufbau der Oxidschicht bewirkende Inhibitoren dem Angriffsmittel beizugeben. Hier können durch anodische Vorbehandlung erzeugte verstärkte Passivschichten den Abbau der Deckschichten und damit die Korrosion verzögern.

Wird ein anodischer Fremdstrom während der Korrosionsbeanspruchung angelegt, verlaufen bei geeignet hohem Potential Auflösung und Bildung der Deckschicht mit gleicher Geschwindigkeit, so daß sich ein Korrosionsabtrag zeitunabhängig vermeiden läßt. Den Einfluß der anodischen Schutzwirkung durch Fremdstrom bei 60° und 90 °C zeigt Bild 5.9[9].

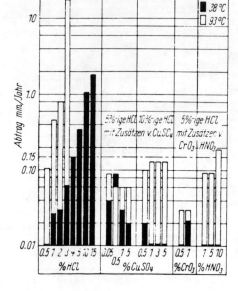

Bild 5.8:
Einfluß von Inhibitoren auf das Korrosionsverhalten von Titan in Salzsäure[8]

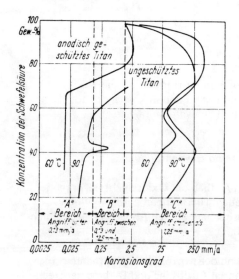

Bild 5.9:
Korrosionsverhalten von Titan mit und ohne anodischen Schutz in Schwefelsäure[9]

Eine weitere Möglichkeit anodischen Schutzes ergibt sich durch galvanischen Kontakt von Titan mit edleren Werkstoffen, wobei das Korrosionspotential des

Kontaktwerkstoffes und das sich einstellende Mischpotential edler sein müssen als das Passivierungspotential des Titans. Hierbei spielt das Oberflächenverhältnis zwischen dem als Anode wirkenden Titan und dem als Kathode wirkenden edleren Kontaktwerkstoff eine bedeutende Rolle. Als Kathodenwerkstoff besonders geeignet sind Platin und Metalle der Platingruppe. Vielfach werden deshalb Titananoden mit Platin, Ruthenium u. a. Metallen der Platingruppe überzogen. Dadurch vermindert sich der Korrosionsabtrag und die Beständigkeit bei hoher anodischer Belastung, also hoher Stromdichte bei niederer Spannung, nimmt zu. Titan verhält sich unter diesen Bedingungen wie Platin. Diese Tatsache wird in der Chloralkali-Elektrolyse und beim kathodischen Schutz von Stahl in Meerwasser genutzt. Während Titan beispielsweise bereits bei 3 A/dm^2 Stromdichte in Meerwasser unbeständig ist, bleibt platinisiertes Titan noch bei 12 A/dm^2 Belastung beständig.

Magnesium
Magnesium-Legierungen
Titan, aktiv
Zink
Aluminium
Aluminium-Legierungen
Cadmium
Flußstahl
Gußeisen
18/8-CrNi-Stahl, aktiv
Blei
Zinn
Nickel, aktiv
Inconel, aktiv
Messing
Kupfer
Inconel, passiv
Titan, passiv
Monel
18/8-CrNi-Stahl, passiv

Bild 5.10:
Galvanische Reihe, bestimmt in Meerwasser

Bild 5.10 zeigt die in Meerwasser bestimmte galvanische Reihe der Metalle. Zwischen Titan und rostfreiem Stahl ergibt sich in Meerwasser keine Kontaktkorrosion, in reduzierenden Säuren wird bei der gleichen Paarung Titan passiv. Andererseits führen Paarungen von Titan mit Kupfer, Aluminium, oder Magnesium in Meerwasser oder Chloridlösungen zu Kontaktkorrosion an den mit Titan verbundenen Werkstoffen.

5.3.1.4 Einfluß von Legierungszusätzen

Zusätze verschiedener Metalle wie Molybdän, Zirkonium, Hafnium, Silber, Nickel, Tantal, Niob, neben den Platinmetallen und Gold ergeben ein verbessertes Korrosionsverhalten. Bisher haben sich technisch aber nur Zusätze von mind. 0,15 % Palladium zu den Titansorten technischer Reinheit durchgesetzt. Ihre verbesserte Beständigkeit ist gegenüber Titan unter reduzierenden Bedingungen bekannt und unter Betriebsbedingungen erprobt.

Zusätze von Eisen, Chrom oder Aluminium vermindern die Korrosionsbeständigkeit ebenso wie höhere Gehalte an Sauerstoff, Stickstoff und Wasserstoff.

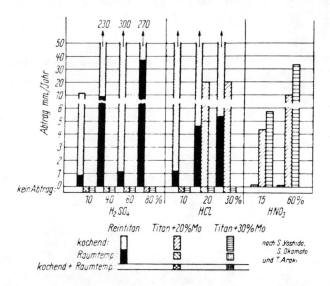

Bild 5.11: Korrosionsverhalten von Titan und Titanlegierungen mit 20 und 30 % Molybdän in Säuren[10]

Den Einfluß von Molybdän auf das Korrosionsverhalten zeigt Bild 5.11. Demnach verbessert sich die Beständigkeit von Titan durch Zusätze von 20 und 30 % Mo in Schwefelsäure, also unter reduzierenden Bedingungen, ganz erheblich, während andererseits unter oxidierenden Verhältnissen, wie beispielhaft für Salpetersäure gezeigt, Titan technischer Reinheit den Titan-Molybdän-Legierungen weit überlegen ist[10, 11]. Da sich Titanlegierungen mit diesen hohen Molybdängehalten nur schwierig oder gar nicht warm- oder kaltumformen lassen, haben diese Legierungen bisher keine technische Bedeutung erlangt.

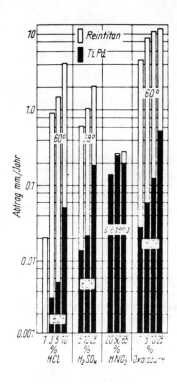

Bild 5.12:
Korrosionsverhalten von Titan und einer Titanlegierung mit 0,15 % Palladium in Säuren[6, 8]

Im Gegensatz hierzu finden die vorerwähnten Titansorten mit rd. 0,15 % Palladium zunehmende Anwendung, einmal wegen der verbesserten Korrosionsbeständigkeit unter reduzierenden Bedingungen (Bild 5.12)[6, 8, 12, 13] und dann wegen der guten Verarbeitbarkeit, die der von Titan technischer Reinheit entspricht. Beispielshaft soll das in Bild 5.13 gezeigte Verhalten in Schwefelsäure die durch Palladium verbesserte Beständigkeit auch im geschweißten Zustand darstellen[13].

Ein Vergleich des Korrosionsverhaltens von Titan technischer Reinheit mit der technischen Titanlegierung TiAl6V4 in verschiedenen Agenzien zeigt, daß keine wesentlichen Unterschiede bestehen[8, 14] (Bild 5.14). Ein ähnliches Verhalten gilt auch für andere warm- und hochfeste technische Titanlegierungen.

5.3.1.5 Spalt- und Lochkorrosion

Konzentrationsänderungen des Angriffsmittels in Spalten, wie Verminderung des Sauerstoffgehaltes oder Erhöhung der Säurekonzentration führen zu Spaltkorro-

123

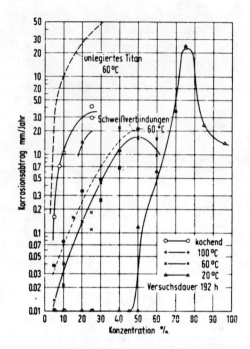

Bild 5.13:
Korrosionsverhalten von Titan und einer Titanlegierung mit 0,15 % Palladium in Schwefelsäure[13]

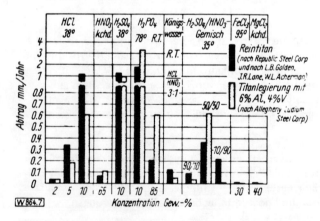

Bild 5.14: Korrosionsverhalten von Titan und der Titanlegierung Ti6Al-4V[8]

sion, wenn die oxidische Deckschicht dabei abgebaut und die metallische Oberfläche freigelegt wird. Meist erfolgt Spaltkorrosion zunächst örtlich, bevor sie flächenhaft auftritt. Es wird angenommen, daß die Korrosion durch Bildung eines löslichen Ti-III-Komplexsalzes in saurer Lösung bei niedrigem Sauerstoffgehalt verursacht wird[15]. Titan ist gegen Spaltkorrosion zwar vergleichsweise unempfindlich. Sie tritt aber bei erhöhter Temperatur und steigender Chlor-Ionen-Konzentration auf, ebenso in wäßrigen Lösungen von Jodiden, Bromiden und Sulfaten sowie in feuchtem Chlorgas. Bild 5.15 zeigt das Verhalten von Titan mit und ohne Palladiumzusatz in Meerwasser und Salzsolen[16, 17]. Über das Auftreten von Lochkorrosion in Chloriden hoher Konzentration gibt Bild 5.16 Aufschluß[8].

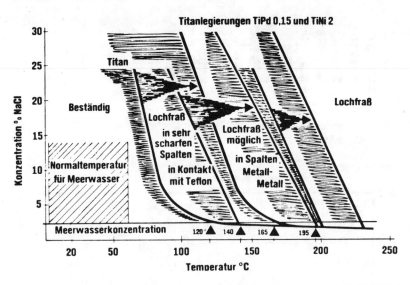

Bild 5.15: Beständigkeit von Titan und der Titanlegierung mit 0,15 % Palladium gegen Lochkorrosion in Meerwasser und neutraler Salzsole[16, 17]

5.3.1.6 Spannungsrißkorrosion

Unter dem Einfluß äußerer oder innerer Spannungen kann in einem angreifenden Medium Spannungsrißkorrosion entstehen. Titan technischer Reinheit und mit Palladiumzusatz ist im allgemeinen gegen Spannungsrißkorrosion nicht anfällig, ausgenommen in roter rauchender Salpetersäure mit weniger als 1,5 % Wasser[18]. Im Gegensatz hierzu neigen Titanlegierungen mit zunehmendem Aluminiumzusatz verstärkt zu Spannungsrißkorrosion. Bild 5.17 gibt für einige warmfeste technische Titanlegierungen die kritische Belastung in Abhängigkeit von der Temperatur an, bei der durch Halogenidanlagerungen auf der Metalloberfläche bei erhöhten Temperaturen, sogenannte Heißsalzkorrosion, Spannungsrisse auftreten können.

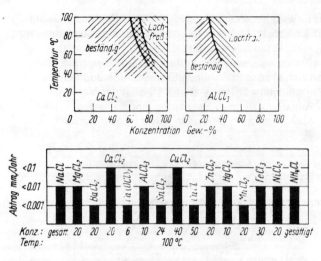

Bild 5.16: Korrosionsverhalten einschließlich Lochkorrosion von Titan in Chloriden[8]

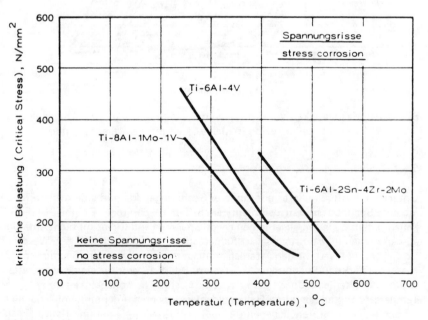

Bild 5.17: NaCl-Spannungsrißkorrosion von Titanlegierungen

In Salzsäure höherer Konzentration kann es zur Hydridbildung auf der Oberfläche kommen. Sie vermindert örtlich das Formänderungsvermögen und verursacht damit unter Spannung Spannungsrißkorrosion. Diese insonderheit bei Titanlegierungen festgestellte Erscheinung kann in organischen Lösungsmitteln durch Salz- und Schwefelsäureanteile zu Spannungsrißkorrosion nicht nur an Titanlegierungen sondern auch an Titan technischer Reinheit führen[2].

5.3.1.7 Wasserstoffaufnahme

Auch bei Titan kann, wie bei den übrigen Metallen der IV. Nebengruppe des periodischen Systems der Grundstoffe, die Anwesenheit von Wasserstoff aus dem Prozeßablauf oder als Korrosionsprodukt, von Wasserstoffglas oder wasserstoffhaltigen Verbindungen wie Wasserdampf, Hydriden oder Kohlenwasserstoffen zu örtlicher Wasserstoffaufnahme führen und dadurch den Werkstoff verspröden sowie die Korrosionsbeständigkeit vermindern. In Bild 5.18 ist das Mikrogefüge von Titan technischer Reinheit, das durch hohen Wasserstoffgehalt versprödet ist, gezeigt. In der Alpha-Grundmasse sind dabei Titanhydridausscheidungen festzustellen.

Bild 5.18:
Mikrogefügeausbildung von Titan mit Titanhydridausscheidung infolge Wasserstoffversprödung

Die Geschwindigkeit der Wasserstoffaufnahme ist sowohl von der Temperatur, der Zeit und dem Zustand der Metalloberfläche abhängig.
Bild 5.19 gibt die Aufnahme von Wasserstoff durch Titan zwischen 250 und 300 °C wieder[20]. Sauerstoffanlagerungen oder Oxidschichten auf der Titanoberfläche verringern die Wasserstoffaufnahme von Titan (Bild 5.20). Sie bieten einen wirksamen Schutz gegen die Wasserstoffaufnahme, die deshalb in oxidierender Atmosphäre deutlich geringer ist als in reduzierender Atmosphäre[21]. Deshalb ist in reduzierenden Medien durch Zusatz oxidierender Mittel und Bildung einer passiven Schicht eine Wasserstoffaufnahme zu verhindern.

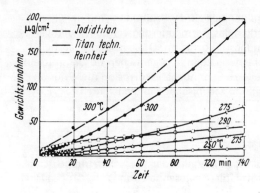

Bild 5.19:
Wasserstoffaufnahme durch Titan[20]

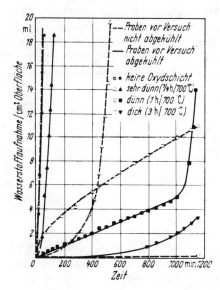

Bild 5.20:
Einfluß von Oxidschichten auf die Wasserstoffaufnahme von Titan bei 100 Torr[21]

5.3.1.8 Reaktion in Sauerstoff, Stickstoff und Luft

Der sich auf der Titanoberfläche bei Raumtemperatur bildende Oxidfilm, der in angreifenden Medien vor Metallangriff schützt, erreicht ausgehend von einer aktivierten Oberfläche innerhalb von 2 Stunden 17 Å, nach 40 Tagen 35 Å, nach 70 Tagen 50 Å, nach 4 Jahren etwa 250 Å[2]. Oxidschichten nehmen mit zunehmender Dicke, abhängig von den Legierungsbestandteilen des Grundwerkstoffes und der Bildungstemperatur, unterschiedliche Farben an. Oxidationsschichten bis rd. 500 °C erscheinen, beginnend bei etwa 200 °C, mit zunehmender Temperatur und Schichtdicke goldgelb bis braun, dunkelblau, violett, hellblau und regenbogenfarben schillernd glänzend, während mit höheren Temperaturen sich ein Grauschleier darüber legt und sich eine weißsilberne, dann schmutziggraue und schließlich gelbliche bis braune Zunderschicht unterschiedlicher Dicke bildet.

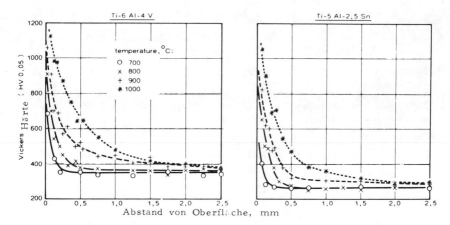

Bild 5.21: Aufhärtung der Titanlegierungen Ti6A-4V und Ti5Al-2, 5Sn durch Sauerstoffaufnahme nach einer Glühdauer von 200 Stunden[2]

In Bild 5.21 ist für 2 technische Titanlegierungen die Härtezunahme im Bereich der Werkstoffoberfläche nach 20 Stdn. Glühdauer an Luft zwischen 700 und 1000 °C dargestellt. Die Härte kann hierbei als Maß für die Eindringtiefe im wesentlichen des Sauerstoffs angesehen werden[22].

5.3.1.9 Verhalten in Metall- und Salzschmelzen

Die Beständigkeit von Titan in geschmolzenen Metallen ist in Tabelle 5.5 zusammengestellt[23]. Da eine Oxidschicht diese günstig beeinflußt, wird unter betrieblichen Bedingungen zur Erhöhung der Beständigkeit durch wiederholtes Unterbrechen des Tauchvorganges die Oxidschicht regeneriert.

Titan ist in schmelzflüssigen Alkalimetallen bis 600 °C beständig, in Magnesium bis 650 °C, in Gallium, Zinn, Blei sowie in Blei-Wismut und Blei-Wismut-Zinn-Legierungen bis 300 °C. Gegen Quecksilber ist Titan bis 150 °C beständig.

In Salzschmelzen von Chloriden und Fluoriden wird Titan stark angegriffen. Sie dienen vielfach zur Entzunderung. In Natriumhydroxid und Natriumnitratbädern unter 450 °C und Natriumhydridbädern unter 370 °C findet nur ein geringer metallischer Angriff statt, während sich der Titanzunder löst.

Tabelle 5.5: Chemische Beständigkeit von Titan in Metallschmelzen [23]

Angriffsmittel	Temperatur °C	Beständigkeit
Natrium	300	A
	600	A
	800	B
Kalium	300	A
	600	A
	800	B
Lithium	800	B
Magnesium	651	A
	750	A
	850	B
Quecksilber	150	A
	300	B
Gallium	300	A
	400	A
	600	C
Zinn	300	A
Blei	327	A
	600	B
	800	B
Wismut	600	C
	800	C
Wismut – Blei	300	A
	600	B
Wismut – Blei – Zinn	300	A
	600	B
Zink	440	C

A gute Beständigkeit
B begrenzte Beständigkeit
C schlechte Beständigkeit

5.3.1.10 Anwendung unter korrosiven Bedingungen

Zur Anwendung von Titan in den verschiedenen Bereichen der chemischen Industrie, der Zellstoff-, Papier- und Textilherstellung, der Meerestechnik und der

Meerwasserentsalzung und als Korrosionsschutz gibt Bild 5.22 eine Zusammenstellung[24, 25].

Anwendungsbereiche	Bauteile	Werkstoff
Chemische Industrie	Chemische Apparate aller Art	3.7025 *)
Petrochemie	Druckreaktoren	3.7035 *)
Kunststoffzwischenproduktherstellung	Wärmetauscher	3.7055
Essigsäureherstellung	Rohrleitungen	3.7065
Maleinsäureherstellung	Armaturen, Pumpen, Ventile	
Salpetersäureherstellung	Meßinstrumente	3.7025 (0,2% Pd)
Chlorgasherstellung	Elektroden	3.7055 (0,2% Pd)
Harnstoffsynthese	Zentrifugen, Separatoren	
Düngemittelherstellung	Gestelle, Körbe	TiAl6V4
Kunstfaserherstellung	Siebe, Gewebe	
Sodaherstellung	Meßhülsen	
Zellstoff und Papierherstellung		
Textilbleichen		
Meerwasserentsalzung		
Meerestechnik		
Galvanotechnik	*) 3.7025, 3.7035 = platiniert	
Korrosionsschutz		

Bild 5.22:
Anwendung von Titan als korrosionsbeständiger Werkstoff[24]

In diesen Bereichen werden vorzugsweise die verschiedenen Titansorten technischer Reinheit, zur Verbesserung des Korrosionsverhaltens auch mit Palladiumzusatz und bei Verwendung für Elektroden vielfach mit Platin oder Ruthenium als Oberflächenschutz verwendet. Schwerpunkte der Anwendung in der chemischen Industrie stellen der petrochemische Bereich, die Kunststoffzwischenproduktherstellung, Essigsäure-, Propionsäure-, Salpetersäureherstellung, Chlorgas-, Harnstoff-, Soda- und Pigmentherstellung dar, wo Titan für chemische Apparate aller Art, auch für Druckreaktoren, Wärmetauscher, Rohrleitungen, Elektroden und Armaturen eingesetzt wird. Die Temperaturgrenze ist derzeit für Apparaturen aus Volltitan meist auf rd. 250 °C, für mit Titan ausgekleidete Apparaturen auf 200 °C und für Titan-plattierte Apparaturen auf rd. 500 °C beschränkt. In der Zellstoff-, Papier- und Textilindustrie wird Titan wegen seiner Beständigkeit gegen Hypochlorit, Chlorit und Chlordioxid vorzugsweise für Pumpen, Mischer, Wärmetauscher, Rohrleitungen, Rührer und Auskleidungen, beim Bleichen der Textilien in Form von Umlenkwalzen, Heizschächten und -kammern oder Bleichstiefeln eingesetzt.

In der Meerestechnik und Meerwasserentsalzung führt seine hohe Beständigkeit gegen Meer- und Brackwasser, auch bei Bewuchs durch Meeresorganismen und bei Kalkablagerungen, und gegen Salzsole, auch bei hohen Strömgeschwindigkeiten bis wenigstens 165 °C sowie der gute Wärmedurchgang zur Anwendung, beispielsweise für Wärmetauscher. Bei der Oberflächenveredlung haben alle Titansorten technischer Reinheit, insbesondere aber die weicheren Sorten entsprechend 3.7025 und 3.7035, als korrosionsbeständige Werkstoffe beim Entfetten, Beizen, Glänzen vor dem und beim Galvanisieren selbst sowie bei der anodischen Oxidation und beim Tauchschmelzen verbreitet als Elektrodengestelle, Kontakte, Wärmetauscher u. a. Anwendung gefunden [26].

5.3.2 Zirkonium

Das Normalpotential von Zirkonium ist mit $-1{,}539$ V fast ebenso negativ wie das von Titan [1]. Die Bildung der oxidischen Deckschicht, wie sie für Titan eingehend behandelt wurde, ist für das Verhalten von Zirkonium in korrosiven Medien verantwortlich. Diese Deckschicht läßt sich durch Glühen an Luft, anodische Oxidation oder durch Behandeln mit Druckdampf verstärken.

5.3.2.1 Verhalten in Säuren, Basen und Salzen

Tabelle 5.6 gibt einen Überblick über die chemische Beständigkeit von Zirkonium in anorganischen Säuren [27, 28, 29]. Eine hervorragende Korrosionsbeständigkeit besitzt Zirkonium in siedender reiner Salzsäure bis 20 %, bis rd. 27 % Konzentration weist es einen geringen Abtrag, der 0,125 mm/Jahr nicht überschreitet, auf. Allerdings wird – im Gegensatz zu Titan – das Korrosionsverhalten durch verunreinigende Eisen- und Kupferchloride deutlich verschlechtert, wobei es zu Lochkorrosion kommen kann. Auch gegen Schwefelsäurekonzentrationen bis 70 % ist Zirkonium bis wenigstens 100 °C beständig, ebenso wie in Phosphorsäure von 60 °C bei Konzentrationen bis 85 %. Konzentrationen oberhalb 60 % und 60 °C führen zu stärkerem Korrosionsabtrag [30]. Schweißverbindungen sind auf Grund ihrer vom Grundwerkstoff abweichenden Gefügestruktur nur bis zu 65 % kochender Schwefelsäure beständig [30]. Schweflige Säure und Chromsäure greifen Zirkonium nicht an. In Salpetersäure ergibt sich bis 200 °C bis zu Konzentrationen von 95 % gute Korrosionsbeständigkeit, ebenbürtig derjenigen von Platin. Auch in roter und weißer rauchender Salpetersäure wird bei Anwesenheit von Feuchtigkeit Zirkonium nicht angegriffen. Wie aus Tabelle 5.8 zu entnehmen ist, wird Zirkonium in vielen organischen Säuren, Dichloressigsäure ausgenommen, nicht angegriffen [27, 30, 31]. In Alkalien ist Zirkonium ebenfalls weitgehend beständig, ebenso wie in Meerwasser und vielen Säuren und Salzen [27, 30, 31]. Allerdings führen Eisen-III-Chlorid und Kupfer-II-Chlorid zu erheblichem Abtrag [32] (Tabelle 5.7).

Zirkonium erscheint in $AlCl_3$, in Ameisensäure, trockenem Chlorgas, Oxalsäure, Salzsäure, Schwefelsäure, Uranylsulfat dem Titan überlegen, während Titan in Chloressigsäure, in feuchtem Chlorgas, in Eisen-III-Chlorid, in Kupferchlorid, Kupfercyanid eine höhere Korrosionsbeständigkeit aufweist.

Tabelle 5.6: Chemische Beständigkeit von Zirkonium in anorganischen Säuren

Angriffsmittel	Konzentration %	Temperatur °C	Beständigkeit
Salpetersäure	5 – 40	35	0
	50 – 69,5	35	1
	konzentriert	20	0
	weiße, rauchende	20 – 71	1
	rote, rauchende	20 – 71	3
Salzsäure	0,5 – 5	35	0
	10 – 37,5	35	0
	18	20	0
	5; 10	100	0
	15; 20	100	1
Schwefelsäure	5 – 70	35	0
	75 – 96,5	35; 60	3
	50 – 70	100	1
Königswasser	1 Teil HNO$_3$ + 2 Teile HCl	20; 60	3
Chromsäure	10; 20; 30	20; 50; 100	0
Phosphorsäure	85	20	0
	20 – 60	35; 60	0
	70 – 85	35; 60	1
	75 – 85	100	3
Schwefelige Säure	6 SO$_2$	100	0

0 Abtrag unter 0,0125 mm/Jahr
1 Abtrag zwischen 0,0125 und 0,125 mm/Jahr
3 Abtrag über 0,25 mm/Jahr

5.3.2.2 Spannungsriß- und galvanische Korrosion

Spannungsrißkorrosion erleidet Zirkonium im allgemeinen nur in Methanol hoher Temperatur und in Schwermetallchloriden. Die Beständigkeit von Zirkonium gegen Spaltkorrosion ist ebenfalls vorzüglich und mit Tantal vergleichbar. Die galvanische Korrosion von Zirkonium entspricht etwa der von Titan.

Tabelle 5.7: Chemische Beständigkeit in anorganischen Basen und Salzen

Angriffsmittel	Konzentration %	Temperatur °C	Beständigkeit
Aluminiumchlorid	20; 30	20 – kochend	0
Ammoniumchlorid	gesättigt	100	0
Ammoniumhydroxid	28	20	0
Bariumchlorid	20	100	0
Chlorgas, gesättigtes Wasser		20	0
Chlorgas, Wassergesättigt		20; 75	3
Eisenchlorid	2,5 – 30	20 – 100	3
Kalziumchlorid	20; 30; 50	20; 50; 100	0
Kupferchlorid	1 – 25	35	3
Magnesiumchlorid	20	100	0
Manganchlorid	20	100	0
Meerwasser		50	0
Natriumchlorid	3	35	0
Natriumhydroxid	10; 50	20 – 100	0
Nickelchlorid	20	100	0
Quecksilberchlorid	1 – gesättigt	35 – 100	0
Zinkchlorid	20	100	0
Zinnchlorid	20	60	0

0 Abtrag unter 0,0125 mm/Jahr
3 Abtrag über 0,25 mm/Jahr

5.3.2.3 Verhalten in Metallschmelzen

Die Beständigkeit von Zirkonium in geschmolzenen Metallen ist in Tabelle 5.9 dargestellt[33]. Demnach ist es in schmelzflüssigem Natrium und Kalium wenigstens bis 600 °C, in Lithium, Zinn, Blei und Bleilegierungen bis 300 °C beständig, hat aber nur eine begrenzte Beständigkeit in geschmolzenem Gallium und eine schlechte Beständigkeit in Quecksilber, Magnesium, Wismut und Zink.

Tabelle 5.8: Chemische Beständigkeit von Zirkonium in organischen Medien

Angriffsmittel	Konzentration %	Temperatur °C	Beständigkeit
Ameisensäure	10 − kochend	20; 50 − kochend	0
Äthylalkohol	95	kochend	0
Dichloressigsäure	100	100	3
Essigsäure	5 − 99,5	60; 100	0
Essigsäureanhydrid	99	140	0
Methylalkohol	99	kochend	0
Monochloressigsäure	100	kochend	0
Milchsäure	5 − 85	kochend	0
Oxalsäure	1 − 25	100	0
Tanninsäure	10	20 − kochend	0
Tetrachlorkohlenstoff	100	20 − 50	0
Zitronensäure	10 − 50	20 − 100	0

0 Abtrag unter 0,0125 mm/Jahr
3 Abtrag über 0,25 mm/Jahr

5.3.2.4 Verhalten von Zirkoniumlegierungen

Die vorliegenden Ergebnisse über das Korrosionsverhalten von Zirkonium basieren meist auf Hafnium-haltigem technisch reinem Zirkonium. Zur Verbesserung der Schweißbarkeit und des Korrosionsverhaltens von Schweißverbindungen wird vielfach Zirkonium mit abgesenktem Gehalt an β-stabilisierenden Beimengungen, insbesondere von Eisen und Chrom, eingesetzt.

Hafniumfreies Zirkonium findet ausschließlich im Reaktorbau Verwendung, vorzugsweise die höherfesten Zirkonium-Legierungen Zircaloy 2 und Zirkaloy 4 mit Zusätzen der β-stabilisierenden Elemente Sn, Fe, Cr, Ni. Das zweiphasige Grundgefüge neigt eher zu interkristalliner Korrosion und hat in Säuren und Basen eine geringere chemische Beständigkeit als das einphasige Zirkonium[30].

Die Beständigkeit von Zirkonium und seinen Legierungen in Wasser und Dampf bis zu 370 °C ist ausgezeichnet[34]. Verbesserte Beständigkeit gegen Oxidation durch Kohlendioxid bis 600 °C besitzt eine in gasgekühlten Reaktoren verwendete Zirkoniumlegierung mit Zusätzen von 0,5 % Cu und 0,5 % Mo[34].

Tabelle 5.9: Chemische Beständigkeit von Zirkonium in Metallschmelzen

Angriffsmittel	Temperatur °C	Beständigkeit
Natrium	300	A
	600	A
Kalium	300	A
	600	A
Lithium	300	A
	600	B
	800	B
Magnesium	651	C
Quecksilber	300	C
	600	C
Gallium	300	B
	600	C
Zinn	300	A
Blei	327	A
	600	B
	800	B
Wismut	600	C
	800	C
Wismut – Blei	300	A
	600	B
Wismut – Blei – Zinn	300	A
	600	B
Zink	440	C

A gute Beständigkeit
B begrenzte Beständigkeit
C schlechte Beständigkeit

5.3.2.5 Anwendung unter korrosiven Bedingungen

Die technische Anwendung von Zirkonium unter Korrosionsbedingungen erfolgt meist in Schwefelsäure und salzsauren Medien der Styrol-, Cellophan-, Faser- und Azofarbherstellung und der Alkoholrückgewinnung, bei der Düngemittelherstellung wegen seiner hohen Beständigkeit gegen Harnstoff, Ammoniumsulfat und Schwefeldioxid, bei der Essigsäureherstellung, der Wasserstoffperoxid-Herstellung, im Trockenchlorbetrieb, der Phenolherstellung sowie in schmelzflüssigen Salzen wie NaOH, KOH, NaCl und KCl.

5.3.3 Tantal

Tantal weist gegenüber den Metallen Titan und Zirkonium die weitaus beste Korrosionsbeständigkeit auf und wird in vielen Fällen lediglich von den Edelmetallen übertroffen.

5.3.3.1 Chemische Beständigkeit in Säuren, Basen und Salzen

Tantal ist gegen nahezu alle Säuren und deren Gemische in weiten Konzentrationsbereichen auch bei höheren Temperaturen beständig. Hierzu gehören Phosphorsäure, Salzsäure, Salpetersäure, Schwefelsäure, rauchende Schwefelsäure ausgenommen[27, 28], sowie Essigsäure, Chloressigsäure und auch Oxalsäure[27]. In Flußsäure wird Tantal dagegen stark angegriffen. Andererseits sind Tantallegierungen mit 18 – 28 % Molybdän selbst gegen Flußsäure beständig. In heißen alkalischen Lösungen und Laugen erleidet Tantal hohe Korrosionsabträge, beispielsweise in KOH, NaOH, NH_4OH[27] (Tabelle 5.10).

Gegen Meerwasser und Salzlösungen ist Tantal korrosionsbeständig, sofern letztere nicht hydrolisieren, so daß Alkalien entstehen oder freies Fluor und SO_3-ion vorhanden sind.

Chlorgas und Brom greifen sowohl im feuchten wie im trockenen Zustand Tantal wenigstens bis zu 250 °C nicht an. Auch gegenüber Metallchloriden ist Tantal beständig. Tantal neigt noch stärker als Titan und Zirkonium zur Wasserstoffversprödung.

5.3.3.2 Verhalten in Metallschmelzen

Die Beständigkeit von Tantal in Metallschmelzen von Natrium, Kalium, Lithium, Magnesium, Blei und Wismut ist bis wenigstens 800 °C gut. In Schmelzen aus Gallium besteht Beständigkeit bis etwa 300 °C und in Zinkschmelzen

Tabelle 5.10: Chemische Beständigkeit von Tantal

Angriffsmittel	Konzentration %	Temperatur °C	Beständigkeit
Ameisensäure	90	100	0
Eisenchlorid	5 – 30	20 – kochend	0
Essigsäure	0 – 100	20 – 390	0
Königswasser	1 Teil HNO_3 + 2 Teile HCl	20; 60	0
Natriumhydroxid	5	100	0
	40	100	3
Phosphorsäure	85	143 – 210	0
Oxalsäure	gesättigt	20 – 95	0
Quecksilberchlorid	gesättigt	100	0
Salpetersäure	konzentriert	20	0
	konzentriert	35 – 85	0
Salzsäure	18	20	0
	19 – konzentriert	35 – 100	0
Schwefelsäure	20 – konzentriert	35 – 299	0

0 Abtrag unter 0,0125 mm/Jahr
3 Abtrag über 0,25 mm/Jahr

von 440 °C liegt nur eine begrenzte Haltbarkeit vor, wie aus Tabelle 5.11 hervorgeht[33, 35)].

5.3.3.3 Anwendung

In der chemischen Industrie wird Tantal in Anlagen zur Schwefelsäurekonzentrierung, Salzsäureextraktion und Salzsäuresynthese verwendet sowie in Apparaten und Armaturen, die Chlor und salzsauren Verbindungen ausgesetzt sind.

Tabelle 5.11: Chemische Beständigkeit von Tantal in Metallschmelzen

Angriffsmittel	Temperatur °C	Beständigkeit
Natrium	300	A
	600	A
	800	A
Kalium	300	A
	600	A
	800	A
Lithium	300	A
	600	A
	800	A
Magnesium	651	A
Quecksilber	300	A
	600	A
Gallium	300	A
	600	C
Blei	327	A
	600	A
	800	A
Wismut	600	A
	800	A
Wismut – Blei	300	A
	600	A
	800	A
Wismut – Blei – Zinn	300	A
	600	A
Zink	440	B

A gute Beständigkeit
B begrenzte Beständigkeit
C schlechte Beständigkeit

5.4 Beeinflussung des Korrosionsverhaltens durch fertigungstechnische Maßnahmen

Das günstige Korrosionsverhalten machte die chemische Industrie zum zweitgrößten Bedarfsträger für Titan. Über die hierbei gewonnenen Erfahrungen, die vielfach mit denen an Zirkonium und Tantal übereinstimmen und über die Beeinflussung des Korrosionsverhaltens durch konstruktive, fertigungstechnische sowie schweißtechnische Maßnahmen wird nachfolgend berichtet.

5.4.1 Schweißtechnische Maßnahmen

Das Schweißen der Sonderwerkstoffe wird seit längerem technisch beherrscht. Es bietet keine besonderen Schwierigkeiten. Allerdings sind hierbei die Werkstoffeigenschaften, namentlich die hohe Affinität zu den atmosphärischen Gasen im erwärmten und noch mehr im schmelzflüssigen Zustand zu beachten. Dies bedeutet kurz zusammengefaßt, daß der Schweißnahtvorbereitung und der Reinigung der Werkstoffoberfläche einschließlich der Schweißzusatzdrähte besondere Beachtung zu schenken ist. Ferner müssen beim Schweißen durch geeignete Schutzeinrichtungen und durch ausreichende Schutzgas-Strömungsgeschwindigkeiten in den Schutzeinrichtungen und im Brenner die atmosphärischen Gase von den erwärmten Zonen, der Schweißnaht selbst und dem aufgeschmolzenen Metall so lange ferngehalten werden, bis die Abkühlung eine Gasaufnahme und damit Anlauffarben auf der Werkstoffoberfläche ausschließen[34, 36, 37]. Ein sicherer Nachweis für die Güte einer Schweißverbindung ist die Härteprüfung, da durch Sauerstoff oder Stickstoff verunreinigte Schweißnähte höhere Härtewerte aufweisen als der Grundwerkstoff. Beim Schweißen von plattierten Werkstoffen oder von ausgekleideten Behältern ist zudem zu beachten, daß durch Aufschmelzen des Grundwerkstoffes oder des tragenden Stahlbehälters der Sonderwerkstoff durch Eindiffusion, beispielsweise von Eisen, nicht geschädigt und dadurch seine Korrosionsbeständigkeit vermindert wird (Bild 5.23)[38].

Sowohl Laborversuche als auch die betriebliche Erfahrung haben gezeigt, daß Schweißverbindungen an Titan, Zirkonium und Tantal sowie von Titanlegierungen mit rd. 0,2 % Palladium sich im allgemeinen korrosionschemisch so verhalten, wie der nicht geschweißte Grundwerkstoff. Dies gilt allerdings nur dann, wenn die Schweißnähte unter Berücksichtigung der vorgenannten Bedingungen geschweißt sind. Eine Gasaufnahme und Reaktion mit Luft, Eindiffusion von artfremden metallischen Elementen, wie Eisen, Kupfer und Nickel, beeinträchtigen das Passivverhalten und verändern die Korrosionsbeständigkeit.

Während in Medien, in denen Titan keinen Korrosionsabtrag erleidet, auch die

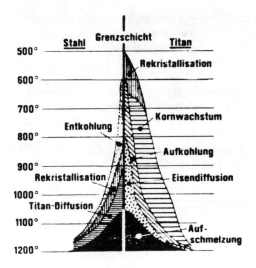

Bild 5.23:
Einfluß der Glühtemperatur auf die Diffusion im Grenzbereich zwischen Grundwerkstoff und Auflagewerkstoff bei Sprengplattierungen der Paarung Stahl-Titan [38]

grobkörnige Gußstruktur der Schweißnähte korrosionsbeständig ist, sind die Wärmeübergangszonen beidseitig der Schweißnaht verstärkt korrosionsanfällig und erleiden Wasserstoffaufnahme, wenn das Angriffsmedium im Bereich der Grenzkonzentration für den Übergang aktiv-passiv liegt oder ein Korrosionsabtrag auch an nicht geschweißtem Grundwerkstoff zu erwarten ist. Hier dürften sich die grobe Gußstruktur in der Schweißnaht und die mehr oder weniger vorhandene Widmannstätten'sche Gefügestruktur in den Wärmezonen sowie möglicherweise auch Konzentrationsunterschiede im Mischkristall in örtlichen Potentialunterschieden und damit ungünstig auf das Korrosionsverhalten auswirken [39, 40]. In dieser Hinsicht ist im Falle einer Wasserstoffversprödung die Schweißnaht stärker als der Grundstoff betroffen [41].

Schweißnähte aus Titan neigen unter neutralen oder leicht oxidierenden Bedingungen und bei Spuren von Salzsäure im Gegensatz zum Grundwerkstoff dann zu Korrosion, wenn nach dem Schweißen örtlich gebeizt wird, während sich nicht gebeizte Flächen wie der Grundwerkstoff verhalten. Die Ursache liegt in der Bildung von Titanhydrid an der Metalloberfläche, das in Grenzfällen zu vorzeitigem Aktivwerden der gebeizten Fläche und somit zum Korrosionsangriff führt. Ein dem Beizen vorhergehendes Schleifen unterstützt diesen Vorgang. Es erscheint deshalb angebracht, auf Decklagen von Schweißverbindungen während des Abkühlens nach dem Schweißvorgang sich bildende glänzende Anlauffarben von goldgelb, braun, dunkelblau bis violett nicht durch Schleifen und Beizen zu entfernen.

Bei hochfesten und warmfesten Titanlegierungen können zudem Ausscheidungen von intermetallischen Verbindungen oder Zwischenphasen das Korrosionsverhalten ungünstig beeinflussen. Zirkonium und Tantal sind im geschweißten Zustand gleich beständig wie der Grundwerkstoff.

Schweißverbindungen enthalten mit steigendem Querschnitt eine zunehmende Anzahl von Poren, die von Gaseinschlüssen herrühren. Obwohl diese Poren den Werkstoff nicht unmittelbar schädigen, können durch mechanische Beeinflussung nahe der Oberfläche liegende Poren aufreißen oder durch Korrosionsabtrag offengelegt werden. In diesen Fällen besteht die Gefahr von Spaltkorrosion, die schließlich zur Zerstörung der Schweißnaht führen kann [36, 42].

Beim Schweißen von Titan gilt die Regel, daß mit artgleichem Werkstoff geschweißt wird. Die Verwendung von Schweißzusatz einer höheren Festigkeitsstufe kann nicht nur, bedingt durch den höheren Gasgehalt des Schweißzusatzes, zu höherer Schweißnahthärte, sondern auch durch seinen höheren Gehalt an β-stabilisierenden Bestandteilen, wie Eisen, zu einem höheren β-Gefügeanteil in der Schweißnaht führen.

Titansorten technischer Reinheit aber unterschiedlicher Festigkeitsstufen weisen zwar in Medien, in denen Titan eine gute Beständigkeit besitzt, etwa gleiches Korrosionsverhalten auf, jedoch können Gehalte an Sauerstoff, Stickstoff und Kohlenstoff über 0,5 % die Korrosionsbeständigkeit deutlich vermindern [43]. Deshalb ist eine Gasaufnahme beim Schweißen, vorzugsweise bei Mehrlagenschweißung, in engen Grenzen zu halten und ein Überschweißen von Anlauffarben unzulässig.

Ein höherer Anteil β-stabilisierender Gefügebestandteile in der Schweißnaht kann in Titanapparaturen, die mit heißer, konzentrierter Salpetersäure in Berührung kommen, zu bevorzugtem Korrosionsangriff führen [44]. Ähnliche Erscheinungen durch erhöhten Eisengehalt in der Schweißnaht können auch in stark oxidierenden Medien, wie Chlordioxid oder Gemischen aus Chromsäure mit Flußsäure, in Schwefelsäure mit Titandioxid oder in Essigsäure mit Oxidationsmitteln auftreten. Durch geeignete Wahl des Schweißzusatzes unter Beachtung eines niedrigen Eisengehaltes oder einer Gefügeausbildung in der Schweißverbindung, die eine Anhäufung von β-Phasen vermeidet, läßt sich eine verstärkte Korrosion der Schweißnaht unter den genannten Korrosionsbedingungen verhindern.

5.4.2 Fertigungstechnische und konstruktive Maßnahmen

Neben Beeinflussung des Korrosionsverhaltens durch das Schweißen kann eine solche unter vorgegebenen Bedingungen auch durch fertigungstechnische Maßnahmen, die auf die sonstigen Werkstoffeigenschaften voll abgestimmt sind, auftreten.

Bekannt ist, daß die Sonderwerkstoffe Titan, Zirkonium und Tantal bei hohen Strömgeschwindigkeiten der Medien im Korrosionsverhalten meist nicht beeinträchtigt werden[45]. Trotzdem hat die Erfahrung ergeben, daß bei einem durch Wirbel und Turbulenzen veränderten Strömungsverlauf in Medien, in denen eine an sich noch ausreichende Beständigkeit vorliegt, der schützende Oberflächenoxidfilm schneller abgebaut als nachgebildet wird, so daß Kavitation erfolgt. Deshalb ist insbesondere bei erwarteten stärkeren Strömgeschwindigkeiten darauf zu achten, daß Schweißverbindungen glatt und frei von örtlichen Buckeln sind[46].

Dichtflächen sind durch auftretende Spalte besonders korrosionsanfällig. Dieser Spalteffekt, der bei schwach sauren Beanspruchungen durch örtliche Konzentrationserhöhung und Sauerstoffverarmung in Verbindung mit erhöhter Temperatur bei Titan häufiger auftritt, läßt sich durch Auftragsschweißen der gefährdeten Dichtflächen mit einer Titanlegierung mit 0,15 % Palladium oder die Verwendung von Dichtbunden aus dieser Legierung weitgehend vermeiden. Das gleiche gilt für Konzentrationsnester an strömungstechnisch und belüftungsmäßig ungünstig liegenden Kehlnähten, sofern sie konstruktiv nicht vermeidbar sind. Konstruktiv nicht vermeidbare Spalten sollten wenigstens 1 mm breit sein, wenn gleiche oder als 2. Komponente nicht elektrisch leitende Werkstoffe in salz- und schwefelsauren Medien vorliegen, wodurch sich die Korrosionsgeschwindigkeit gegenüber engeren Spalten um ein Mehrfaches verringert[47].

Schweißverbindungen aus Titan, Zirkonium und Tantal brauchen in den bei weitem überwiegenden Fällen zur Erzielung optimaler Eigenschaften nach dem Schweißen nicht wärmebehandelt zu werden[8, 36]. Es gibt jedoch Konstruktionen, bei denen eine Anhäufung von Schweißverbindungen so hohe Eigenspannungen induziert, daß eine zusätzliche Beanspruchung, insbesondere dynamischer Art, das Rißauffangvermögen der Werkstoffe überfordert. Dann treten, sofern die Schweißverbindung nicht wärmebehandelt wurde, Risse in den Schweißverbindungen auf, die schließlich zur mechanischen oder durch die auftretenden Spalten zur korrosionschemischen Zerstörung des Werkstückes führen. Als beispielhaft für diese Anhäufung von Schweißnähten sind Laufräder von Ventilatoren oder von Pumpen zu nennen[46].

Schäden der vorgenannten Art lassen sich dadurch vermeiden, daß bei einer Anhäufung von Schweißverbindungen die entstehenden Spannungsspitzen im Werkstück durch nachfolgendes Spannungsarm- oder rekristallisierendes Glühen bei 550 − 600 °C bzw. 700 °C mit anschließender Luftabkühlung abgebaut werden.

Die Verwendung einer Titanlegierung mit mindestens 0,15 % Palladiumzusatz erhöht die Beständigkeit gegen Lochfraß- und Spaltkorrosion um etwa 45 °C, wobei der Wahl geeigneter Dichtungswerkstoffe eine wichtige Rolle zukommt.

Bewährt hat es sich auch, Dichtbunde aus der Titanlegierung mit 0,15 % Palladium dann anstelle von Titan technischer Reinheit einzuschweißen, wenn höhere Temperaturen und örtlich leicht reduzierende Bedingungen, insbesondere in Chlorionen enthaltende Medien, zu erwarten sind.

Bei Wärmetauschern aus Sonderwerkstoffen ist zur Vermeidung von Dichtungsschäden und Überbeanspruchung der Schweißverbindungen durch strömungsbeeinflußte Rohrschwingungen der Rohrplattenabstand oder der Umlenksegmentabstand im Vergleich zu Werkstoffen mit höherem Elastizitätsmodul zu verringern oder der Teilkreisabstand zu erhöhen.

5.5 Schlußbetrachtung

Durch Korrosion werden jährlich Milliardenwerte zerstört. Wenn alle gegebenen technologischen Möglichkeiten genutzt werden, läßt sich der Umfang der Korrosionsschäden erheblich vermindern. Titan, Zirkonium und Tantal können hierzu einen wichtigen Beitrag liefern, denn bei Beachtung der erforderlichen schweiß- und fertigungstechnischen sowie konstruktiven Maßnahmen und Nutzung der werkstoffgegebenen Möglichkeiten läßt sich durch diese Sonderwerkstoffe die Leistungsfähigkeit vieler Anlagen und Verfahren erhöhen, ihre Lebensdauer verlängern und ihre Sicherheit verbessern.

Dr. rer. nat. Günter Herbsleb

6
Korrosionsschutz durch metallische Überzüge

6.1 Einleitung

Die verschiedenen Arten des Korrosionsschutzes kann man in zwei große Gruppen einteilen:

— aktive Korrosionsschutzverfahren, bei denen von außen in das System „Werkstoff/Angriffsmittel" eingegriffen wird. Hierzu gehören im wesentlichen die elektrochemischen Schutzverfahren (anodischer und kathodischer Korrosionsschutz), ferner die Zusätze von Inhibitoren zum Angriffsmittel;
— passive Korrosionsschutzverfahren, bei denen das Angriffsmittel durch eine Barriere vom zu schützenden Werkstoff getrennt wird.

Metallische Überzüge dienen dem passiven Korrosionschutz. Daneben sollen sie vielfach auch andere Anforderungen erfüllen:

— Verbessern der Gleiteigenschaften;
— Verbessern des dekorativen Aussehens;
— Erhöhen des Verschleißschutzes (z. B. Hartverchromen, stromloses Vernikkeln, durch Metallspritzverfahren aufgebrachte Überzüge mit verschleißträgen Werkstoffen);
— das Aufbringen von Schmiermitteln zu ermöglichen oder zumindest zu erleichtern.

Häufig müssen mehrere der genannten Funktionen gleichzeitig erfüllt werden.

Metallische Überzüge haben als Korrosionsschutz fast ausschließlich für den Werkstoff Stahl praktische Bedeutung. Ein metallischer Überzug hat den Sinn, der Stahloberfläche die Eigenschaften des Auflagewerkstoffes für einen möglichst langen Zeitraum zu übertragen. Für die richtige Auswahl eines metallischen Überzuges ist daher die Kenntnis der grundlegenden korrosionschemischen Zusammenhänge im System „Stahl/metallischer Überzug/Angriffsmittel" erforderlich. Darüber hinaus sind aber auch wirtschaftliche Gesichtspunkte, nämlich die mit dem Aufbringen eines Überzuges verbundenen Mehrkosten zu berücksichtigen. Auswahl eines Überzuges und dessen Aufbringungsart stellen daher stets einen Kompromiß zwischen dem technisch optimal möglichen und dem bei der gegebenen oder zu erwartenden Korrosionsbeanspruchung tatsächlich erforderlichen Korrosionsschutz dar.

6.2 Aufbringungsverfahren für metallische Korrosionsschutz-Überzüge

Die wesentlichen Verfahren, um metallische Überzüge auf einem Grundwerkstoff aufzubringen, sind Schmelztauchverfahren, Abscheiden durch galvanische oder chemische Verfahren, Aufbringen von Metallspritzüberzügen, Aufbringen von Diffusionsüberzügen, Aufdampfen und Plattieren.

6.2.1 Aufbringen von Überzügen durch Schmelztauchverfahren

Bei diesen Aufbringungsverfahren wird das verfahrensgerecht durch Beizen und Flußmittelbenetzung vorbehandelte Gut in die flüssige Metallschmelze getaucht. Dabei entstehen an der Phasengrenze Stahl/Metall entsprechend den jeweiligen Zustandsdiagrammen Legierungsschichten, die die Haftung vermitteln. Man sollte annehmen, daß aus diesem Grund auf Stahl nur Überzüge aus Metallen aufgebracht werden können, die mit Eisen Legierungsschichten bilden, also z. B. Zink-, Zinn- und Aluminiumüberzüge. Dies ist nicht der Fall. Z. B. kann man bei dem System Eisen/Blei, die beide nicht ineinander löslich sind, dem Bleibad Metalle zusetzen, die die Haftung von Blei mit Eisen vermitteln. Für die Feuerverbleiung werden dem Bleibad etwa 2,5 Massen-% Zinn und 2 Massen-% Antimon zulegiert.

6.2.1.1 Feuerverzinkung

Unter den metallischen Korrosionsschutzüberzügen nimmt die Feuerverzinkung, also die Herstellung eines Zinküberzuges nach dem Schmelztauchverfahren, wegen ihrer großen wirtschaftlichen Bedeutung eine Sonderstellung ein. Beispielsweise ist die Feuerverzinkung neben Bitumen-, Kunststoff- und Zementbeschichtung das wichtigste Korrosionsschutzverfahren, welches vom Rohrhersteller bereits ab Werk geliefert wird. Aber auch für Stahlband hat die Feuerverzinkung als Korrosionsschutz überragende Bedeutung (Bandverzinkung).

Beim Feuerverzinken ist zwischen kontinuierlichen und diskontinuierlichen

Verfahren zu unterscheiden. Stück- und Rohrverzinkung erfolgen diskontinuierlich, für die Band- und Drahtverzinkung werden kontinuierliche Verfahren angewendet.

Ebenso wie alle anderen Schmelztauchverfahren ist auch für das Feuerverzinken die sorgfältige Vorbereitung der Stahloberfläche (Entfetten, Beizen, Spülen) von Bedeutung.

Beim Trockenverzinken erhält das zu behandelnde Gut einen dünnen Überzug des aus Zinkchlorid und Ammoniumchlorid bestehenden Flußmittels, der in einem Trockenofen abgetrocknet wird. Beim Tauchen in das Zinkbad, dessen Temperatur etwa 450 °C beträgt, wird dieser Flußmittelfilm thermisch aufgespalten und übt eine letzte intensive Beiz- und Reinigungswirkung auf die Stahloberfläche aus.

Beim Naßverzinken wird das Gut dem Beizbad naß entnommen und durch eine auf der Zinkbadoberfläche schwimmende Flußmittelschicht in das schmelzflüssige Zink getaucht.

Beim Feuerverzinken können porenfreie Überzüge erzeugt werden, vielfach wird eine Schichtdicke von etwa 50 μm angewandt. In vielen Fällen wird nicht die Dicke, sondern die flächenbezogene Masse des Zinküberzuges in g/m^2 angegeben (50 μm $\hat{=}$ 360 g/m^2).

Die Ausbildung des Zinküberzuges wird durch die Gesetzmäßigkeiten des Zustandsdiagrammes Eisen-Zink bestimmt. Wichtigste Einflußgrößen für die Ausbildung der Überzüge sind:

— Temperatur des Zinkbades;
— Tauchzeit;
— Ausziehgeschwindigkeit.

Auf der Stahloberfläche entstehen unterschiedliche Legierungsphasen (Hartzinkschicht), deren Eisengehalte mit zunehmender Entfernung von der Stahloberfläche abnehmen, bis schließlich eine Reinzinkschicht vorliegt. Man kann folgenden Aufbau feststellen, vgl. auch Bild 6.1.

Struktur von Zinküberzügen

Phase	Eisengehalt in Massen-%
Γ	18 bis 21
δ_1	11,5 bis 7
ζ	6,2 bis 6
η	0

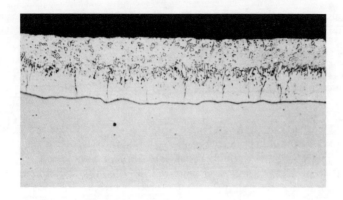

Bild 6.1: Struktur von Feuerverzinkungen

Es wird gefordert, daß die Reinzinkschicht über den Legierungsphasen ausreichend dick ist. Für die Dicke der Reinzinkschicht sind Ausziehrichtung und -geschwindigkeit des Verzinkungsgutes wesentlich, bei langsamem Abziehen fließt das Reinzink weitgehend ab.

Mit Silizium beruhigte Stähle neigen stärker als unberuhigte Stähle zur Hartzinkbildung. Bei aluminiumberuhigten Stählen können kleine kritische, möglicherweise herstellungsbedingte Siliziumgehalte im Stahl zum Entstehen dicker Eisen-Zink-Legierungsschichten führen, während die Reinzinkphase nur dünn ausgebildet ist. Diese Erscheinung bezeichnet man als Sandelin-Effekt, er wird durch Bild 6.2 verdeutlicht.

Die übermäßige Hartzinkbildung kann durch Zusätze von Aluminium (0,1 bis 0,15 Massen-%) zur Zinkschmelze verhindert werden, was für die Herstellung falzfähiger und abkantbarer Zinküberzüge auf Blechen und Bändern und für Rohre, die anschließend an das Verzinken einer stärkeren mechanischen Beanspruchung (Biegen und Richten) unterzogen werden, von Bedeutung ist.

Für den Korrosionsschutz durch die Zinkschicht ist die Bildung von Deckschichten bestimmend. Hier sind zwei Anwendungsgebiete getrennt zu betrachten:

— Schutz gegen atmosphärische Korrosion (Stahlmasten, Gerüstrohre, Fassadenverkleidungen, Geländerrohre);
— Schutz gegen Korrosionsbeanspruchung durch Wässer, z. B. in Kalt- und Warmwasser-Installationsanlagen.

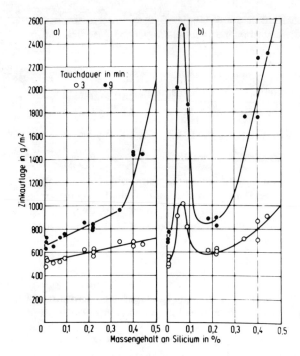

Bild 6.2:
Einfluß des Siliziumgehaltes im Stahl auf die Dicke der Zinkschicht beim Feuerverzinken (Sandelin-Effekt)

6.2.1.1.1 Feuerverzinkung als Schutz gegen atmosphärische Korrosion

Auf Zinküberzügen bilden sich an der Atmosphäre Deckschichten aus basischem Zinkkarbonat (Hydrozinkit) nach:

$$5\ Zn + 3\ CO_2 + 2\ H_2O + 5/2\ O_2 \rightarrow 2\ Zn(OH)_2 \cdot 3\ ZnCO_3 \quad \text{(Hydrozinkit)}$$

Diese Deckschichten werden in feuchter Atmosphäre, vor allem durch Mitwirken von Schwefeldioxid, SO_2, abgebaut. Die Korrosionsgeschwindigkeit von Zinküberzügen hängt daher direkt vom Schwefeldioxidgehalt der Luft ab. Nach Ausbilden der Hydrozinkitschicht ergibt sich somit kein Ruhezustand, sondern eine über lange Zeit konstante flächenbezogene Massenverlustrate:

Industrieklima   31 $gm^{-2}a^{-1}$
Landklima   9 $gm^{-2}a^{-1}$
Küstenklima   8 $gm^{-2}a^{-1}$

Die Dicke der Zinkauflage ist in Abhängigkeit von der zu erwartenden Korrosionsbeanspruchung und der Lebensdauer zu wählen. Besonders günstige Eigenschaften als Korrosionsschutzsystem hat die Feuerverzinkung mit zusätzlichen organischen Beschichtungsstoffen, da dieses Duplex-System unterrostungssicher ist. Weiterhin ist die Oberflächenvorbehandlung bei Wiederholungsbeschichtungen verhältnismäßig einfach.

6.2.1.1.2 Feuerverzinkung als Schutz gegen Korrosionsbeanspruchung in Wässern

In kalten Wässern entstehen karbonatische Deckschichten etwa nach

$$3\,Zn^{2+} + 2\,HCO_3^- + 4\,OH^- \rightarrow Zn(OH)_2 \cdot 2\,ZnCO_3 + 2\,H_2O.$$

Einflußgrößen für die Deckschichtbildung sind der Gesamtkohlensäuregehalt, der pH-Wert und die Karbonathärte des Wassers sowie dessen Gehalt an gelösten Salzen. Das entstandene basische Zinkkarbonat ist schwer löslich. Bei höheren Gehalten an freier Kohlensäure, d. h. niedrigem pH-Wert, entstehen leicht lösliche karbonatische Zinkverbindungen:

$$Zn^{2+} + 2\,HCO_3^- \rightarrow Zn(HCO_3)_2 \quad \text{(Zinkhydrogenkarbonat)}$$

Zwischen dem Zinküberzug und Wasser laufen also stets Korrosionsreaktionen ab, durch die die Reinzinkphase mehr oder weniger homogen zu Korrosionsprodukten, die sich teilweise in Wasser lösen und fortgeschwemmt werden, oxidiert wird.

Zuerst allmählich, sprunghaft aber beim Freilegen der Hartzinkschicht werden Eisenoxide in die Deckschicht eingebaut, die sich im Laufe der Zeit anreichern und letztlich eine nahezu wasserunlösliche Schutzschicht aus gealtertem Rost geben, die nur geringe Anteile an Fremdstoffen (Wasserinhaltsstoffe: Verbindungen der Elemente Kalzium, Aluminium, Silizium, Phosphor) enthält. Derartige gealterte, hocheisenhaltige Rostschutzschichten übernehmen den eigentlichen Langzeitkorrosionsschutz. Solche Vorgänge können nur in verzinkten und nicht in schwarzen Installationsrohren ablaufen, letztere würden unter den gleichen Voraussetzungen des zeitweise stagnierenden Betriebes zu einer Braunwasserbildung durch Entstehen von Belüftungselementen (Evanselementen) führen.

Deckschichten mit guter Korrosionsschutzwirkung können nur entstehen, wenn sich der Zinküberzug nicht zu schnell löst. Seine Auflösungsgeschwindigkeit ist zeitlich konstant (Bild 6.3), nimmt mit ansteigendem pH-Wert ab (Bild 6.4) und, falls sich Zink nicht im Wasser anreichert (z. B. in Kreislaufsystemen), mit der Fließgeschwindigkeit des Wassers zu (Bild 6.5).

Die zur Bildung von Deckschichten in warmen Wässern führenden Reaktionen sind mit denen in kalten Wässern grundsätzlich vergleichbar. Durch bessere Deckschichtbildung und die in warmen Wässern höheren Leitfähigkeiten wird hier das Auftreten von Lochkorrosion begünstigt.

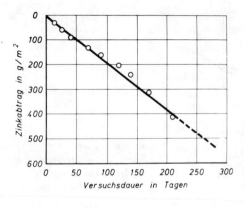

Bild 6.3:
Zeitlicher Verlauf des Zinkabtrages in fließendem Duisburger Leitungswasser (30 l/h, Ringsäulendurchflußversuch)

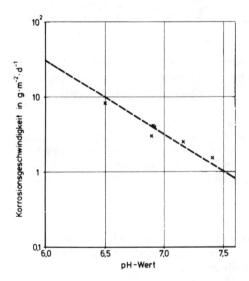

Bild 6.4:
Einfluß des pH-Wertes von Wässern auf die Korrosionsgeschwindigkeit von Reinzink

In warmen Wässern muß vor allem berücksichtigt werden, daß oberhalb etwa 60 °C Kohlendioxid aus Kalziumhydrogenkarbonat abgespalten wird:

$Ca(HCO_3)_2$ + Wärme → $CaCO_3 + H_2O + CO_2$

Kalziumhydrogenkarbonat   Kesselstein

Das schwerlösliche Kalziumkarbonat fällt als Kesselstein oder Kalkschlamm, die beide keine Schutzwirkung haben, aus. Daher ist eine Temperaturbegrenzung für warme Brauchwässer sinnvoll. Neue Warmwasser-Installationssysteme sollten

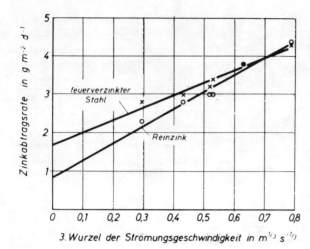

Bild 6.5:
Einfluß der Strömungsgeschwindigkeit auf die Korrosion von feuerverzinktem Stahl und Reinzink in Dortmunder Leitungswasser (pH 6,9)

zunächst einige Wochen bei Temperaturen um 50 °C gefahren werden, damit sich die für den Korrosionsschutz notwendigen Deckschichten ausbilden können. Später sollte die Wassertemperatur auf einen oberen Grenzwert von 60 °C eingeregelt werden.

Zum Vermeiden von Kesselsteinbildung empfiehlt sich — insbesondere bei harten Wässern — das Zudosieren von Polyphosphaten. Bei korrosiven und/oder harten Wässern und/oder einer aus Betriebsgründen notwendigen höheren Brauchwassertemperatur empfiehlt sich der Einbau einer Elektrolyseschutzanlage (Guldager-Verfahren)(vgl. Kap. 8, Abschn. 8.2).

Bei der Anwendung verzinkter Stahlrohre in der Warmwasser-Hausinstallation sind grundsätzlich die technischen Regeln für Werkstoffe und Installation sowie die in DIN 50930 Teil 3 (1) gegebenen Beurteilungsmaßstäbe für das Korrosionsverhalten feuerverzinkter Eisenwerkstoffe zu berücksichtigen.

Außer durch Deckschichtbildung können nichtabgewitterte Zinküberzüge freiliegende Bereiche des Stahluntergrundes kathodisch schützen. Der kathodische Korrosionsschutz verliert jedoch mit zunehmender Abdeckung der Zink- und Eisenoberfläche durch deckschichtbildende Korrosionsprodukte an Bedeutung.

6.2.1.2 Schmelztauchaluminieren

Für dieses Verfahren sind wegen des hohen Schmelzpunktes von Aluminium (659 °C) hohe Badtemperaturen erforderlich. Die Badtemperatur liegt bei

680 °C, das zu überziehende Gut muß auf etwa 630 °C vorgewärmt werden. Dabei ist eine Oxidbildung auf dem zu überziehenden Metall, die die Benetzbarkeit mit Aluminium beeinträchtigt, schlecht zu vermeiden. Durch Anwendung fluoridhaltiger Flußmittel kann die Oxidhaut entfernt werden. Bei der kontinuierlichen Feueraluminierung nach dem Sendzimir-Verfahren entstehen keine Oxidschichten, da dem Aufbringen des Aluminiumüberzuges eine Glühung in reduzierender Atmosphäre vorgeschaltet ist.

Eine weitere Schwierigkeit besteht darin, daß die durch Legierungsbildung mit Eisen entstehenden intermetallischen Phasen spröde sind und die Verformbarkeit der Überzüge beeinträchtigen. Die Bildung spröder intermetallischer Phasen kann jedoch durch Zulegieren von 1,5 bis 8 Massen-% Silizium zur Aluminiumschmelze unterdrückt werden.

Die zum Feueraluminieren verwendeten Stahlschmelzkessel werden durch schmelzflüssiges Aluminium stark angegriffen. Man kann entweder kleine, von oben beheizte, keramisch zugestellte Schmelzkessel verwenden, z. B. beim Schmelztauchaluminieren von Drähten und Bändern im Durchlaufverfahren, oder die Kessel aus Stahlguß mit Legierungszusätzen von Chrom, Molybdän und Kobalt fertigen.

Aluminierte Gegenstände werden vorzugsweise bei Beanspruchung durch atmosphärische Korrosion angwendet. Aluminiumüberzüge bedecken sich in sauerstoffhaltiger Umgebung, also an der Atmosphäre und in Wässern, mit schützenden oxidisch-hydroxidischen Deckschichten. Diese natürliche Schutzschichtbildung kann durch eine elektrochemische (anodische) Behandlung (Eloxieren) schon vorweggenommen werden.

Da die auf Aluminium gebildeten Deckschichten eine gewisse Elektronenleitfähigkeit und passive Eigenschaften haben, ist im Vergleich zum Zink in wäßrigen Elektrolytlösungen die Gefährdung durch Lochkorrosion und Unterrostung höher, die durch gleichmäßigen Flächenabtrag geringer. Deshalb dienen Aluminiumüberzüge auch im wesentlichen nur als Schutz gegen Bewitterung. In Wässern ist eine Kombination mit aktivem, kathodischen Korrosionsschutz problematisch, da Aluminium als amphoteres Metall durch die kathodisch erzeugte Wandalkalität gefährdet ist.

Aluminiumüberzüge bieten bis etwa 800 °C auch einen recht guten Schutz gegen Verzunderung, verbessern also die Hochtemperaturkorrosionsbeständigkeit. Oberhalb 800 °C wird die Geschwindigkeit der Diffusion von Aluminium in den Stahl hinein zu hoch, wodurch die Schutzwirkung vermindert ist. Die Lebensdauer von alitiertem Stahl wird aber im Temperaturbereich bis etwa 1100 °C gegenüber dem ungeschützten Stahl noch um ein mehrfaches verlängert.

6.2.1.3 Feuerverzinnen

Die Schmelzbadtemperatur liegt zwischen 280 und 325 °C. Man erreicht porenfreie Überzüge mit Dicken zwischen 0,25 bis 125 μm. Zum Herstellen von Weißblech werden Überzüge in Dicken von 1,5 bis 4,5 μm aufgebracht, bei besonders korrosiven Nahrungsmitteln wird noch eine Einbrennlackierung mit farblosem organischen Beschichtungsmaterial nachgeschaltet.

Zinnüberzüge sind gegen Beanspruchung durch Bewitterung und in Wässern gut beständig, was auf die Bildung schwerlöslicher oxidischer Deckschichten zurückzuführen ist. Verzinnte Gegenstände können nachbehandelt werden, üblich ist eine Behandlung mit heißen alkalischen Phosphat-Chromat-Lösungen.

6.2.1.4 Schmelztauchverbleien

Die Badtemperaturen beim Schmelztauchverbleien liegen bei 340 °C. Da Blei mit Eisen keine Legierungsphase bildet, legiert man entweder dem Schmelzbad Zinn und Antimon zu oder bringt auf dem Blei Zwischenüberzüge auf. Üblich ist das Aufbringen eines dünnen Zinnüberzuges, die Bindung zum Stahl wird dann durch die gebildete $FeSn_2$-Schicht bewirkt.

Durch Schmelztauchverbleien sind porenfreie Bleiüberzüge nur schwer erhältlich. Zum Erhöhen der Anwendungssicherheit in stärker korrosiven Medien sollte die Dicke des Überzuges mindestens 75 μm betragen. Für den Schutz gegen atmosphärische Korrosion sind aber Überzüge von nur 20 bis 40 μm Dicke gebräuchlich.

Im Gegensatz zu allen anderen Schmelztauchverfahren können bei der Schmelztauchverbleiung nicht nur Reinblei, sondern auch korrosionsbeständige Bleilegierungen aufgebracht werden. Bei der Herstellung von Überzügen aus Blei-Zinn- sowie Blei-Zinn-Kupfer-Legierungen kann unter bestimmten Bedingungen auf eine Zwischenverzinnung verzichtet werden.

6.2.2 Aufschmelzverfahren

Bei diesem Verfahren werden Metallüberzüge durch Aufschmelzen aufgebracht.

6.2.2.1 Wischverbleien

Beim Wischverbleien wird Blei auf die mit Gasbrennern auf etwa 340 °C vorgewärmte Oberfläche des zu überziehenden Gutes gegeben und das geschmolzene

Blei durch Wischen z. B. mit Asbestwolle unter Zugabe von Zinkammoniumchlorid als Flußmittel gleichmäßig verteilt. Es können nur verhältnismäßig dünne Überzüge mit Schichtdicken bis zu etwa 40 µm aufgebracht werden. Damit ist auch nur ein begrenzter Korrosionsschutz gegen den Angriff z. B. durch die Atmosphäre, saure Gase sowie Kondenswasser gegeben.

Durch Wischverbleien können wie auch durch Wischverzinnen außer Stahl auch Grauguß, Kupfer und Buntmetalle überzogen werden.

6.2.2.2 Wischverzinnen

Beim Wischverzinnen wird die Oberfläche des zu überziehenden Gutes mit Gasbrennern auf etwa 275 °C erwärmt, das Zinn flüssig, als Verzinnungspaste oder als Streuzinn aufgebracht und unter Zugabe von Zinkchlorid als Flußmittel auf der Oberfläche verwischt. Die Dicke der recht gut schützenden Überzüge liegt zwischen etwa 8 und 40 µm.

6.2.2.3 Homogenverbleien

Das Homogenverbleien ist auch heute noch insbesondere im Chemie-Apparatebau eine viel verwendete Korrosionsschutzmaßnahme, zumal Reparaturen einfach durchzuführen sind. Auf die zuvor verzinnten Oberflächen werden mittels reduzierender Flamme durch tropfenförmiges Aufschmelzen eine bis drei Lagen Blei mit einer Gesamtüberzugsdicke von 3 bis 8 mm aufgebracht. Je nach der korrosiven Beanspruchung können für das Homogenverbleien Feinblei oder Bleilegierungen, z. B. Kupferfeinblei oder Hartblei, verwendet werden. Neben der von Hand durchgeführten Homogenverbleiung hat sich heute die maschinelle Homogenverbleiung durchgesetzt.

Der Korrosionsschutz der durch Homogenverbleiung aufgebrachten Überzüge reicht von der Beanspruchung durch Schwefelsäure bis zur Korrosion an der Atmosphäre.

6.2.3 Elektrolytisch (galvanisch) aufgebrachte Überzüge

Dieses Überzugsverfahren wird auch als Elektroplatieren bezeichnet.

Aufbringen elektrolytischer Überzüge durch kathodisches Abscheiden des Überzugsmetalles aus einer Lösung seiner Salze ist eine der bedeutendsten und vielseitigsten Aufbringungsarten von Metallüberzügen. Heute lassen sich durch dieses Verfahren etwa 30 Metalle aufbringen. Es kann auch bei solchen Überzugs-

metallen angewendet werden, die nach dem Schmelztauchverfahren nicht
aufgebracht werden können. Die Schichtdicken liegen im allgemeinen unter
20 μm und damit auch meist unter denen von Schmelztauchüberzügen. Bei
einigen Metallen (Beispiel: Zink) sind auch dickschichtige Überzüge möglich.

Manchmal neigen dickschichtige, elektrolytisch aufgebrachte Überzüge zum
Abschälen, wobei der gleichzeitig mit dem Überzugsmetall kathodisch abgeschiedene Wasserstoff einen Einfluß haben kann.

Die Korrosionsschutzeigenschaften elektrolytisch aufgebrachter Überzüge
hängen ab von

— den Eigenschaften des Überzugsmetalles;
— Porenfreiheit;
— Dicke des Überzuges;
— Angriffsbedingungen.

Für weitergehende Porenfreiheit und gute Haftung sind Unterschichtungen mit
anderen Metallen oder mit Metallkombinationen sowie mehrstufige mechanische
Zwischenbehandlungen von Vorteil. Zu den wenigen Beispielen, bei denen nur
ein Metallüberzug aufgebracht wird, gehören elektrolytisches Verzinken und
Hartverchromen.

Innenüberzüge in Hohlkörpern und Rohren sind nur schwierig aufzutragen, da
eine Anode, die vorzugsweise aus dem Überzugsmetall besteht, in das Innere des
Hohlkörpers bzw. Rohres hineingebracht werden muß. Bei Rohren mit einem
zumeist kleinen Verhältnis Durchmesser/Länge reicht die Streuwirkung der
galvanischen Bäder nur wenig tief in das Rohrinnere hinein.

6.2.3.1 Elektrolytisches Verchromen

Um die Haftung und den Korrosionsschutz von Verchromungen zu verbessern,
wird Chrom (mikrorissige oder mikroporige Verchromung, Schichtdicke meist
0,5 bis 3 μm, manchmal als Doppelchromschicht aufgebracht) vornehmlich auf
Kupfer-, Kupfer-Nickel- oder Nickelschichten abgeschieden, Bild 6.6. Chromüberzüge neigen zur Makro-Rißnetzbildung. Die Risse entstehen durch Auflösung
der Eigenspannungen des Überzuges, verursacht durch eingelagerten Wasserstoff
(wegen der geringen Stromausbeute von Chromelektrolyten wird bei der Chromabscheidung viel Wasserstoff entwickelt).

Bei der Überzugskombination Chrom auf Nickel bleibt das mikrorissige Chrom
passiv, während Nickel im Rißgrund anodisch angegriffen wird. Es kommt zu
Korrosionsvorgängen, bei denen sich später der Chromüberzug über mit Rost
gefüllten Pusteln blasenartig abhebt.

Bild 6.6: Galvanisch aufgebrachter Mehrschicht-Überzug

Man kann die natürliche Neigung von Chromüberzügen zur Rißbildung in eine Mikrorissigkeit oder Mikroporigkeit (Bild 6.7) umwandeln. Eine mikrorissige Verchromung enthält 25 bis 80 Risse/mm, eine mikroporige Verchromung über 100 Poren/mm^2. Die Korrosion wird durch die geringere Breite der Risse im Chromüberzug und deren Verstopfung durch Korrosionsprodukte des Unterschichtungsmetalles gehemmt.

6.2.4 Stromlos (chemisch) aufgebrachte Überzüge

Für eine Reihe von Metallen gibt es technisch ausgereifte Verfahren, um sie stromlos als Überzüge aufzubringen. Die stromlosen Überzugsverfahren sind auch für Hohlkörper geeignet.

6.2.4.1 Zementationsverfahren

Das Verfahren beruht auf dem Austausch von in der Elektrolytlösung befindlichen edleren Metall-Ionen gegen in Lösung gehende Eisen-Ionen. Ein praktisch bedeutendes Beispiel ist die bei der Stahldrahtherstellung angewandte Zementverkupferung.

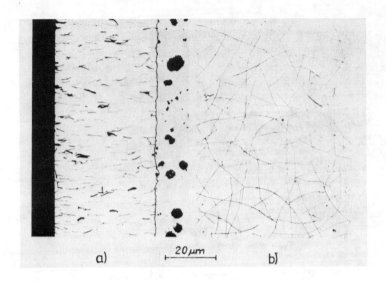

Bild 6.7: Mikroporiger (a) und mikrorissiger (b) Chromüberzug

Die durch Zementationsverfahren erhaltenen Überzüge sind nur wenige μm dick und nicht porenfrei. Die Korrosionsschutzwirkung ist gering, kann aber durch mechanisches Nachverdichten verbessert werden.

6.2.4.2 Reduktionsverfahren

Diese Verfahren beruhen auf der katalytischen chemischen Reduktion von Metallen in einer Lösung ihrer Salze durch starke Reduktionsmittel. Als Katalysator dient die Oberfläche des zu überziehenden Gutes. Auch nichtmetallische Werkstoffe wie Kunststoffe, Glas (Überzüge mit Silber zum Herstellen von Spiegeln) und Keramik, lassen sich nach diesem Verfahren mit metallischen Stoffen überziehen (Metallisieren), wenn zuvor eine sogenannte Leitschicht aufgebracht wird.

Als Reduktionsmittel werden hauptsächlich Natriumhypophosphit, NaH_2PO_2, und Natriumboranat, $NaBH_4$, verwendet.

Unabhängig von der Geometrie des zu überziehenden Gegenstandes lassen sich bei guter Gleichmäßigkeit der Schichtdicke porenarme oder porenfreie Überzüge sehr unterschiedlicher Schichtdicke erzeugen. Im Fall von Nickelüberzügen bestehen die abgeschiedenen Überzüge nicht aus Reinnickel, sondern je nach dem Reduktionsmittel aus NiP (Kanigen) oder NiB (Nibodur).

Läßt man der außenstromlosen Abscheidung eine Wärmebehandlung bei 600 bis 650 °C folgen, so kann die Korrosionsbeständigkeit der abgeschiedenen Schichten verbessert und deren Härte erhöht werden. Bei NiP-Schichten kann z. B. eine Härte von 1100 HV erreicht werden, was der Härte von Hartchrom gleichkommt. Bei den nach dem Nibodur-Verfahren aufgebrachten Überzügen kann durch galvanisches Aufbringen einer Hartchromschicht ein Überzug mit sehr guten Korrosions- und Verschleißschutzeigenschaften erzeugt werden. In einigen Fällen haben außenstromlos erzeugte Überzüge auch Eingang in den Chemie-Apparatebau gefunden.

Mit den genannten Reduktionsmitteln lassen sich auch Diffusionsüberzüge abscheiden, die nach einer Wärmebehandlung Härten von 1400 HV erreichen. Mit solchen Überzügen versehene Gußformen sowohl für Kunststoff als auch für Stahl erreichen sehr lange Standzeiten.

6.2.5 Durch Metallspritzen aufgebrachte Überzüge (thermisches Spritzen)

Metallspritzüberzüge können nach einer Vielzahl von Verfahren aufgebracht werden. Allen Verfahren gemeinsam ist das Aufschmelzen des Überzugsstoffes in der Wärmequelle der Spritzpistole (Autogen-, Lichtbogen- oder Plasmaspritzpistole) sowie das Zerstäuben, Auftreffen und Anhaften der Metalltropfen auf der entsprechend vorbehandelten Oberfläche des zu überziehenden Gutes.

Da durch Metallspritzen aufgebrachte Überzüge vorwiegend mechanisch haften, hängt ihre Haftfähigkeit stark von der physikalischen Beschaffenheit der Unterlage ab. Voraussetzung für eine gute Haftfähigkeit von durch Spritzen aufgebrachten Überzügen ist daher eine aufgerauhte und saubere (gestrahlte) Oberfläche. Der zeitliche Abstand zwischen Strahlen und Metallspritzen sollte möglichst kurz sein, damit nicht erneut Flugrostschichten auf dem Stahl gebildet werden.

Verfahrensbedingt sind Porosität und Inhomogenitäten (oxidische Einflüsse). Daher werden meist dickschichtige Überzüge aufgebracht, beim Spritzverzinken z. B. Überzüge mit einer Dicke von 150 bis 200 μm. Die natürliche Porosität ist im Hinblick auf die Haftung nachfolgend aufgebrachter organischer Beschichtungen und die Schmiermittelhaftung bei verschleißbeanspruchten Oberflächen vorteilhaft. Die thermischen Spritzüberzüge können jedoch auch mechanisch nachverdichtet oder die Poren mit einem Porenverschluß (Sealer) meist auf Kunststoffbasis verschlossen werden.

Das Duplex-System „Verzinkung + organische Beschichtung" ist ein hochwertiger Korrosionsschutz gegen den Angriff durch korrosive Industrieatmosphären. Aluminium, das als Metallüberzug im wesentlichen nur zum Schutz gegen atmosphärische Korrosion dient, wird meist als Metallspritzüberzug (Schichtdicke etwa 150 μm) aufgetragen.

6.2.5.1 Flamm-Drahtspritzen

Beim Flamm-Drahtspritzen wird das Überzugsmetall der Wärmequelle als Draht zugeführt. In der Flamme der Wärmequelle werden Temperaturen zwischen 1550 (Stadtgas) und 3100 °C (Acetylen, C_2H_2) erreicht. Durch eine Nachverdichtung bei 1100 °C kann der Porositätsgrad bis auf etwa 15 % vermindert werden.

6.2.5.2 Flamm-Pulverspritzen

Das Pulverspritzen hat Bedeutung für Metalle und für einige nichtmetallische Stoffe, die sich nicht in Drahtform überführen lassen. Je nach Arbeitsgas werden in der Wärmequelle Temperaturen bis 4600 °C erreicht. Der Porositätsgrad nach dem Nachverdichten beträgt etwa 15 %.

6.2.5.3 Flammschockspritzen (Detonationsspritzen)

Dieses Verfahren wird erst in letzter Zeit angewendet. In der Flamme entstehen Temperaturen bis 3000 °C, jedoch wird das zu überziehende Teil nicht wärmer als 150 °C. Das Verfahren arbeitet diskontinuierlich. Die das Überzugsgut überführende Detonationswelle erreicht mit etwa 3000 m/s mehrfache Schallgeschwindigkeit. Die Dicken der Überzüge liegen zwischen 30 und 500 μm, ihr Porositätsgrad beträgt 0,5 bis 1 %.

6.2.5.4 Drahtexplosionsspritzen

Bei diesem Verfahren handelt es sich um eine Sonderanwendung des Flamm-Drahtspritzens. Durch explodierende Drähte werden gut haftende und dichte Überzüge erzeugt. Das Überzugsmetall trifft als überhitzte Schmelze oder dampfförmig auf die zu überziehende Oberfläche auf. Die zum Explodieren erforderliche Energie wird dem Draht durch Kondensatorentladungen zugeführt.

6.2.5.5 Lichtbogenspritzen

Beim Lichtbogenspritzen werden im Lichtbogen Temperaturen um etwa 6000 °C erreicht. Der Porositätsgrad von nach diesem Verfahren aufgebrachten Überzügen liegt bei 15 %.

6.2.5.6 Plasmaspritzen

Die Temperaturen in der Plasmaflamme betragen bis 20 000 °C. Überzüge werden an Luft, im Vakuum sowie mit besonders hoher Geschwindigkeit (Hochgeschwindigkeits-Plasmaspritzen) aufgebracht. Im Vakuum ist wegen des geringen Oxidanteils die Überzugsdichte größer als beim Spritzen an Luft.

6.2.6 Diffusionsüberzüge

Überzüge durch Diffusion werden aufgebracht, indem man das Überzugsmetall und den zu überziehenden Gegenstand in einem Behälter zusammenbringt und erwärmt. Dadurch findet durch Diffusion eine Legierungsbildung zwischen Grundmetall und Überzugsmetall statt.

6.2.6.1 Sherardisieren

Das zu überziehende Gut wird in Zinkpulver mit Zusatz indifferenter Füllstoffe (z. B. Sand) bei Temperaturen nahe unterhalb des Schmelzpunktes von Zink (419 °C) einige Stunden bewegt, z. B. im Drehofen, wobei eine Schutzgasatmosphäre vorteilhaft ist. Durch den hohen Dampfdruck von Zink wird eine körnige, mattgraue, eisenreiche zinkmetallische Oberflächenphase (Schichtdicke etwa 50 µm) mit guten Korrosionsschutzeigenschaften gebildet. Die Schichtdicke hängt von der Temperatur und Reaktionszeit ab. Die verhältnismäßig rauhe Oberfläche erleichtert die Haftung nachfolgend aufgebrachter organischer Beschichtungen.

6.2.6.2 Alitieren (Veraluminieren, Pulveralitieren, Alumetieren, Kalorisieren)

Das zu überziehende Gut wird in eine Mischung aus Aluminiumpulver, Aluminiumoxid, Al_2O_3, und Ammoniumchlorid, NH_4Cl, eingebettet und bei 900 °C geglüht. Das Einsatzmittel NH_4Cl zersetzt sich dabei in Wasserstoff, H_2, Stickstoff, N_2, und Salzsäure, HCl. Letztere reagiert mit Aluminium unter Bildung von Aluminiumchlorid, $AlCl_3$. Dieses wird an der Stahloberfläche zersetzt, das entstandene Aluminium diffundiert in den Stahl ein. Dadurch entstehen aluminiumreiche Diffusionsschichten, die insbesondere aus $FeAl_3$ und Fe_2Al_5 bestehen.

Gleichartige Diffusionsschichten entstehen auch durch Wärmebehandlung zwischen 650 und 850 °C aus Aluminiumspritz- oder Schmelztauchüberzügen.

6.2.6.3 Inchromieren

Der Stahl wird Dämpfen von Chrom(II)-chlorid bei Temperaturen um 1000 °C ausgesetzt. Während der mehrstündigen Reaktionszeit erfolgt ein Kationenaustausch von Eisen gegen Chrom. Das gebildete Eisen(II)-chlorid ist flüchtig, Chrom reichert sich in der Oberflächenzone an. Der Chromgehalt erreicht im Oberflächenbereich 30 bis 40 Massen-%, die Diffusionstiefe ist etwa 150 μm. Durch Inchromieren erzeugte Schichten haben eine ausgezeichnete Korrosionsschutzwirkung.

Kohlenstoff stört die Chromdiffusion durch Bildung chromreicher Carbide der Art M_3C, M_7C_3 und $M_{23}C_6$. „Inchromierungsstähle" haben daher einen niedrigen Kohlenstoffgehalt, als Carbidbildner wird Titan zulegiert.

6.2.7 Aufdampfen

Auch durch Aufdampfen lassen sich Metallüberzüge mit guten Korrosionsschutz- und besonders guten Verschleißschutzeigenschaften herstellen.

6.2.7.1 Physikalische (PVD-)Verfahren

Bei den PVD-Verfahren wird das Überzugsmetall im Vakuum verdampft und kondensiert auf dem zu überziehenden Gut. Es können dichte, gut haftende Überzüge mit einer Dicke von etwa 10 μm erzeugt werden.

6.2.7.2 Chemische (CVD-)Verfahren

Bei diesem Verfahren reagieren gasförmige chemische Verbindungen des Überzugsmetalles mit der Festkörperoberfläche des zu überziehenden aufgeheizten Gutes, die die Zersetzung der gasförmigen Verbindung katalysiert. Das Überzugsmetall schlägt sich hierbei in fester Form nieder.

Vorwiegend werden heute die Reaktionsarten Zersetzung und Chemosynthese angewendet. Allgemein gilt, daß die Temperatur des zu überziehenden Gutes über der Gastemperatur liegen muß, andererseits darf aber das Gas nicht auf Zersetzungstemperatur erwärmt werden. Es lassen sich Überzüge mit Dicken bis zu 100 μm erzeugen. Im Chemie-Apparatebau auf diese Weise aufgebrachte Tantalüberzüge mit 25 μm Dicke haben sich schon unter Säurebelastung über eine längere Zeitdauer bewährt.

6.2.8 Metallüberzüge durch Plattieren (2)

Eine Plattierung ist eine bei normaler Beanspruchung nicht trennbare, durch erhöhte Temperatur oder Druck oder beides erzeugte Vereinigung zweier oder mehrerer verhältnismäßig dicker Metallschichten, wobei jede Schicht einen Teil der an das Bauteil insgesamt zu stellenden Anforderungen erfüllt.

Beim Walzplattieren werden die zu vereinenden Metalle durch gemeinsames Auswalzen (meist bei erhöhter Temperatur: Warmaufwalzen bzw. Warmverpressen) zusammengefügt. Beim Schweißplattieren trägt man die Plattierungsauflage durch Schmelzschweißen auf, während beim Sprengplattieren die Vereinigung durch eine beim Explodieren einer Sprengladung auftretende Druckwelle, die sich über die Oberfläche des Plattierungswerkstoffes ausbreitet, erfolgt.

Je nach angwendetem Verfahren werden die Auflagewerkstoffe mit dem Grundwerkstoff durch rein mechanische Verzahnung oder durch gegenseitige Diffusion miteinander verbunden. Dabei können einseitige und doppelseitige Plattierungen, auch mit unterschiedlichen Auflagewerkstoffen, hergestellt werden.

Ein wesentlicher Vorteil von Plattierungen besteht darin, daß die aufgebrachten Schichten porenfrei sind und in nahezu jeder beliebigen Dicke hergestellt werden können. Ferner können weiche oder nicht genügend feste oder teure Metalle, z. B. Aluminium oder Silber, durch Plattierungsverfahren u. a. für die Auskleidung von Reaktionsbehältern der chemischen Industrie verwendet werden.

Besondere Bedeutung hat das Aufbringen von Überzügen aus hochlegierten, nichtrostenden oder säurebeständigen Stählen auf unlegierten oder niedriglegierten Stählen nach den o. g. Plattierungsverfahren. Sofern der Überzug in der Wärme aufgebracht wird ist darauf zu achten, daß der nichtrostende Stahl nicht durch Diffusion von Kohlenstoff aus dem unlegierten Stahl so weit aufkohlt, daß er für interkristalline Korrosion anfällig wird. Bei Verfahrensfehlern kann dies bereits nach dem Plattieren oder nach anschließendem Schweißen der Fall sein. Beim Walz- oder Schweißplattieren kann eine zur Sensibilisierung führende Aufkohlung des nichtrostenden Stahles durch Wahl niedriggekohlter, vorzugsweise aber stabilisierter Auflagewerkstoffe vermieden werden.

6.3 Besondere korrosionschemische Gesichtspunkte bei der Beurteilung metallischer Überzüge

Metallische Überzüge können aus Metallen bestehen, die in Wässern (hierunter rechnen auch die sich in der Atmosphäre auf der Metalloberfläche ausbildenden sehr dünnen Elektrolytfilme, die elektrochemische Korrosionsreaktionen ermöglichen) ein negativeres oder positiveres Ruhepotential als Stahl haben, d. h. sie können unedler (Zink, Aluminium) oder edler (Nickel, Kupfer, Chrom, Zinn) als Stahl sein.

Überzüge mit edleren Metallen sind kritisch zu bewerten. Sie schützen nur, wenn der Überzug völlig porenfrei ist. Beim Entstehen einer Pore bildet sich ein galvanisches Element mit dem Stahl als Anode und dem Überzug als Kathode. An den Poren korrodiert der Stahl mit einer höheren Geschwindigkeit, als wenn er völlig ungeschützt wäre. Wegen des ungünstigen Flächenverhältnisses zwischen (anodischer) Pore und großflächigem (kathodischem) Überzug können die Korrosionsgeschwindigkeiten des Stahles in Poren und an Verletzungen sehr hoch sein.

Bei Überzügen mit unedleren Metallen ist die Ausbildung von Deckschichten aus Korrosionsprodukten in einer Reaktion zwischen dem Überzugsmetall und den Umgebungsmedien (Atmosphärilien, natürliche Wässer) unerläßlich. Diese Deckschichten übernehmen den eigentlichen Korrosionsschutz.

Das Zusammenwirken zweier verschiedener Metalle verlangt in besonderer Weise Rücksichtnahme auf elektrochemische Gesetzmäßigkeiten.

Zink als Überzugsmetall nimmt bei diesen Betrachtungen eine gewisse Sonderstellung ein. Es bildet Deckschichten und greift wegen seiner elektrochemischen Eigenschaften aktiv in die Korrosionsreaktionen ein, indem es den Stahl an Verletzungen kathodisch schützt. Die ausgezeichnete Korrosionsschutzwirkung von Zinküberzügen auf Stahl beruht auf diesen beiden besonderen Eigenarten, nämlich der Kombination von aktivem elektrochemischen Korrosionsschutz und passivem Korrosionsschutz. Bei zunehmender Abdeckung der Zink- und Stahloberflächen mit Deckschichten aus Reaktionsprodukten verliert jedoch im Fall von Zinküberzügen der aktive, kathodische Korrosionsschutz zunehmend an Bedeutung.

Anmerkungen

(1) DIN 50930 Teil 3: Korrosion der Metalle; Korrosionsverhalten von metallischen Werkstoffen gegenüber Wasser; Beurteilungsmaßstäbe für feuerverzinkte Eisenwerkstoffe. Ausgabe Dez. 1980.
(2) Plating (engl.): Metallüberzüge schlechthin.
Elektroplattieren (dt.): Abscheiden von Metallüberzügen aus Elektrolytlösungen auf kathodisch geschalteten Gegenständen. Hierfür sollen die Ausdrücke Plattieren oder Galvanisieren nicht angewendet werden.

Prof. Dr. rer nat. Hubert Gräfen

7
Korrosionsschutz durch anorganische und organische Beschichtungen und Auskleidungen

7.1 Glasemail und Glaskeramik

7.1.1 Glasemail[1−4]

Unter Email versteht man allgemein einen Glasfluß von anorganischer, oxidischer Zusammensetzung auf metallischer Unterlage und zwar in einer oder in mehreren Schichten aufgeschmolzen. Der Anwendungsbereich dieser Werkstoffkombination ist groß, er reicht von Haushaltsgeräten, wie z. B. Kochtöpfe, Waschmaschinen und Herde über Schilder und Fassadenplatten bis hin zum Tank- und Apparatebau. Die beim letztgenannten Anwendungsgebiet zum Schutz vor Korrosion benutzten sogenannten Chemie-Email-Qualitäten nehmen aber innerhalb dieser allgemein gültigen Definition noch eine Sonderstellung ein, denn zur Erreichung der dort geforderten hohen chemischen Beständigkeit entsprechen sie praktisch hochwertigen Silikatgläsern und sind daher mit Laborgerätegläsern zu vergleichen. Sie werden praktisch nur auf Stahl aufgeschmolzen, da dies der Werkstoff der tragenden Konstruktionen ist. Über ein geeignetes Grundemail lassen sich diese Silikatgläser in eine außerordentlich feste Bindung ($>$ 100 N/mm^2) mit dem Stahl bringen. Bild 7.1 gibt die beim Einbrennen entstehende Verbindungszone Stahl/Grundemail wieder. Die heraus ersichtliche heftige Reaktion zeigt an, daß diese Bindung überwiegend chemischer Natur ist. Sie übersteigt die Zugfestigkeit des Verbund-Partners Glas und bildet die Grundvoraussetzung für eine Reihe von physikalischen Eigenschaften, die es erlauben, die chemischen Vorzüge des Glases in den verschiedensten Dimensionen und unter thermischen und mechanischen Bedingungen auszunutzen, was für den Werkstoff Glas in selbsttragender Form niemals möglich wäre. Einige Werkstoffkenndaten von Chemie-Apparate-Emails sind in der Tabelle 7.1 aufgeführt.

Die Glasschichtdicken einschließlich der Grundemailschicht bewegen sich je nach Apparat- und Oberflächenform zwischen 0,8 und 2 mm. Kontakt- und Schwachstellen in der Emailschicht werden mittels Hochspannungsprüfung ermittelt und gegebenenfalls mittels Ta-Schraubstopfen verschlossen.

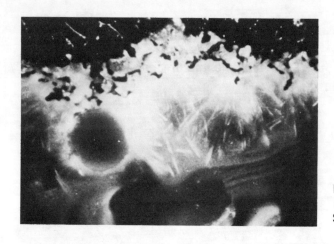

Bild 7.1:
Reaktionszone
Stahl/Grundemail

Es liegt in der Natur kieselsäurereicher Gläser, daß sie sich durch eine hervorragende Säurebeständigkeit auszeichnen. Die Anwendungsgrenztemperaturen liegen in sauren Lösungen deshalb durchweg höher als die Siedepunkte. Das Bild 7.2 enthält eine Übersicht über die Beständigkeit handelsüblicher Chemie-Email-Qualitäten in Säuren.

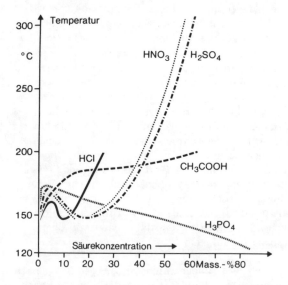

Bild 7.2:
Iso-Korrosionskurven
(0,1 mm/Jahr) für
Chemie-Email
(nach Pfaudler-Werke AG)

Eine gewisse Anomalie ist bei der Phosphorsäure zu beachten, denn dort fällt mit steigender Konzentration die Beständigkeit etwas ab, was der glasaufschließenden Wirkung des Phosphorsäure-Anhydrits zugeschrieben wird.

Tabelle 7.1: Werkstoffdaten von Chemieapparateemail

		Email	Kesselblech
Haftfestigkeit Stahl/Email	(N/mm^2)	100	
Haftfestigkeit Gußeisen/Email	(N/mm^2)	10	
Druckfestigkeit	(N/mm^2)	800–1000	2000 (60 % Stauchung)
Zugfestigkeit	(N/mm^2)	70–90	400
Ausdehnungskoeffizient 20–400°	(°C^{-1})	80–95 × 10^{-7}	135 × 10^{-7}
Druckvorspannung	(N/mm^2)	130	
Elastizitätsmodul	(N/mm^2)	70 000	210 000
Härte nach Vickers	(N/mm^2)	6000	1100
Bruchdehnung	(%)	0,15–0,3	25
Streckgrenze	(N/mm^2)		200
Schlagfestigkeit (Kugel ϕ 15 mm)	(J)	4–5	–
Wärmeleitzahl	(kcal/mh°C)	0,8	45
Spez. Wärme (10–100 °C)	(kcal/kg°C)	0,2	0,11
Spez. elektr. Widerstand	($\Omega \cdot$ cm)	10^{12}–10^{14}	0,002
Elektr. Durchschlagfestigkeit (Raumtemperatur)	(kV/mm)	20–30	–
Dichte	(g/cm^3)	2,5	7,8
Erweichungstemperatur	(°C)	790	
Schmelztemperatur	(°C)	960	1510
Emaildicke	(mm)	1–2	

Es liegt ebenso in der Natur des Glases, daß es gegenüber alkalischen Lösungen eine geringere Beständigkeit aufweist. Bild 7.3, das einige Beständigkeitskurven für Alkalien enthält, läßt deutlich erkennen, daß mit steigendem pH-Wert die Einsatztemperaturen stark absinken. Dies gilt insbesondere auch für Alkalikarbonate.

Die für die Anwendung zu beachtenden Nachteile der Glasmails sind mechanischer Natur. An erster Stelle zu nennen ist ihr Sprödverhalten, wodurch eine relativ hohe Schlagempfindlichkeit vorliegt, die mit Abstand die häufigste

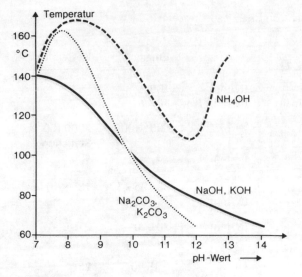

Bild 7.3:
Iso-Korrosionskurven
(0,1 mm/Jahr) für
Chemie-Email
(nach Pfaudler-
Werke AG)

Ursache für beim Betreiber auftretende Schäden ist. Die Sprödigkeit erfordert, daß in der Glasschicht eines emaillierten Stahlapparates während des Betriebes keine Zugspannungen auftreten dürfen. Deswegen ist für die Beanspruchbarkeit eines Apparates, z. B. durch Innendruck, die Höhe der Druckvorspannungen im Email von ausschlaggebender Bedeutung. Wegen des unterschiedlichen Ausdehnungsverhaltens von Email und Stahl wird beim Abkühlen von der Brenntemperatur unterhalb des Transformationspunktes eine Druckvorspannung im Email aufgebaut, wie dies anhand der Dilatormeterkurve in Bild 7.4 schematisch dargestellt ist.

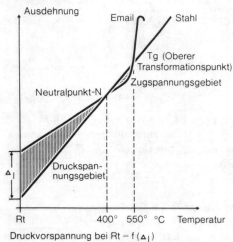

Bild 7.4:
Ausdehnungsverhalten von Stahl
und Email
(nach Pfaudler-Werke AG)

Eine Bestimmung solcher Druckvorspannungen mit Hilfe spannungsoptischer Messungen ergab, daß diese bei RT zwischen 120 und 140 N/mm² liegen. Bei innenbeanspruchten Apparaten darf die mechanische Beanspruchung nur so hoch sein, daß lediglich der Druckspannungsbereich des Emails ausgenutzt wird. Die Betriebsbeanspruchung ist daher so zu begrenzen, daß eine Überschreitung der Fließgrenze des Stahls nicht auftreten kann. Es ist auch zu beachten, daß ein durch An- und Abfahrvorgänge bedingter Thermoschock, insbesondere eine schroffe Abschreckung auf der Emailseite beim Einfüllen kalter Produkte, nicht zu Zugbeanspruchungen in der Emailschicht führen darf. Falls Thermoschock und Innendruck gleichzeitig auftreten und die Druckvorspannung des Emails abbauen, sind die zulässigen Temperaturgradienten erheblich geringer.

Email hat sich auch beim Einsatz für Polymerisationsbehälter sehr bewährt, weil es neben der chemischen Beständigkeit auch eine sehr geringe Adhäsion besitzt. Die sogenannte Feuerpolitur der oberen Emailschicht verhindert ein Anbacken von Polymerisat und zwar umso nachhaltiger, je länger und besser dieser Oberflächenzustand erhalten bleibt, was wegen der hohen Beständigkeit des Emails über einen sehr langen Zeitraum der Fall ist.

Bild 7.5 zeigt verschiedene Werkstoffproben nach dem Ausbau aus einem Polymerisationskessel. Während die Emailproben ganz oben und oben links keinen Ansatz zeigen, besitzen die Proben aus Kohlenstoff-Stahl, nichtrostenden Stählen, Teflon und Blei starke Anbackungen.

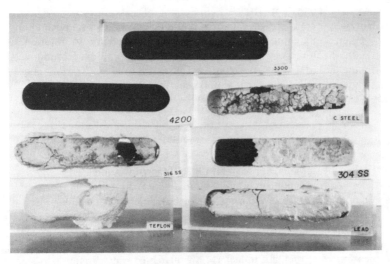

Bild 7.5: Verhalten verschiedener Werkstoffproben in einem Polymerisationskessel

Kunststoffe sind Massengüter, deshalb sind große Produktionseinheiten notwendig; die derzeit maximal erreichbare Größe emaillierter Poly-Kessel ist beachtlich, sie liegt bei 100 m^3 Inhalt.

Die besonderen chemischen und elektrischen Eigenschaften von Email erfordern in emaillierten Anlagen einerseits spezielle Einrichtungen zur Erfassung von Meßdaten, um mit ihrer Hilfe Produktionsprozesse regeln zu können, andererseits wird die Entwicklung solcher Meßwertgeber durch die Emaileigenschaften aber auch ermöglicht[5]. Zur Temperaturmessung dienen an Thermofühler oder Stromstörer einemaillierte Thermoelemente oder eingeschmolzene Pt-Widerstandsbänder. Darüber hinaus stehen Meßsonderserien zur Messung der Konzentration von Produkten zur Verfügung und zwar über deren elektrische Leitfähigkeit und Dielektrizitätskonstante. Ferner wurden vollemaillierte zweiteilige, d. h. aus zwei Halbzellen bestehende pH-Meßsonden entwickelt, deren Außenmeßelektrode (Pt/Glasemail) mit der in einem Innenrohr befindlichen Bezugselektrode baugleich ist. Der Raum zwischen Außenrohr und Innenrohr ist mit einer Bezugsflüssigkeit gefüllt. Ein Schliffdiaphragma am unteren Ende der beiden Rohre sorgt für die notwendige Flüssigkeitsverbindung zwischen Meß- und Bezugsflüssigkeit.

Außerdem kann mit Hilfe eines Strommeßverfahrens ein emaillierter Behälter auf Emailbeschädigungen, undichte Ta-Stopfen und Leckagen an Dichtungen überwacht werden. Die hierzu entwickelte Prüfelektrode ist in die Behälterflüssigkeit eingetaucht. Bei Kontakt zwischen Stahl und Behälterflüssigkeit, d. h. wenn ein Schaden vorgenannter Art auftritt, wird ein Stromkreis geschlossen und Alarm ausgelöst. Ein besonders wichtiges Merkmal dieser Sonde ist, daß sie auch dann eingesetzt werden kann, wenn Ta-Ausbesserungen an der Behälterwand schon vorgenommen wurden. Durch die anodische Passivierung (Deckschichtbildung) verliert das Ta seine elektrische Leitfähigkeit und gibt damit keinen Kontakt über die Behälterflüssigkeit. Die anodische Polung des Ta schützt dieses auch vor Wasserstoffversprödung.

7.1.2 Glaskeramik[6-8]

Die Nachteile der Glasemails, Sprödigkeit und Schlagempfindlichkeit, haben schon von jeher zu Überlegungen und Arbeiten geführt, diese Handikaps zu beseitigen oder wenigstens zu mildern. Das Ergebnis solcher Forschungen ist ein neuartiger Werkstoff, eine Glaskeramik, die durch gesteuerte Kristallisation von thermodynamisch instabilen Gläsern erhalten wird und die sich gegenüber Email durch günstigere mechanische und thermische Eigenschaften auszeichnet. Sie wird wie Email auf unlegierte Kesselstähle unter Verwendung eines üblichen Grundemails aufgeschmolzen. Dem Emaillierprozeß nachgeschaltet ist eine Wärmebehandlung zur Entwicklung von Kristallkeimen

— hierzu werden der verwendeten Fritte Edelmetallhalogenide als Keimbilder zugesetzt — und kontrollierter Entglasung, wobei eine ca. 50 %ige Kristallkonzentration in der Glasmatrix entsteht. Bild 7.6 zeigt das Aussehen einer solchen Schicht in polarisiertem Licht. Mehrere Emaillierfirmen haben auf dieser Basis Verbundwerkstoffe mit verschiedenen Handelsnamen entwickelt (z. B. Nucerite® der Fa. Pfaudler AG und Crystail® der Fa. Eisenwerke Schwelm). Die weiteren Ausführungen beziehen sich im wesentlichen auf den Keramik-Metall-Verbundwerkstoff der Fa. Pfaudler AG, da hierüber entsprechende Daten veröffentlicht wurden.

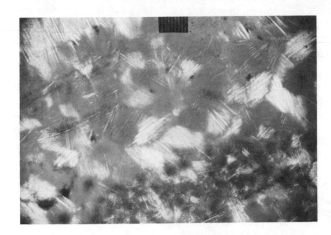

Bild 7.6:
Gefüge von kristallisiertem Email

Die chemische Beständigkeit solcher keramischer Schichten ist nach mehrjährigen Entwicklungsarbeiten mit derjenigen von bewährten Glasemails vergleichbar. Darüber hinaus kann durch anschließendes Aufbringen eines glasstabilen Emails eine weitere Verbesserung erreicht werden, da die Unterlage jetzt nicht mehr das übliche glasige Grundemail ist, sondern eine hitzefeste Keramikschicht, kann nämlich zum Überemaillieren ein hartes und chemisch sehr beständiges Glas benutzt werden. Der übliche Dickenaufbau eines solchen Schichtsystems ist folgender:

0,5 mm Grundemail
0,8 mm Glaskeramik
0,3 mm Glasemail
Die gesamte Schichtdicke beträgt also etwa 1,5 mm.

Der Verbundwerkstoff verfügt über all die Eigenschaften, die vom emaillierten Stahl her bekannt sind, besitzt aber darüber hinaus erheblich günstigere mechanische und thermische Eigenschaften, insbesondere eine wesentlich verbesserte Schlagfestigkeit, sie beträgt etwa das Vierfache einer üblichen Glasemailschicht. Ein Vergleich der Dilatometerkurven, aufgenommen am noch nicht kristallisierten Glasemail und im kristallinen Zustand, machte die eingetretenen Veränderungen besonders augenfällig (Bild 7.7). Es erhöht sich der Druckerweichungspunkt beträchtlich, was eine wesentlich höhere thermische Einsatzfähigkeit bedeutet. Da einmal der Ausdehnungskoeffizient infolge der Kristallisation verringert wird und zum anderen die Übertragung der äußeren Kräfte schon beim Kristallisationspunkt beginnt, wird der Überzug erheblich höher gestaucht als beim Glasemail, was im Zusammenhang mit dem höheren Elastizitätsmodul von Keramikstoffen zu erheblich höheren Druckvorspannungen führt. Hierauf und auf die höhere Festigkeit der Glaskeramik sowie auf seine polimorphe Struktur, beruhen sein verbessertes Verhalten bei schroffer Abkühlung (Thermoschock) und die hohe Schlagfestigkeit (vgl. Bild 7.8). Ein Vergleich der Werkstoffkenndaten von Chemie-Apparate-Emails und von Glaskeramik kann der Tabelle 7.2 entnommen werden.

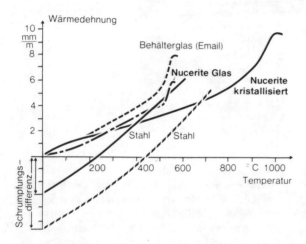

Bild 7.7:
Wärmeausdehnungskurven eines kristallisierenden Emails
(nach Pfaudler-Werke AG)

Wie zu erwarten ist, zeigt sich Keramikemail ganz erheblich verschleißfester als herkömmliches Glasemail bei harten Verschleißbedingungen, z. B. bei Beaufschlagung durch Korund. Abriebversuche mit weichen Materialien (z. B. Aminoanthrachinon) sehen dagegen die glatte Glasschicht im Vorteil, Bild 7.9. Das durch die Kristallisation gegenüber dem glasigen Zustand gesteigerte Wärmeleitvermögen ist für die Beheizung und Abkühlung von Apparaten nützlich.

Tabelle 7.2: Werkstoffkenndaten von Glasemail und Keramikemail für chemische Apparate

		Chemieapparate-Email	Keramik-Email (Nucerite)
Dichte	(g/cm^3)	2,5	2,3 - 2,5
Ausdehnungskoeffizient (20-400 °C)·10^7	(°C^{-1})	80 - 95	60 - 90
Elastizitätsmodul	(N/mm^2)	80000	160000
Zugfestigkeit	(N/mm^2)	80	120
Erweichungstemperatur	(°C)	570	650
Relative Dielektrizitätskonstante		5 - 8	5 - 8
Spezif. Widerstand bei Raumtemp.	(·cm)	$10^{12} - 10^{14}$	$10^{12} - 10^{14}$
Spezif. Widerstand bei 300 °C	(·cm)	107	107
Elektr. Durchschlagsfestigkeit bei Raumtemp.	(kV/mm)	25	25
Wärmeleitzahl	(W/mK)	1,2	1,5

 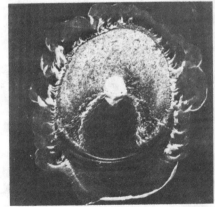

Bild 7.8: Schlagfestigkeit von Glaskeramik und Glasemail (nach Pfaudler-Werke AG)

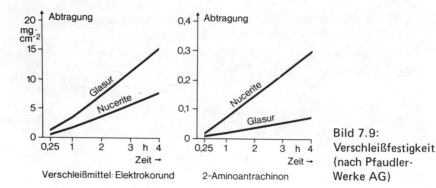

Bild 7.9:
Verschleißfestigkeit
(nach Pfaudler-
Werke AG)

7.2 Organische Beschichtungen [9–11]

Unter dem Begriff „Beschichten" versteht man das Aufbringen einer oder mehrerer gut haftender Gummi- oder Kunststoffschutzschichten auf metallischen und nichtmetallischen Werkstoffen. Eine Beschichtung dient vorzugsweise dem Korrosionsschutz, seltender der Dekoration.

Zu den wichtigsten Gruppen organ. Werkstoffe, die als Schutzschichten infrage kommen, gehören Thermoplaste, Elaste und Duromere. Sie finden in Form von Lacken, Wirbelsintermassen, Auskleidungsfolien, faserverstärkten Harzen und Spachtelmassen verbreitete Anwendung.

Die Schutzwirkung einer Beschichtung ist abhängig vom Bindemittel bzw. Plasttyp ebenso wie von Alterungsschutzmitteln und UV-Stabilisatoren, aber auch von den verwendeten Füllstoffen und Pigmenten.

7.2.1 Wahl der Überzugswerkstoffe und Aufbringungsverfahren

Die Wahl der richtigen Auskleidung und des geeigneten Überzuges erfolgt unter Beachtung der erforderlichen Korrosionsbeständigkeit, notwendigen Betriebssicherheit, Beherrschung der Ausführung bzw. Aufbringung sowie nach wirtschaftlichen Gesichtspunkten.

Da die Funktionstüchtigkeit des gewählten Überzugsstoffes wesentlich von der Kenntnis seines Funktionsverhaltens und seiner Verarbeitung abhängt, empfiehlt es sich für den Auftraggeber, bei der Festlegung der Schutzmaßnahme und ihrer Ausführung mit Spezialfirmen zusammenzuarbeiten.

Tabelle 7.3: Werkstoffe zur Herstellung organischer hochpolymerer Überzüge

Flüssige Beschichtungswerkstoffe	Flüssige oder pastöse härtbare Beschichtungswerkstoffe	Thermoplastische Folien	Bahnen aus natürlichem und synthetischem Kautschuk	Aus Pulvern oder Dispersionen hergestellte Aufschmelzschichten
0,2...0,3 mm	1 mm	0,8...4 mm	3...5 mm	0,25...0,6 mm
WÄRMEHÄRTENDE SYSTEME	UNGESÄTTIGTE POLYESTERHARZE UP	POLYVINYLCHLORID PVC	Naturgummi NR	Polyvinylchlorid PVC
Phenolformaldehydharze	Faserverstärkung Glas, Asbest	PVC-h	Polyisopren IR	Celluloseacetobutyrat CAB
Epoxidharze	Füllstoffe	PVC-w	Polybutadien BR	Polyethylen-weich PE-ND
Silikonharze		PVC-schlagzäh	Acrylnitril-Butadien-Copolymere NBR	Polyamid PA
Styrol-Butadien-Mischpolymerisate	Quarzmehl	POLYISOBUTYLEN PIB	Styrol-Butadien-Copolymere SBR	PA 11, PA 12
	EPOXIDHARZE EP	POLYETHYLEN PE		Epoxidharz EP
KALTHÄRTENDE SYSTEME	Füllstoffe Schiefermehl, Quarzmehl, SIC	Einschichtfolie mit GF kaschiert Zweischichtfolie PE/PIB, PE/Gummi	Polychlorbutadien CR Isobutylen-Isopren-Copolymere IIR Chlorsulfoniertes PE CSM	Polytetrafluorethylen PTFR verseifte Ethylen-Vinylacetat-Copolymere EVA
Polyurethanharze Epoxidharze Unges. Polyesterharze	GF	POLYPROPYLEN PP	Vinylidenfluorid-Hexafluorpropylen-Copolymerisate FPM	
Polychloropren Chlorsulfoniertes PE	POLYURETHANHARZE PUR	Einschichtfolie mit GF kaschiert Zweischichtfolie PP/Gummi		
PHYSIKALISCH TROCKNENDE SYSTEME	Füllstoffe Schiefermehl, Quarzmehl, SIC	FLUORPOLYMERE		
Polymere in organischen Lösungsmitteln Wäßrige Dispersionen Plastisole und Organosole Bituminöse Stoffe	PHENOLHARZE Asbestfasern Füllstoffe Elektrographit, Hartbrandkoks, Quarzmehl	Polytetrafluorethylen PTFE Polyvinylidenfluorid PVDF mit GF oder Polyester kaschiert Polyfluorethylenpropylen FEP		

In Tabelle 7.3 sind die zur Herstellung von Beschichtungen und Auskleidungen verwendeten Werkstoffe aufgelistet und nach der jeweiligen von der Applikationstechnik abhängigen Schichtdicke geordnet.

7.2.2 Flüssige Beschichtungswerkstoffe[12-14]

Tabelle 7.4 enthält eine Zusammenstellung der wesentlichen für den Korrosionsschutz von Stahlbauwerken, Behältern und Rohrleitungen verwendeten Bindemittel und Pigmente.

Tabelle 7.4: Korrosionsschutzbeschichtungen — Schematische Darstellung der Einsatzgebiete der Bindemittel bzw. Pigmente

Beschichtungsmittel für atmosphärische Beanspruchung		Beschichtungsmittel für chemische Beanspruchung		Beschichtungsmittel für thermische Beanspruchung	
Bindemittel	Pigmente	Bindemittel	Pigmente	Bindemittel	Pigmente
Leinöl	Aluminium	Chlorkautschuk	Zinkoxid	Phenolharze	Eisenoxid
Leinölalkydharz	Bleimennige	Cyklokautschuk	Titandioxid	Siliconharze	Eisenglimmer
Bituminöse Stoffe	Bleiweiß	Vinylharz	Siliciumkarbid	Butyltitanat	Zinkoxid
Teer, Bitumen	Calciumplumbat	Polyurethane DD	Graphit		Graphit
Asphalt	Eisenoxid	Epoxidharz	Eisenoxid		Aluminium
	Eisenglimmer	Polyester (ungesättigt)	Eisenglimmer		
	Zinkstaub	Neoprene	Bleistaub		
	Zinkoxid	Hypalon			
	Zinkchromat				
	Titandioxid				

Korrosionsschützende Beschichtungen bestehen prinzipiell aus 2 Schichtarten, der Grundbeschichtung und der Deckbeschichtung. Die der Grundbeschichtung zugesetzten Pigmente ergeben Umsetzungsprodukte, die auf den Stahlflächen gut haftende Deckschichten bilden. Zum Beispiel werden Bleimennige oder Chromate durch zweiwertige Eisenionen reduziert und bilden dadurch dichte Deckschichten aus.

Eine Feuerverzinkung als Grundierung ist besonders gut geeignet, da sie einmal die Schutzwirkung als Verzinkungsschicht selbst besitzt, und zum anderen mittels ihrer Korrosionsprodukte eventuell auftretende Risse der Deckschichten verstopft.

Grundierungen mit Zinkstaubfarbe haben sich ebenfalls bewährt. Öl- und Alkydharze, auch Beschichtungen mit Teer, Pech oder Bitumen verhalten sich als

Deckschichten besonders auf Zinkoberflächen an der Atmosphäre günstig. Bei lufttrocknenden Beschichtungen reicht eine Schichtdicke von 125 μm aus. Im allgemeinen werden zwei Grund- und zwei Deckbeschichtungen mit einer Gesamtdicke von 160 − 200 μm aufgebracht.

Die Filmbildung erfolgt durch Verdunsten der Lösungsmittel oder durch Aufnahme von Sauerstoff. Die Vorgänge können unter Umständen durch höhere Temperaturen bis zu 200 °C beschleunigt werden.

Das Vorbereiten der Oberflächen geschieht durch Entfetten, Beizen oder Entrosten (Hand-, Strahl- oder Flammentrostung). Die Güte dieser Reinigungsprozesse ist für die Qualität der Beschichtung von wesentlichem Einfluß.

Auftragstechniken: Man unterscheidet das Streichen und den Walzenauftrag (coil coating-Verfahren für endlose Bleche bis zu 2 m Breite ein- und beidseitig, ggf. mit UV- und Elektronenstrahl-Härtung), das Preßluftspritzen (max. 1,5 bar), das Hochdruckspritzen (2 bis 6 bar Luftdruck) für hochviskose Lacke, das Airless-Spritzen mit 250 bar Druck (mittels Kolben- oder Membranpumpe wird der Anstrichstoff durch eine Düse gedrückt), das Tauchverfahren (geeignet für glatte Teile), die Elektrophoresetauchlackierung für Grundierung und Einschichtlackierung (negativ geladene Lackteilchen einer kolloidalen Lösung wandern im elektrischen Feld zum anodischen Gegenstand und werden dort nach Entladung und Koagulation wasserunlöslich, vgl. Bild 7.10) sowie das elektrostatische Spritzlackieren (in einem elektrostatischen Feld bewegen sich elektrisch aufge-

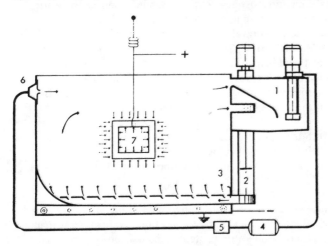

Bild 7.10: Elektrophotetisches Lackieren (schematisch)
1: Überlauf, 2: Rührwerk, 3: Lackzufuhr, 4: Feinfilter,
5: Kreiselpumpe, 6: Einlaufschlitz, 7: Werkstück

ladene Teilchen längs der Feldlinien, die zur Oberfläche eines positiv geladenen Lackierteiles führen, wobei allseitige — auch rückseitige — Beschichtung erfolgt, was als „Umgriff" bezeichnet wird, vgl. Bild 7.11).

Elektrotauchlackierung

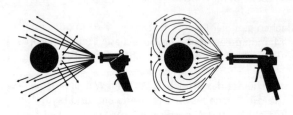

Normales Farbspritzen   Elektrostatisches Farbsprühen

Bild 7.11: Elektrostatische Lackierung

7.2.3 Beschichtungen mit Reaktionsharzen für Baustelleneinsatz im Großtankbau[15, 16)]

Schutzschichten aus Reaktionsharzen werden vor allem auf Stahl und Beton, seltener auf Holz sowie zu Reparaturzwecken auch auf GFK aufgebracht. Hinweise für die Gestaltung und Ausführung der zu schützenden Bauteile aus metallischen Werkstoffen findet man in der VDI-Richtlinie 2532 und für Beton und Mauerwerk in 2533. Hinweise für die Wahl der Beschichtungsstoffe und Verfahren gibt die VDI-Richtlinie 2531, Angaben über Beschichtungsstoffe in flüssiger Form bis ca. 1 mm Schichtdicke enthält 2535. Hierbei werden wärmehärtende und physikalisch trocknende Systeme (Verdunstung des Lösungs- oder Dispergiermittels) unterschieden. Die VDI-Richtlinie 2536 behandelt härtbare Beschichtungsstoffe mit mehr als 1 mm Schichtdicke.

Für den Chemie-Apparatebau sind die auf Phenol-, Phenoläther- und Epoxidharzbasis aufgebauten Einbrennlacke interessant, die vornehmlich für die Beschichtung (Spritzen, Tauchen) von Apparaten und Rohrbündeln eingesetzt werden, Bild 7.12.

Die notwendige thermische Vernetzung wird durch mehrstufige öl- oder gasbeheizte Gebläse bewerkstelligt. Hierbei sind besonders hohe Anforderungen an die Einhaltung einer exakten Temperatur zu stellen, die je nach verwendetem Harztyp bei 150 bis 200 °C liegt. Die Aufbringung erfolgt meist im Spritzverfahren. Die erzielbaren Schichtdicken betragen 100 bis 300 μm. Bei Verwendung dieser Beschichtungen für Wärmetauscher ist auf die Richtung des Temperatur-

Bild 7.12:
NH$_3$-Kondensatoren
Kühlwasserseitig
beschichtet mit
EP-PF Kombination

gradienten zu achten (Bild 7.13). Widerstandsfähiger gegen Blasenbildung sind die sog. diffusionsfesten Beschichtungen, allerdings nur in einem begrenzten pH-Bereich (pH 3 bis pH 12).

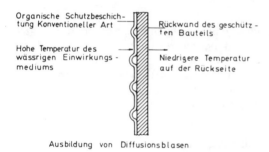

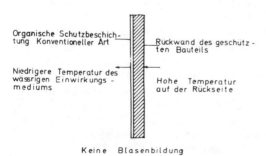

Bild 7.13:
Wirkung des Temperatur-
gradienten bei Beschichtungen

Für den Korrosionsschutz im Tank und Apparatebau mit physikalisch trocknenden und katalytisch härtenden Harzen sind die wichtigsten Vertreter unverseifbare Chlorkautschuklacke, Pergutdickschichtlacke mit erzielbaren Trockenfilmdicken von 240 µm pro Auftrag, mit Isocyanaten vernetzte Polychloroprenbeschichtungen, Epoxid- und Urethanharze sowie ungesättigte Polyesterharze.

Der Einsatz erfolgt fast ausschließlich auf der Baustelle. Die Aufbringung kann mit der Walze, im Druckluftspritzverfahren oder airless erfolgen. Die Polymerbasis wird von der zu erwartenden Beanspruchung und den wirtschaftlichen Erwägungen bestimmt. Begrenzungen hinsichtlich der Objektgröße bestehen bei den katalytischen Systemen nicht. Die Aushärtung erfolgt je nach herrschender Temperatur und verwendeter Harztype innerhalb von Stunden bis Tagen. Bei speziellen Harzen ist eine Warmluftbehandlung vorteilhaft. Die durch mehrfache Auftragung erzielbaren Schichtdicken betragen 300 bis 1000 µm.

Katalytisch härtende Systeme finden gleichermaßen Anwendung als Außen- und Innenschutz, bei Verwendung physiologisch unbedenklicher Komposition auch im Trinkwasser- und Lebensmittelbereich. Zu den katalytischen Systemen gehört auch eine aus den USA kommende glasflockenhaltige Beschichtung, die als Füllstoff mikrofeine Glasflocken aus C-Glas enthält, die sich schieferartig übereinander legen und einen gewissen Sperrschichteffekt zeigen. Beschichtungen dieser Art werden auf Basis ungesättigter Polyesterharze in Dicken von 0,5 bis 1,5 mm eingesetzt.

Der Glasflockenbeschichtung ähnlich sind Spritzschichten, die 20 bis 30 % Glaskurzfasern enthalten. Derartige Beschichtungen werden in mehreren Lagen bis zu 3 mm Dicke porenfrei auf Stahl oder Beton aufgebracht. Die während des Spritzvorganges zugesetzten Glasfasern reduzieren gleichermaßen Schrumpfung und Wärmedehnung der verwendeten EP- und UP-Harze. Der Einsatz erfolgt im Bereich der chemischen Verfahrenstechnik vornehmlich zum Schutz von Betonkonstruktionen (betonierte Gruben, Betonbehälter).

Mit Glasmatten verstärkte Harzbeschichtungen (Prinzipskizze, Bild 7.14) gewinnen zusehends an Bedeutung als an Ort und Stelle aufbringbare Korrosionsschutzschichten. Als Matrixharze kommen vor allem ungesättigte Polyesterharze (Basis: Bisphenol-, o- und iso-Phtalsäure-, Hetsäure- und Vinylester) sowie Epoxid- und Furanharze in Frage. Die letzteren werden wegen ihres Gehaltes an Säurekatalysator über einer UP-Isolierschicht aufgebracht. Wie in der Prinzipskizze dargestellt, sind über einer als Haft- und Rostschutzschicht dienenden Grundierung und einer stärker gefüllten thermischen Ausgleichsschicht die harzgetränkten Glas- und Oberflächenmatten sowie die Harzversiegelung angeordnet. Die Gesamtdicke der Schicht beträgt 3 ± 0,5 mm. Die Beschichtungen sind im Temperaturbereich -20 bis $+70\,^\circ C$ auf Stahl bzw. bis $+60\,^\circ C$ auf Beton entsprechender Beständigkeit der verwendeten Matrixharze einsetzbar. Beschichtungen auf Beton bedürfen keiner Ausgleichsschicht.

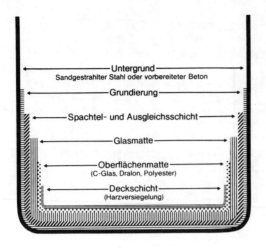

Bild 7.14:
Glasmatten-verstärkte Harzbeschichtung (Prinzipskizze)

7.2.4 Spezielle Kunststoffauftragsverfahren[11]

7.2.4.1 Pulverbeschichtungen

Die Beschichtung kann durch Sintern, Wirbelsintern und Flammspritzen erfolgen. Nach diesen Methoden werden Kunststoffpulver verarbeitet, die bei Raumtemperatur nicht oder nur schwierig in eine flüssige Phase gebracht werden können. Die Pulvertechnologie hat insbesondere da Vorteile, wo dicke Beschichtungen in einem einzigen Arbeitsgang aufgetragen werden sollen.

Unter Pulversintern versteht man die Auftragung des Pulvers durch Aufstreuen, Schütten und Schleudern, Bild 7.15, auf die auf 200 bis 400 °C aufgeheizten Metallteile. Überschüssiges Pulver wird abgestreift und die angeschmolzene Kunststoffschicht durch eine Wärme-Nachbehandlung zu einem homogenen Film aufgeschmolzen.

Beim Wirbelsintern wird das erhitzte Trägermaterial in ein sog. Wirbelbett des gewünschten Kunststoffpulvers getaucht. Je nach Wärmeinhalt und Eintauchzeit bildet sich dabei ein mehr oder weniger dicker Kunststoffüberzug.

Für die Beschichtung nach dem Wirbelsinterverfahren, Bild 7.16, sind praktisch alle pulverförmigen thermoplatischen Kunststoffe (z. B. PP, PE, PA und EVA) geeignet. Ausnahmen machen Polystyrol, Polymethylmethacrylat und Polycarbonat, die infolge Kontraktion beim Abkühlen zur Rißbildung neigen.
EVA (Levasint®, Bayer AG), ein Thermoplast auf Basis eines Ethylen-Vinyl-

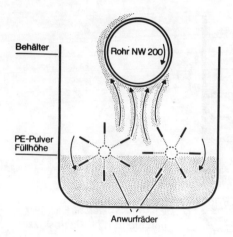

Bild 7.15:
Pulversintern nach der Schleudermethode

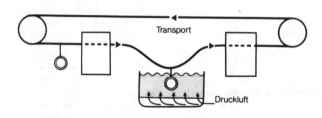

Bild 7.16:
Das Wirbelsintern (schematisch)

acetat-Copolymeren, hat sich zum Schutz von Rohrbrücken, Stahlkonstruktionen und Rohren vor Korrosion sehr bewährt. Auch für den Innenschutz von Wasserleitungen ist es geeignet und hat hierfür Trinkwasserzulassung. Die Schichten sind porenfrei, haben gute mechanische Eigenschaften und besitzen eine beträchtliche Säurebeständigkeit.

Das Rotationssintern ist eine spezielle Form des Pulversinterns. Dieses Verfahren dient sowohl zur Herstellung von Hohlkörpern als auch zur Auskleidung von Behältern bis zu 4 m^3.

Im Flammspritzverfahren werden Kunststoffpulver beim Durchgang durch eine Flamme erweicht und auf den vorgewärmten metallischen Gegenstand geschleudert. Das Flammspritzgerät besteht aus einem Gebläsebrenner und eingebauter Vorrichtung zum Zuführen des aufgewirbelten Kunststoffpulvers innerhalb der reduzierend eingestellten Flamme. Die normalerweise in einer Dicke von 0,5 bis 1 mm aufgespritzten Überzüge eignen sich für die Ausstattung von Apparaturen ebenso wie für die Reparatur beschädigter Kunststoffauskleidungen, Bild 7.17.

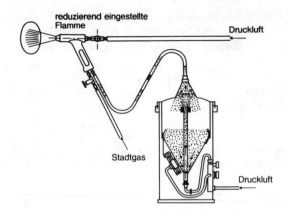

Bild 7.17:
Kunststoffbeschichtung nach dem Flammspritzverfahren

Beim elektrostatischen Pulver-Sprühen (EPS-Verfahren) wird das Kunststoffpulver mit Druckluft durch eine Spritzpistole versprüht, an der eine hohe Gleichspannung liegt. Die Kunststoffteilchen erhalten dadurch eine elektrische Ladung und schlagen sich deshalb zum größten Teil auf dem geerdeten metallischen Werkstück nieder, sobald dieses in den Bereich der Kunststoff-Staubwolke kommt. Infolge des „Umgriffs" wird der Gegenstand an allen Stellen — also auch auf der Rückseite — gleichmäßig überzogen. Der Rest des Kunststoffpulvers wird in einem Zyklon abgeschieden und wiedergewonnen (Bild 7.18). Je nach Anlage und Pulvereigenschaften stellt sich eine maximale Schichtdicke von 50 bis 120 μm ein. Das Pulver haftet infolge COULOMBscher Kräfte auf dem Metall und wird anschließend in einem Einbrennofen bei 130 bis 350 °C — je nach Kunststoff — homogen geschmolzen. Nach dem Erkalten ist der Überzug glatt, porenfrei und von guter Haftfestigkeit.

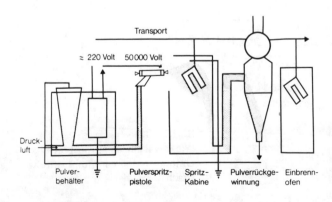

Bild 7.18:
Das elektrostatische Pulver-Sprüh-Verfahren (schematisch)

Ein bekannter Nachteil der flüssigen Systeme besteht darin, daß nur 35 % der eingesetzten Substanz infolge Verdunstung und Spritzverluste zur Filmbildung genutzt werden. Demgegenüber haben die Pulverbeschichtungsverfahren folgende Vorteile:

- 100 %ige Ausnützung des Rohstoffs
- Verminderte Brand- und Explosionsgefahr
- Geringe Emissionen
- Keine Abwasserprobleme
- Hochwertige Einschichtlackierung
- Keine Abdunstzeit vor dem Einbrennen
- Geringe Lohnkosten
- Physiologische Unbedenklichkeit

Zu den am häufigsten verwendeten Kunststoffpulvern zählen Epoxidharze (gute Kantendeckung, hohe Elastizität, gute Haft-, Kratz- und Abriebfestigkeit), PVC-weich, PE, Polyester, Fluorkunststoffe, Polyamid (vorzügliche Filmbeständigkeit) und Acrylat (hervorragende Wetterbeständigkeit).

Kunstharzpulver können durch Plasmaspritzen aufgetragen werden. Das Verfahren bietet den Vorteil, daß keine Oxidation des Pulvers erfolgt.

7.2.4.2 Umwickeln und Ummanteln [17]

Für das Umwickeln von Rohren mit Kunststoffolien ist ein besonderes Wickelverfahren entwickelt worden, das aus Bild 7.19 ersichtlich ist. Rohre und Drähte lassen sich mit thermoplastischen Kunststoffen im Extrusionsverfahren ummanteln, Bild 7.20.

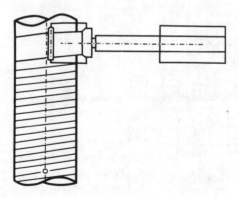

Bild 7.19:
Wickelverfahren zur Polyethylen-Ummantelung von Stahlrohren
(nach V. Hauk)

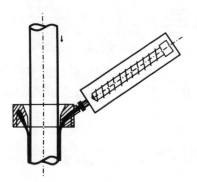

Bild 7.20:
Kunststoffummantelung von Stahlrohren
nach dem Extrusions-Schrägkopfverfahren
(Mannesmannröhren-Werke AG)

7.2.5 Gummierungen und Auskleidungen[11]

Zum Schutz von Apparaten, Rohrleitungen, Armaturen, Transport- und Lagertanks aus Stahl oder GFK werden sowohl vorvernetzte Folienzuschnitte auf Basis von Natur- oder Synthesekautschuken als auch vorbehandelte Thermoplastfolien unter Verwendung ebenfalls vernetzender Kleber auf die mit Sand bzw. mit Hartgußgranulat blank gestrahlten Trägerwerkstoffe aufgebracht und thermisch und/oder katalytisch endvernetzt.

7.2.5.1 Hartgummierungen (Thermoelaste)

Hierbei handelt es sich ausschließlich um thermisch vulkanisierende, mehr als 25 % Schwefel enthaltende Werkstoffe, die auch unter dem Namen Ebonite bekannt sind. Sie stehen als Natur-(NR), Buna-(SBR) und Nitril-(NBR) Hartgummi zur Verfügung und werden nach Aufbringen auf die zu schützende Oberfläche in Druckkesseln mit Heißluft oder Dampf (4 bar) oder auch mit kochendem Wasser ausvulkanisiert.

Hartgummierungen werden für die Beschichtung von Drehfiltertrommeln ebenso eingesetzt wie für Zentrifugen, Ventilatoren, Rührwerkkessel samt Einbauteilen sowie auch für Schraubenpumpen, für Filterpreßplatten und Tanks bis zu 1000 m^3 (Vulkanisation erfolgt mit kochendem Wasser oder Streichdampf). Bild 7.21 zeigt als Beispiel hartgumierte Schraubenpumpen (ϕ 1800 mm, Länge 13 m) zur Förderung von Abwasser. Die thermische Einsatzgrenze von Hartgummierungen liebt bei 110 °C. Sie hängt jedoch sowohl von der Polymerbasis als auch von der Art und Konzentration des beaufschlagenden Mediums ab.

Bild 7.21: 13 m lange hartgummierte Schraubenpumpen zur Abwasserförderung (ϕ 1800 mm)

7.2.5.2 Weichgummierungen (Elaste)

Anders als bei den Hartgummierungen handelt es sich bei den nur wenig vernetzten Weichgummierungen um echte Elastomere. Je nach ihrer Polymerbasis können sie sowohl thermisch als auch katalytisch vulkanisiert werden.

Elastomere für den Oberflächenschutz stehen vor allem auf Basis von Natur-(NR), Buna-(SBR), Nitril-(NBR), Hypalon®-(CSM), Chloropren-(CR), Butyl-(IIR), Ethylen-Propylen-Terpolymer-(EPDM) und Fluor-Kautschuk (Viton®, Kel-F-Elastomer®) zur Verfügung. Während die meisten Elastomere ähnlich wie die bereits beschriebenen Hartgummierungen in Druckkesseln vulkanisiert werden müssen, sind Chloropren- und Nitrilkautschuk auch katalytisch vernetzbar. Von dieser Möglichkeit wird insbesondere bei der Auskleidung großer Objekte direkt auf der Baustelle Gebrauch gemacht.

Bild 7.22 zeigt einen 10 000 m³ Tank für Abfallsäure und Bild 7.23 gibt Behälter (Stahl und Beton) einer Erzaufbereitungsanlage in Afrika wieder. Ein

Bild 7.22: Abfallsäuretank (gummiert), Inhalt 10 000 m³

GFK-Tank für 80 °C heiße Chromsulfatlauge ist auf Bild 7.24 zu sehen. Alle Objekte wurden mit selbstvulkanisierendem Baypren® (CR) ausgekleidet. Außer solchen Großtanks werden auch Transportbehälter in gleicher Weise ausgestattet, z. B. auf Rhein- und Küstenschiffen.

Im Bild 7.25 ist die Zunahme der Haftfestigkeit (geprüft bei RT und 70 °C) von selbstvulkanisierendem Baypren® in Abhängigkeit vom zeitlichen Verlauf der Vulkanisation dargestellt.

Säurefeste Ausmauerungen können unter bestimmten Voraussetzungen durch Verbundschichten, die aus Gummi plus Thermoplast bestehen, ersetzt werden. Dabei kommt dem Gummi die Funktion einer säurefesten thermischen Ausgleichsschicht und der Thermoplastfolie die einer die Lösungsmittelpermeation hemmenden Schicht zu. Voraussetzung einer langzeitigen Wirksamkeit dieses Verbundes ist die Verwendung eines lösungsmittelfesten Reaktionsklebers und eine geringe oder nur zeitweise auftretende Lösungsmittelbeanspruchung. Derartige Verbundschichten werden vor allem als Schutz von Lagertanks eingesetzt.

Bild 7.23: Gummierte Erzaufbereitungsbehälter

Bild 7.24:
GFK-Tank mit Baypren®-Auskleidung
für heiße Chromsulfatlauge

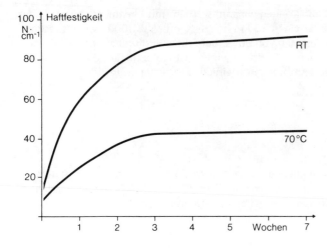

Bild 7.25:
Haftfestigkeit von Baypren® HW 2 (Chloropren-Kautschuk) auf Stahl (Schäl-Test)

7.2.5.3 Fluorpolymere

Für Beschichtungen, die einem starken chemischen Angriff ausgesetzt sind, werden die Fluorpolymeren PVDF, FEP und PTFE zunehmend eingesetzt. PVDF und FEP sind echte Thermoplaste und werden überwiegend mit rückseitiger Gewebekaschierung als Folienzuschnitte und Tafeln mit Haftklebern oder wärmestandfesten Epoxidharzen in Behälter und Apparate eingeklebt und verschweißt. Die maximale Einsatzgrenze ist z. Z. 120 °C.

Im Gegensatz zu den Fluorthermoplasten wird PTFE als Schälfolie in zu schützenden Apparate eingezogen und lediglich durch die Wand, Stutzen und Flansche abgestützt. In besonderen Fällen kann die Standfestigkeit durch ein Gegenvakuum erhöht werden. Einsatzgrenze 250 °C.

7.2.5.4 Duromerbeschichtungen auf Basis von grafithaltigen Phenol-, Epoxid- und Furanharzen[11]

Obwohl sie nicht zu den Gummierungen gehören, werden diese hoch vernetzten Systeme nach bekannten Verfahren der Gummierungstechnik aufgebracht und in Werkstattautoklaven endvernetzt. Beschichtungen dieser Art besitzen neben den gleichen Resistenzeigenschaften wie Gummierungen auch gute bis sehr gute Lösungsmittelbeständigkeit. Als Nachteil gegenüber Gummierungen muß eine verminderte Bruchdehnung in Kauf genommen werden. Außerdem sind Phenolharze gegenüber Alkalien und Furanharze gegenüber sauerstoffhaltigen Lösungsmitteln empfindlich.

Als Anwendungsbeispiele können genannt werden: mit Phenolharz ausgekleidete GF-Leguval®-Schüsse für einen 130 m hohen Kamin NW 1000, der mit lösungsmittelhaltigen sauren Abgasen von 90 °C betrieben wird und aus dem gleichen Verbundmaterial bestehende Teilstücke einer HCl-Kolonne für 20 bis 37 %ige, bis 110 °C heiße, Lösungsmittel-verunreinigte zurückzugewinnende Salzsäure.

7.3 Anhang

Angaben über Einsatzmöglichkeiten und Korrosionsverhalten der Kunststoffe enthalten neben Firmenprospekten vor allem die DECHEMA-Werkstofftabellen (Deutsche Gesellschaft für chemisches Apparatewesen e. V., Frankfurt/M.). Tabelle 7.5 kann als erste Orientierung dienen.

Polymerwerkstoffe und ihre Abkürzungen

Polyethylen (niedere Dichte) (PE-ND)
Polyethylen (hohe Dichte) (PE-HD)
Polypropylen (PP)
Polyisobutylen (PIB)
Polyvinylchlorid-hart (PVC-H)
Polyvinylchlorid-weich (PVC-W)
Polyvinylidenchlorid (PVDC)
Polymethylmethacrylat (PMMA)
Polystyrol (PS)
Acrylnitril-Butadien-Styrol-Copolymere (ABS)
Polytetrafluorethylen (PTFE)
Polychlortrifluorethylen (PCTFE)
Polytetrafluorethylenperfluorpropylen (PFEP)

Celluloseacetat (CA)
Celluloseacetobutyrat (CAB)
Polyoximethylen (POM)
Polyamid (PA)
Polycarbonat (PC)
Polyphenylenoxid (PPO)
vernetzte unges. Polyester (UP)
vernetzte Epoxidharze (EP)
Polyurethan (PUR)
Phenolformaldehydkondensat (PF)
Harnstofformaldehydkondensat (UF)
Melaminformaldehydkondensat (MF)
Polyvinylidenfluorid (PVDF)
Ethylen-Vinylacetat-Copolymere (EVA)
Polyfluorethylenpropylen (FEP)

Tabelle 7.5: Medienbeständigkeit wichtiger Plasttypen

Plasttyp	Wasser	anorg. wäßr. Salzlösg.	schwache Säuren	starke Säuren	oxydierende Säuren	Flußsäure	starke oxydierende Säure	schwache Laugen	starke Laugen	allphatische KW	chlorierte KW	niedere Alkohole	Ester	Ketone	Äther	aromatische KW	Benzin	Treibstoffgemisch	Mineralöle	Fette, Öle	ungesättigte chlorierte KW	Terpentin
PE-ND	1	1	1	2	5	2	1	1	1	1	5	3	3	3	3	3	4	4	3	2	5	5
PE-HD *	1	1	1	2	5	2	1	1	1	1	4	1	1	1	2	3	2	3	2	3	5	5
PP *	1	1	1	5	5	3	1	1	1	1	5	1	3	1	3	4	4	4	3	2	5	5
PIB	1	1	1	1	5	1	3	1	1	5	5	1	1	1	5	5	5	5	5		5	5
PVC-H *	1	1	1	3	5	3	2	1	1	1	5	3	5	5	1	5	1	5	1	1	5	5
PVC-W	1	1	1	1	3	3	3	1	3	5	5	1	5	5	3	5	5	5	3	3	5	
PVDC	1	1	1			1	1		1			1	1	5		1				1		
PMMA	1	1	1	3	4	1	5	1	3	1	5	5	5	5	5	1	5	1	1	5	1	
PS	1	1	1	3	5	1	2	1	1	3	5	1	5	5	5	5	5	5	1	5	5	
ABS	1	1	1	3	5	3	2	1	1	5	1	5	5	5	5	1	3		1	5	5	
PTFE *	1	1	1	1	1	1	1	1	1	1	1	1	1	1	1	1	1	1	1	1	1	1
PCTFE	1	1	1	1	1	1	1	1	1	1	3	1	4	1	5	2	2	3	1	1	5	3
PFEP	1	1	1	1	1	1	1	1	1	1	1	1	1	1	1	1	1	1	1	1	1	1
CA	1	1	4	5	5	1	1	5	5	1	3	2	5	5	1	3	1	4	1	1	5	1
CAB	1	1	2	5	5		5	1	1	1	5	1	5	5	5	5	1	2	1	1	5	5
POM	1	1	4	5	5	5	1	1	1	1	1	5	3	1	2	2	1	1	1	1	1	3
PA	1	1	5	5	5	5	4	2	3	1	4	1	1	1	1	1	2	1	1	2	3	
PC	1	1	1	2	4	3	4	5	5	1	5	2	5	5	5	5	1	5	1	1	5	1
PPO	1	1	1	2	1	5	1	1	2	1	5	2					5					
lin. Polyester	1	1	1	3	5	1	1	3	5	1	1	2	1	1	1	1	1	1	1	1	3	3
Vernetzte UP *	2	1	3	3	5	5	5	4	5	1	3	1	3	4	3	5	1	1	1	1	5	5
Vernetzte EP *	1	1	1	5	5	2	4	1	3	1	3	3	3	3	1	1	1	2	1	1	5	3
PUR (lin.)	1	1	2	5	5	5	3	1	1	1	4	1	3	1	1	1	1	2	2	1	3	
Vernetzte PUR	1	1	3	5	3	4	3	1	5		3	2	2	4	1	1	1	3	1	3	4	3
PF *	1	1	2	5	5	4	3	1	5	1	2	1	2	1	2	2	2	1	1	1		3
Silikonharze	1	1	1	5	5	5	2	1	2	4	5	4	4	1	5	4	3	3	3	2	5	4

1 beständig
2 ausreichend beständig
3 bedingt beständig
4 meist unbeständig
5 völlig unbeständig

* für den Korrosionsschutz von Behältern und Apparaten bevorzugt eingesetzt

Ing. Dieter Kuron

8
Korrosion durch Kühlwasser und Schutzmaßnahmen

8.1 Einleitung

Nach DIN 50 900 Teil 1 wird der Korrosionsschaden[1] als „Beeinträchtigung der Funktion eines metallischen Bauteils oder eines ganzen Systems durch Korrosion" definiert.

Die Korrosion selbst ist demnach ein Vorgang, der nicht in jedem Fall zu einem Schaden führen muß. Dementsprechend versteht man unter *Korrosionsschutz* nicht Maßnahmen zur Vermeidung von Korrosion, was in den meisten Fällen wirtschaftlich nicht vertretbar und vielfach technisch auch nicht möglich ist, sondern Maßnahmen zur Vermeidung von *Korrosionsschäden*, was beinhaltet, daß Korrosion in gewissen Grenzen toleriert werden kann und muß.

Die Korrosion wird stets durch vier Faktoren beeinflußt:

— die spezifischen Eigenschaften des jeweiligen Werkstoffes,
— die Verarbeitung,
— die Eigenschaften des angreifenden Mittels und
— die Betriebsbedingungen.

8.2 Kühlwasser

Für Kühlzwecke können Trinkwasser, entkarbonisiertes Wasser, enthärtetes Wasser, vollentsalztes Wasser, Kondensat, Betriebswasser, Uferfiltrat, Flußwasser, Brackwasser und Meerwasser eingesetzt werden.

8.3 Kühlsysteme

Es gibt Kühlsysteme[2] mit *Durchlaufkühlung* und Systeme mit *Umlaufkühlung*. Für die Korrosion und den Korrosionsschutz ist es von Bedeutung, ob ein Durchlaufkühlsystem oder ein geschlossenes bzw. offenes Umlaufkühlsystem verwendet werden. Ob und in welchem Maße ein Wasser Korrosion auslösen kann, wird im wesentlichen von seiner Zusammensetzung und der Art seiner Inhaltsstoffe bestimmt, die wiederum systemabhängig sind.

8.3.1 Durchlaufkühlung

In Anlagen, die mit Durchlaufkühlung arbeiten, kann Trink-, Betriebs-, Brack- und Meerwasser benutzt werden. Die Werkstoffauswahl als prophylaktischer Korrosionsschutz für Wärmetauscher und Kondensatoren muß natürlich in erster Linie nach den zu kühlenden Produkten vorgenommen werden, mit denen sie beaufschlagt werden. In manchen Fällen wird es aber sicher aufgrund der Betriebsbedingungen (z. B. hohe Betriebstemperatur $>60\,°C$) und des vorhandenen Wassers (z. B. hohe Chloridbelastung) unerläßlich sein, höher korrosionsbeständige Werkstoffe einzusetzen als von der Produktseite her notwendig wäre. Beobachtet werden die bekannten Schädigungen durch Spannungsriß-, Loch-, Spalt-, Kontaktkorrosion und selektive Korrosionserscheinungen wie Entzinkung bei CuZn-Legierungen, Entaluminierung bei CuAl-Legierungen und Spongiose bei Grauguß.

Eine Inhibition und Härtestabilisierung von Kühlwässern bei Durchlaufkühlung ist in vielen Fällen unter Wirtschaftlichkeits- und Entsorgungsaspekten gesehen nicht möglich.

Der Einsatz von Trinkwasser aus dem öffentlichen Versorgungsnetz ist im Hinblick auf die Verfügbarkeit und den Preis nicht zu verantworten.

Müssen zur Durchlaufkühlung harte Wässer eingesetzt werden, können sich neben einer möglichen Korrosion weitere Schwierigkeiten ergeben, die nicht unerwähnt bleiben dürfen, da sie die Funktionstüchtigkeit des Systems beeinträchtigen können. Kühlwässer können Wasserhärten aufweisen, die beim Betrieb je nach Fahrweise zu mehr oder minder dicken Ablagerungen dieser Härtebildner führen. Diese Ablagerungen mit unterschiedlichen Zusammensetzungen, oft mit Korrosionsprodukten durchsetzt, beeinträchtigen den Wärmedurchgang, was einmal zu einem erhöhten Wasserverbrauch führt und zum anderen den Betriebsablauf beeinflußt. Oft sind schon nach kurzen Betriebszeiten zeit- und kostenaufwendige Reinigungen auf der Kühlwasserseite notwendig. Eine Verhinderung der Ausfällung von Härtebildnern ist bei Durchlaufkühlung grundsätzlich möglich, aber leider durch die Dauerdosierung von härtestabilisierenden Chemikalien sehr kostenintensiv. Der Einsatz von Polyphosphaten oder Organophosphorverbindungen bietet sich an, wobei den letzteren aus mehreren Gründen der Vorzug zu geben ist. Bei Bayhibit AM (Produkt der Bayer AG) gilt für Flußwasserdurchlaufkühlung eine Anwendungskonzentration von 0,2 bis 2 mg/l als Richtwert.

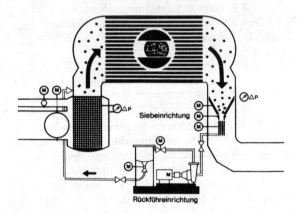

Bild 8.1: Taprogge Reinigungsanlage mit Filter

Wird das Kühlwasser bei der Durchlaufkühlung durch die Rohre gefahren, kann mit hohem Wirkungsgrad eine Verschmutzung und Belegung der Rohrinnenwände und Rohrböden durch die Taprogge-Reinigungsanlage[3] (Bild 8.1) verhindert werden; diese kann man im weitesten Sinne zu den Korrosionsschutzanlagen zählen, insbesondere dann, wenn sie bei Vorliegen von Bauteilen aus Kupferbasislegierungen mit einer Dosierung von $FeSO_4$ [4] zusammen betrieben wird. Elastische kugelförmige Reinigungskörper mit Übermaß gegenüber dem Kühlrohrinnendurchmesser (etwa 10 Kugeln pro 100 Rohre) werden im Kreislauf kontinuierlich vom Kühlwasserstrom transportiert und durch die Kühlrohre gedrückt. In der Kühlwasseraustrittsleitung werden durch eine Siebeinrichtung die Reinigungskörper abgefangen, von einer Pumpe abgesaugt und je nach Automatisierungsgrad der Anlage über einen automatischen Kugelsortierer und eine Kugelschleuse wieder in den Kühlwassereintrittstutzen eingespeist.

Weite Verbreitung hat dieses statistische Rohrreinigungsverfahren in Kraftwerken, insbesondere Kernkraftwerken gefunden. Aber auch in Chemieanlagen hat es sich bereits seit Jahren bewährt.

In Kombination mit dem Taprogge-Verfahren läßt sich mittels Dosierung geringer Mengen Eisen(II)-Sulfat (10 ppb bei kontinuierlicher Dosierung) auf allen

Kondensatorrohrwerkstoffen, insbesondere bei solchen aus Kupferlegierungen, die durch korrosive Kühlwässer bewirkte unzulängliche Qualität der Eigenoxiddeckschicht durch die Bildung von Fremddeckschichten verbessern[4].

Neben dem Taprogge-Reinigungsverfahren wird bei Kondensatorrohren auch das Kunststoffbürstenverfahren[5] (MAN-Verfahren) eingesetzt. Die Bürsten werden aus sogenannten Auffanghülsen durch Umkehrung der Fließrichtung des Wassers von Zeit zu Zeit durch die Rohre getrieben, wobei Ablagerungen abgerieben und mit dem Wasser herausgespült werden.

Bei Verwendung insbesondere von Brack- und Meerwasser ist bei Durchlaufkühlungen eine mechanische Filterung des Wassers als Schutzmaßnahme unbedingt notwendig, um die Einschleppung von Sand, Muscheln und Kleinlebewesen zu verhindern, die zu Verstopfungen der Kühlerrohre und an Wasserumlenkstellen zu Erosionskorrosionsschäden führen können (Bild 8.2).

Bild 8.2:
Erosionskorrosion an einem Rohrbogen aus unlegiertem Stahl

Die Firma Taprogge bietet mit ihrem sich selbst reinigenden Muschelfilter (z. Zt. 10 mm Maschenweite, demnächst ab 0,5 mm) eine Alternative zu den vorhandenen Filtern an (vgl. Bild 8.1).

Kann von der Wasserseite her keine Verbesserung der Situation erreicht werden, müssen Abhilfe- und Korrosionsschutzmaßnahmen von der Werkstoff-, Verarbeitungs- und Betriebsseite ergriffen werden. Z. B. lassen sich Korrosionsschäden in

Wärmetauschern verhindern, wenn man Spalte kritischer Breite (Rohr/Rohrboden) und Toträume vermeidet. Deshalb sind stehende Wärmetauscher mit Entlüftung zu empfehlen. Im Betrieb sind Mindestfließgeschwindigkeiten einzuhalten und Stagnationszeiten zu vermeiden.
Sollten Stillstände eintreten, ist eine Entleerung des Systems geraten. Nicht zu vergessen sind aber auch die passiven und aktiven Korrosionsschutzmaßnahmen. Zu den passiven Schutzmaßnahmen zählen u. a. die Schutzbeschichtungen und -überzüge und zu den aktiven der Einsatz des kathodischen Korrosionsschutzes.

Da bis heute eine Inhibierung gegen die durch Chlorid-Ionen ausgelösten Korrosionsschäden nicht bekannt ist, können in vielen Fällen die Standardqualitäten der Cr-, CrNi- und CrNiMo-Stähle nicht eingesetzt werden. Es bieten sich dann CrNiMo-Stähle mit angehobenem Mo-Gehalt (4,5 %), die Ni-Basislegierungen (z. B. Hastelloy C-Typ) und Titan (bevorzugt bei Plattenwärmetauschern) an. Die Gefahr der Spalt- und Lochkorrosion nimmt bei den Cr-Stählen ebenso wie bei den CrNi-Stählen mit steigendem Molybdän-Gehalt ab, was als Korrosionsschutz durch Legieren betrachtet werden kann.

In den Bildern 8.3, 8.4 und 8.5 sind Konstruktionswerkstoffe für den Einsatz in Brack- und Meerwasser zusammengestellt. Bei den austenitischen Werkstoffen soll noch einmal auf die Gefährdung durch Spannungsriß-, Loch- und Spaltkorrosion hingewiesen werden. Werkstoffabhängig ist die zulässige Wasserfließgeschwindigkeit, wie Bild 8.6 ausweist.

CuZn 20 Al	W.Nr. 2.4060
CuNi 10 Fe	W.Nr. 2.0872
CuNi 30 Fe	W.Nr. 2.0882
NiCu 30 Fe	W.Nr. 2.4360
NiCr 21 Mo	W.Nr. 2.4858
NiMo 28	W.Nr. 2.4617
NiMo 16 Cr 16 Ti	W.Nr. 2.4610
Titan	{ W.Nr. 3.7025
Titan mit 0,2 % Pd	W.Nr. 3.7035

Bild 8.3:
Kühlrohrwerkstoffe bei Durchlaufkühlung mit Brackwasser

Superferrite mit 26 % Cr und 1 % Mo

X 10 CrNiMoTi 18 10	W.Nr. 1.4571
X 3 CrNiMoN 17 13 5	W.Nr. 1.4439
X 2 CrNiMoN 25 25	W.Nr. 1.4465
X 1 NiCrMoCu 25 20	W.Nr. 1.4539
X 2 CrNiMoN 22 5	W.Nr. 1.4462
Uranus 50 (Creuzot-Loire)	
Ferralium (Langley)	

Bild 8.4: Kühlrohrwerkstoffe bei Durchlaufkühlung mit Brackwasser

Stahl verzinkt

X 2 CrNiMoN 22 5	W.Nr. 1.4462
X 10 CrNiMoTi 18 10	W.Nr. 1.4571^x
X 3 CrNiMoN 17 13 5	W.Nr. 1.4439^x
CuZn 20 Al	W.Nr. 2.4060
CuNi 10 Fe	W.Nr. 2.0872
CuNi 30 Fe	W.Nr. 2.0882
NiCu 30 Fe	W.Nr. 2.4360
Titan	W.Nr. 3.7025

^{x}Loch- und Spannungsrißkorrosionsgefahr

Bild 8.5: Kühlrohrwerkstoffe bei Durchlaufkühlung mit Meerwasser

8.3.2 Umlaufkühlung

Die Kühlsysteme, die mit Umlaufkühlung[2] betrieben werden, unterscheidet man, wie schon eingangs erwähnt, in solche mit *offenem* und *geschlossenem* Kühlkreislauf.

	Reines Wasser	Meerwasser
Aluminium	1.2–1.5	1.0
Kupfer	1.8	1.0
Kupfer + As	2.1	1.0
Kupfer + Fe	4.0	1.5
Admiralitätsmessing	2.0–2.4	1.5–2.0
Al-Bronze	ca. 3.0	ca. 2.0
Cunifer 10	5.0	2.4
Cunifer 30	6.0	4.5
Stahl	3–6	2–5
Nickellegierungen	bis 30	15 bis 25
Kunststoffe	6–8	6–8

Bild 8.6: Richtwerte für die höchstzulässigen Wasserfließgeschwindigkeiten (m/s)

8.3.2.1 Umlaufkühlung mit offenem Kühlkreislauf

Umlaufkühlungen mit offenem Kühlkreislauf (Bild 8.7) — Verdunstungskühlung — sind in der Praxis nicht problemlos zu betreiben, da bei dem sogenannten Kühlturmwasser davon ausgegangen werden kann, daß dieses infolge der Eindickung und Säurebehandlung eine hohe Salzbelastung (Chlorid, Sulfat) aufweist und sauerstoffgesättigt ist[1]. Alle Voraussetzungen für Korrosion sind somit gegeben. Darüber hinaus sind ein relativ hoher Feststoffgehalt, eine hohe Härte und eine nicht zu vermeidende Verkeimung weitere Hypotheken, mit denen ein solches Wasser belastet ist. Bei Kenntnis dieser Tatsachen ist bei ausreichender Behandlung des Wassers (Härtestabilisierung, Korrosionsinhibierung, pH-Wert-Kontrolle, Biozidbehandlung) und bei entsprechenden Betriebsbedingungen der Kühler (Wasserfließgeschwindigkeit $\geqslant$ 1 m/s, keine Luftpolster, keine Toträume, keine Wasserniveauänderungen im Kühler und Vermeidung von Anbackungen) dennoch ein schadensfreier Betrieb von Kühlern und Kondensatoren möglich.

In den Bildern 8.8 und 8.9 sind Werkstoffe[6] aufgelistet, die sich als Konstruktionswerkstoffe bei Einsatz von Kühlturmwasser eignen. Aufgrund der zum Teil hohen Chloridgehalte ist bei den austenitischen Werkstoffen jedoch die Gefahr der Loch- und/oder Spannungsrißkorrosion gegeben.

Pauschale Werkstoffempfehlungen können nicht gegeben werden. In solchen Kreisläufen muß aber vor Mischinstallationen von z. B. Aluminium oder verzinktem Stahl mit Kupfer bzw. Kupfer-Basis-Legierungen gewarnt werden. Bei Nichtbeachtung sind Schäden an den Bauteilen aus Aluminium oder verzinktem Stahl vorprogrammiert.

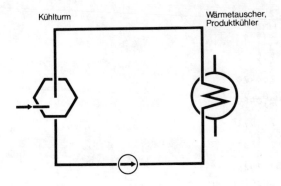

Bild 8.7:
Umlaufkühlung mit offenem Kühlkreislauf

z.B. RST 37-2	W.Nr. 1.0114	x
X 5 CrNi 18 9	W.Nr. 1.4301	x
X 5 CrNiMo 18 10	W.Nr. 1.4401	x
X 5 CrNiMo 18 12	W.Nr. 1.4436	x
X 3 CrNiMoN 17 13 5	W.Nr. 1.4439	
X 2 CrNiMoN 25 25	W.Nr. 1.4465	

x Nach VGB Kühlwasserrichtlinie

Bild 8.8:
Kühlrohrwerkstoffe bei Umlaufkühlung mit offenem Kühlkreislauf

Eine Reihe der eingesetzten Werkstoffe (unlegierter Stahl, feuerverzinkter Stahl) neigen zu örtlichen Korrosionserscheinungen unter Ablagerungen von Feststoffen. Einmal kann eine Ausbildung von Deck- und Passivschichten gestört werden, zum anderen kann die Nachbildung der Schutzschicht durch eine nichtausreichende Sauerstoffzufuhr verhindert werden.

Die Korrosion und auch die Bildung von Ablagerungen, sei es durch Härtebildner, Feststoffe und/oder mikrobiologischen Befall, läßt sich durch eine entsprechende Behandlung des Rückkühlwerk-Wassers beherrschen. Fachfirmen bieten eine breite Palette an Korrosionsinhibitoren (Bild 8.11), Härtestabilisatoren (Bild 8.10, 8.11), Mikrobiziden (Bild 8.12, 8.13) und Dispergiermitteln (Bild 8.14) an. Der Anwender sollte auf jeden Fall prüfen, welche Kombinationen für seine

CuAsP	W.Nr. 2.1491
CuZn 40	W.Nr. 2.0360
CuZn 39 Pb 0,5	W.Nr. 2.0372
CuZn 28 Sn	W.Nr. 2.0470
CuZn 20 Al	W.Nr. 2.0460
CuNi 10 Fe	W.Nr. 2.0872
CuNi 30 Fe	W.Nr. 2.0882
Titan	W.Nr. 3.7025
	W.Nr. 3.7035

Nach VGB Kühlwasserrichtlinie

Bild 8.9:
Kühlrohrwerkstoffe bei Umlaufkühlung mit offenem Kühlkreislauf

Polyphosphate
Phosphonsäuren
Polycarbonsäuren
Polyacrylate

Bild 8.10:
Härtestabilisatoren für Kühlwässer

Wirksubstanz	Konzentration
Polyphosphat (als P_2O_5)	7–15 ppm*
Phosphonsäuren (als P_2O_5)	6–12 ppm*
Polycarbonsäuren (+)	20–50 ppm*
Polyacrylate (+)	20–50 ppm*
Ligninsulfonate (+)	50–150 ppm

*bei gleichzeitiger Anwesenheit von 3–4 ppm Zink für den Korrosionsschutz

+ bezogen auf handelsübliche Ware

Bild 8.11: Anwendungskonzentrationen von Härtestabilisatoren für Kühlwässer; durch Zugabe von Zinksalzen ist auch ein Korrosionsschutz gegeben

Chlor
Chlorsauerstoffverbindungen
Acrolein
Thiocyanate
spezielle Halogenkohlenwasserstoffe
Quarternäre Ammoniumverbindungen
Sulfone

Bild 8.12:
Mikrobizide für Kühlwässer

Wirkstoff	max. Konzentration im Kreislaufwasser
Chlor (als freies Chlor)	1–3 ppm
Chlorsauerstoffverbindungen (als freies Chlor)	1–3 ppm
Acrolein	2–3 ppm+
Thiocyanate	10–20 ppm+
Halogenkohlenwasserstoffe	bis 10 ppm+
Quarternäre Ammoniumverbindungen	5–40 ppm+

+ bezogen auf handelsübliche Ware

Bild 8.13:
Anwendungskonzentrationen für Mikrobizide bei Stoßbehandlungen

Ligninsulfonate
Gerbsäurederivate
Polycarbonsäuren
Polyacrylate

Bild 8.14:
Dispergiermittel (Polyelektrolyte) für Kühlwässer

Verhältnisse die geeignetsten sind. Darüber hinaus sollte sich der Anwender nicht scheuen, durch Versuche zu überpüfen, ob die vom Anbieter angegebenen Anwendungs-Konzentrationen den von ihm erwarteten Erfolg bieten. Der Einbau von Teststrecken aus Werkstoffen des Kreislaufsystems und/oder Korrosometer, die nach der 2-Elektroden-Methode oder der 3-Elektroden-Methode (Polarisationswiderstandsmethode) arbeiten und gewöhnlich den Korrosionsabtrag in mm/a angeben, sind in jedem Fall zu empfehlen. Das Korrosometer sollte im Wasserrücklauf fest eingebaut werden.

Eine analytische Überwachung des Wassers sowie pH-Wert- und Leitfähigkeits-Messungen sind üblich.

Zur Beherrschung der Karbonathärte lassen sich je nach Größe des Rückkühlwerkes unterschiedliche Verfahren und Methoden einsetzen[2]. Im allgemeinen wird bei Großrückkühlwerken eine Entkarbonisierung des Frischwassers durchgeführt. Es können wirtschaftlich die Säure-Entkarbonisierung mittels H_2SO_4, die Säure-Entkarbonisierung in Kombination mit einer Härtestabilisierung z. B. mittels Organophosphorverbindungen und die Kalk-Entkarbonisierung eingesetzt werden.

Auch bei kleineren Rückkühlwerken ist eine Behandlung des Frischwassers in der Regel notwendig. Es bietet sich eine Enthärtung, Entkarbonisierung oder Vollentsalzung mit Ionen-Austauschern und/oder Behandlung mit Organophosphorverbindungen (Phosphonosäuren) an. Bei der Enthärtung ist eine Verringerung des Salzgehaltes nicht gegeben, bei der Entkarbonisierung tritt keine Verminderung des Salzgehaltes auf und bei der Vollentsalzung werden, wie der Name sagt, dem Wasser alle Salze entzogen.

Die im entkarbonisierten Wasser vorliegende Kohlensäure muß entfernt werden (z. B. durch Entgasung im Rieselturm). Durch die Enthärtung nimmt die Korrosivität des Wassers gegenüber ungeschütztem Stahl, Beton und Asbest-Zement zu[9].

Bei Verwendung von vollentsalztem Wasser ist zwar die Korrosionsgefährdung, insbesondere der passivierbaren Werkstoffe, durch Chloride und Sulfate beseitigt worden, doch auch vollentsalztes Wasser wirkt auf unlegierten Stahl, Asbest-Zement und Beton korrosiv, wobei Asbest-Zement und Beton Konstruktionswerkstoffe des Kühlturms selbst sind.

Eine Inhibierung des Kühlturmwassers ist notwendig. Von Fachfirmen wird eine umfangreiche Palette von Produkten angeboten, doch ist dagegen die Anzahl der verfügbaren Wirksubstanzen klein; die angebotenen sogenannten Packages unterscheiden sich im wesentlichen nur durch die Synergisten. Kombinationsprodukte mit härtestabilisierenden Substanzen (Phosphonosäuren), Inhibitoren und Dispergiermitteln (Polyelektrolyte) sind heute üblich.

Durch das Frischwasser, das Kreislaufwasser (z. B. durch mitgeführte Korrosionsprodukte) und durch die Luftwäsche im Kühlturm wird der Feststoffgehalt des Kühlwassers kontinuierlich erhöht. Für eine Verminderung des Feststoffgehaltes muß daher Sorge getragen werden. Da die Abschlämmung bei weitem nicht ausreicht, wird in der Regel eine zusätzliche Teilstromfiltrierung vorgenommen. Aber selbst diese Maßnahme ist in vielen Fällen nicht wirkungsvoll genug, so daß den Benutzern von Kühlturmwasser geraten sei, vor ihre Wärmetauscher im

Betrieb Feinfilter zu installieren, insbesondere dann, wenn Werkstoffe im Einsatz sind, die zur Korrosion unter Feststoff-Ablagerungen neigen.

Zum Schutz vor mikrobiologischem Befall sind eine Reihe von Mikrobiziden auf dem Markt. Nach wie vor scheinen aber Stoß-Chlorierungen mit Hypochlorit noch die preisgünstigte und wirkungsvollste Behandlung zu sein. Beim Einsatz von Mikrobiziden sollte man darauf achten, daß diese von Zeit zu Zeit gewechselt werden, damit keine Resistenz-Erscheinungen auftreten. Ferner ist darauf zu achten, daß z. B. nicht kationische Dispergiermittel neben anionischen Mikrobiziden eingesetzt werden, da es als Folgereaktion zu schwerwiegenden Verstopfungen im System kommen kann.

8.3.2.2 Umlaufkühlungen mit geschlossenem Kühlkreislauf

Umlaufkühlungen mit geschlossenem Kühlkreislauf (Bild 8.15) sind bei einer guten Behandlung des Wassers bei der Erstbefüllung des Systems hinsichtlich der Korrosion als problemlos anzusehen. Wann immer solche Systeme anwendbar sind, sollte man sie einsetzen und, wenn möglich, auch vorhandene offene Kreisläufe umrüsten.

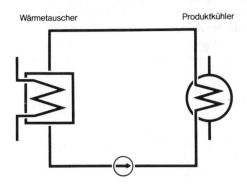

Bild 8.15:
Umlaufkühlung mit geschlossenem Kühlkreislauf

In geschlossenen Kühlkreisläufen sind von der Wasserseite hinsichtlich des Werkstoffes keine Einschränkungen zu machen, d. h. die Werkstoffauswahl bei Wärmetauschern und dgl. richtet sich allein nach der produktseitigen Beanspruchung.

Die Rückkühlung des Umlaufwassers kann in Wärmetauschern mit Wasser- bzw. Luftkühlung oder auch — neuerdings versuchsweise praktiziert — durch Kältemaschinen oder Wärmepumpen vorgenommen werden.

Eine in der Praxis bewährte Kombination ist der Einsatz von Kühlturmwasser im Primärkreislauf und von behandeltem Trinkwasser bzw. Kondensat, inhibiertem vollentsalztem oder enthärtetem Wasser im Sekundärkreislauf (Bild 8.16).

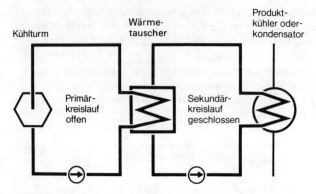

Bild 8.16: Empfohlenes Umlaufkühlsystem

Die Rohre des Wärmetauschers zwischen Primär- und Sekundärkreislauf sollten auf der Kühlturmwasserseite — u. a. auch aus Korrosionsgründen — oberflächengeschützt (z. B. durch Einbrennbeschichtung) sein. Um einen guten Wärmedurchgang zu gewährleisten ist es wünschenswert, eine kontinuierliche Reinigungsanlage (Taprogge) auf der Kühlturmwasserseite zu installieren.

8.4 Schlußbetrachtung

Sicherheit, Verfügbarkeit und Leistungsfähigkeit von Kühlsystemen werden durch die Qualität der Werkstoffauswahl als Bestandteil der konstruktiven Planung in wesentlichen Bereichen vorherbestimmt. Unter dem Begriff Werkstoffauswahl versteht man eine Werkstoffauswahl unter Berücksichtigung der gegebenen Korrosionsgefährdung und mechanischer Beanspruchungsprofile, aller Fertigungsvorgänge und der zu treffenden Schutzmaßnahmen (aktiver und/oder passiver Korrosionsschutz). Schäden, die in Anlagenteilen von Kühlsystemen auftreten, sollten systematisch untersucht werden, damit nach der Schadensanalyse die gewonnenen Kenntnisse bzw. Erkenntnisse in die Planung einfließen können. Dies hinwiederum ist nur möglich, wenn jeder seine Kenntnis bzw. Erkenntnis der Allgemeinheit mitteilt.

Ing. Dieter Kuron

9
Korrosion durch Trinkwasser und Schutzmaßnahmen

9.1 Einleitung

Trinkwasser wird nach dem Lebensmittelgesetz zu den Lebensmitteln gezählt, woraus sich ergibt, daß alle entsprechenden gesetzlichen Vorschriften[1, 2] zu beachten sind. Dieser Einstufung des Trinkwassers ist insbesondere bei der Wasserbehandlung Rechnung zu tragen. Ferner sei auf DIN 2000 „Leitsätze für die zentrale Trinkwasserversorgung" und DIN 2001 „Einzeltrinkwasserversorgung" hingewiesen.

Für Trinkwasser sind besondere Anforderungen an die Werkstoffe, die Ausführung der Installation und an die Installationshilfsmittel zu beachten (Lebensmittel- und Bedarfsgegenständegesetz[3], DIN 1988. DIN 50 930 mit den Teilen 1 bis 5 in neuer Fassung (1980) gibt Hinweise auf „das Korrosionsverhalten von metallischen Werkstoffen gegenüber Wasser".

Das Korrosionsverhalten einer Hausinstallation wird durch die Eigenschaften des Wassers und des Werkstoffs, durch die Konstruktion, die Betriebsbedingungen und die Installationsausführung beeinflußt. Durch die Vielzahl der zu berücksichtigenden Parameter und die gegebenen Wechselwirkungen ist eine Aussage, ob eine Korrosionsgefährdung oder ein Korrosionsschaden zu erwarten ist, sehr schwer, wenn nicht sogar unmöglich. Bei Beachtung der technischen Regeln ist das Auftreten von Korrosionsschäden wenig wahrscheinlich und nur beim Zusammentreffen mehrerer ungünstiger Faktoren möglich.

9.2 Wasser

Beim Trinkwasser handelt es sich nicht um ein Wasser der Formel H_2O, sondern um eine wäßrige Lösung der unterschiedlichsten Zusammensetzung. Zur Beurteilung des Korrosionsverhaltens metallischer Werkstoffe gegenüber Trinkwasser sind folgende Angaben bzw. Analysenwerte notwendig (DIN 50 930 Teil 1):

Wassertemperatur; pH-Wert; Säurekapazität bis pH 4,3; Gehalt (Mol/m^3) an Calcium, Sulfat, Chlorid, Nitrat, Sauerstoff, gelöster organischer Kohlenstoff (DOC), Natrium, Mangan, Kieselsäure (SiO$_2$) und Phosphor.

Probennahme und Wasseruntersuchung sollen nach dem deutschen Einheitsverfahren zur Wasser-, Abwasser- und Schlammuntersuchung (vgl. DIN 38 404 ff.) durchgeführt werden.

Über die Analyse hinaus sind Informationen über die Schwankungsbreite der Wasserzusammensetzung erforderlich. Liegen nach DVGW-Arbeitsblatt W 601 (Deutscher Verein des Gas- und Wasserfaches e. V.) Wässer mit zeitlich unterschiedlicher Zusammensetzung vor, so ist eine Abschätzung des Korrosionsverhaltens der Werkstoffe erschwert.

Bei einem Schadensfall sollte man in unmittelbarer Nähe der Schadensstelle eine Wasserprobe entnehmen und die Wasseranalyse auf die Stoffe erweitern, die evtl. für den Schaden verantwortlich sein können (z. B. Cu-Ionen in feuerverzinkten Rohrleitungen).

Eine Unterscheidung in aggressives und korrosives Trinkwasser ist dringend empfohlen. Ein aggressives, CO$_2$-haltiges Wasser ist in der Lage, Calciumkarbonat aufzulösen bzw. die Bildung von CaCO$_3$-Schichten zu verhindern.

$$CaCO_3 + CO_2 + H_2O \rightleftharpoons Ca^{2+} + 2\,HCO_3^-$$

Die Bezeichnung „kalkaggressiv" oder „kalklösend" wäre zu empfehlen. Korrosives Trinkwasser enthält Wasserinhaltsstoffe (z. B. Cl$^-$, SO$_4^{--}$, NO$_3^-$, CO$_2$), welche die metallischen Werkstoffe unter bestimmten Bedingungen schädigen können.

Die Härte dient zur allgemeinen Charakterisierung eines Wassers, für die Beurteilung der Korrosivität ist sie von untergeordneter Bedeutung.

9.2.1 Schutzmaßnahmen

9.2.1.1 Kaltwasserbereich

Von der Wasserseite müssen Schutzmaßnahmen ergriffen werden, wenn sich beim verwendeten Werkstoff keine lückenlose Schutzschicht gebildet hat. Beim Trinkwasser ist die Zugabe von Wasserbehandlungschemikalien in Art und Menge begrenzt[2] (5 g P$_2$O$_5$/m^3; 40 g SiO$_2$/m^3). Bei Installationen aus unlegiertem und feuerverzinktem Stahl hat sich eine wassermengenabhängige Dosierung von verschiedenen Handelsprodukten bewährt, die auf Phosphat-(ortho und/oder poly)Basis bzw. auf Phosphat-Basis mit weiteren Zusätzen wie Silikat und Natronlauge aufgebaut sind. Die beiden letzten Arten können auch allein eingesetzt werden. Die wassermengenabhängige Zugabe erfolgt zweckmäßigerweise mit Hilfe von Dosierpumpen. Über den Bau, die Prüfung, den Betrieb und die Dosiergenauigkeit der Dosiergeräte gibt das DVGW-Arbeitsblatt W 504 technische Richtlinien an. Der Einsatz sogenannter Phosphatschleusen sollte kritisch bewertet werden. Mit der Zugabe von Phosphat wird bei harten Wässern eine gewisse Härtestabilisierung erreicht.

Mit dem Einbau von Enthärtungsanlagen nach dem Ionentauscherverfahren läßt sich enthärtetes Wasser herstellen. Somit kann auf diese Weise die Ausfällung und Ablagerung von Härtebildnern verhindert werden. In Haushalten ist zu empfehlen, das Wasser nicht im voll enthärteten Zustand zu verwenden, sondern über eine Verschnitteinrichtung auf eine Härte von max. 1300 mMol Erdalkali/m^3 (7° dH) einzustellen. Die bei der Enthärtung erzeugte Kohlensäure, die korrosiv wirkt, sollte in nachgeschalteten Apparaten entfernt und/oder durch eine Dosierung von Chemikalien (Polyphosphat, Natronlauge) gebunden werden.

Zur Sicherstellung eines hygienisch einwandfreien Betriebes der Enthärtungsanlagen sind entsprechende Maßnahmen zu treffen (z. B. Regenerierung in angemessenen Zeitintervallen, Mikrobizidbehandlung, Einsatz schwer verkeimbarer Harze).

In Haushalten sollten nur vollautomatisch gesteuerte Anlagen eingesetzt werden [4, 5].

An dieser Stelle muß vor allen physikalischen Wasserbehandlungsgeräten gewarnt werden, die mit magnetischen Feldern und elektromagnetischen Strahlen usw. arbeiten. Die gemachten Versprechungen, die hinsichtlich der Stabilisierung der Härtebildner gemacht werden, sind nicht zu halten (Bild 9.1 und 9.2) [6, 7].

9.2.1.2 Warmwasserbereich

Im Warmwasserbereich ist eine Phosphatdosierung mit und ohne weitere Zusätze nur bis ca. 60 °C voll wirksam.

Das elektrochemisch arbeitende Guldager-Elektrolyse-Verfahren[8], (Bild 9.3a, 9.3b), wirkt in mehrfacher Weise. Einmal wird der Heizkessel kathodisch geschützt und das durchlaufende Wasser teilenthärtet und zum anderen wird kolloidales Aluminium gebildet, welches die nachgeschalteten Rohre durch die Bildung einer aluminiumreichen Deckschicht vor Korrosion schützt. In Bild 9.4 ist die Innenseite eines Rohres aus unlegiertem Stahl nach 4 Jahren Guldager-Wasserbehandlung wiedergegeben. Bild 9.5 läßt erkennen, daß sich auf einem

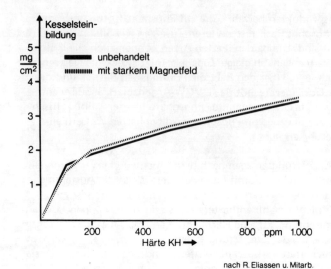

Bild 9.1:
Einfluß von Magnetfeldern auf die Kesselsteinbildung

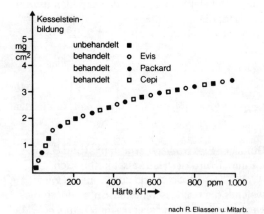

Bild 9.2:
Einfluß von Konditionier-Geräten auf die Kesselsteinbildung

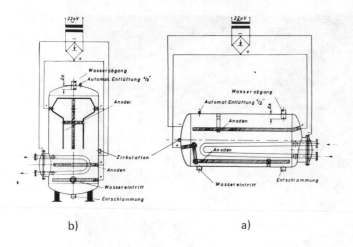

Bild 9.3: Einbau einer Guldager-Elektrolyse-Anlage in einen Wassererwärmer (Kessel)
a) liegend, b) stehend

Bild 9.4: Unlegiertes Stahlrohr mit aluminiumreicher Deckschicht (Betriebszeit 4 Jahre)

Bild 9.5: Feuerverzinkter 90°-Bogen mit aluminiumreicher Deckschicht (Betriebszeit 2 Jahre)

90°-Bogen aus feuerverzinktem Stahl eine gleichmäßige, dünne, aluminiumreiche Schutzschicht ausgebildet hat. Bild 9.6 zeigt verzinkte Rohre mit und ohne Guldager-Behandlung des Wassers.

Beim Guldager-Verfahren ist zu beachten, daß ein einwandfreier Betrieb nur dann gewährleistet ist, wenn die verfahrensspezifischen Auflagen, wie z. B. ausreichende Verweilzeit des Wassers im Heizkessel bzw. Beruhigungskessel und Mindest-Fließgeschwindigkeit in den Leitungen, eingehalten werden.

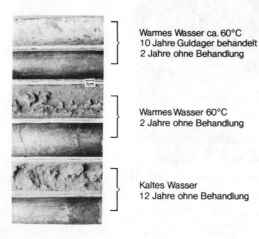

Warmes Wasser ca. 60°C
10 Jahre Guldager behandelt
2 Jahre ohne Behandlung

Warmes Wasser 60°C
2 Jahre ohne Behandlung

Kaltes Wasser
12 Jahre ohne Behandlung

Bild 9.6:
Feuerverzinkte Stahlrohre. Einfluß der Wasserbehandlung nach dem Guldager-Elektrolyse-Verfahren (Die unteren Halbrohrschalen wurden vom Belag befreit.)

9.2.1.3 Außenkorrosion

Schäden an den Rohraußenseiten von Hausinstallationen sind besonders ärgerlich, weil sie meistens mit geringem Aufwand vermieden werden können [9]. Bei frei verlegten Rohren ist eine Korrosionsschutzbeschichtung angebracht, wenn sich Feuchte auf den Rohren niederschlagen kann. Im Falle einer „Unter Putz Verlegung" ist bei einer gleichmäßigen Einbettung der Stahlrohre in Mörtel keine Korrosion zu erwarten, da die Kalkmilch $[Ca(OH)_2]$ die Stahloberfläche passiviert. Schäden treten auf, wenn örtlich die Passivierung nicht erreicht wird — z. B. Verlegung in Wandschlitzen mit nachträglicher Mörtelausfüllung bei Anwesenheit von Hohlräumen am Rohr (meist auf der der Wand zugekehrten Seite) — oder, wenn Stoffe wie z. B. Chlorid als Abbindebeschleuniger oder Frostschutzmittel die Passivität örtlich zerstören. Passivitätszerstörend wirken auch Magnesia-Estrich und Leichtbauplatten mit Chlorid. Ist Mörtel oder Beton durchkarbonisiert, wird die Passivität des Stahles aufgehoben. Neutral reagierende Baustoffe wie Gips, Sand und Holz bewirken Korrosion, wenn Feuchte vorhanden ist. Zur Ausbildung von Korrosionselementen mit örtlich hohem Korrosionsabtrag kommt es, wenn z. B. Rohrleitungen örtlich mit Gips fixiert und anschließend mit Mörtel umhüllt werden. Auch Wärmedämmstoffe können bei Gegenwart von Feuchte der Anlaß für Korrosionsschäden sein. Ist eine metallisch leitende Verbindung von Rohrleitungen mit dem Bewehrungsstahl über die nach VDE 0 190 vorgeschriebene Potentialausgleichsschiene gegeben, so kann sich zwischen Bewehrung und nicht gleichmäßig mit Mörtel umhülltem Rohr ein Korrosionselement mit hoher Stromdichte ausbilden, so daß Rohrdurchbrüche nach kurzer Zeit auftreten. In solchen Fällen sollten Rohre mit porenfreien Korrosionsschutzbeschichtungen (z. B. PE-Ummantelung) eingesetzt werden. Eine einwandfreie Nachisolierung der Rohrverbindungen ist unabdingbar.

9.3 Werkstoffe

Nach DIN 1988 sind für die Hausinstallation folgende Werkstoffe zugelassen (Bild 9.7).

9.3.1 Unlegierter Stahl

Rohre aus unlegiertem Stahl werden heute in der Hausinstallation außer für Heizungs- und Sprinkler-Anlagen nicht mehr verwendet. Bei Kontakt von unlegiertem Stahl mit Trinkwasser findet zwangsläufig Korrosion statt. Je nach Art und Ausmaß der Korrosion kommt es zur Ausbildung einer die weitere Korrosion hemmenden Rostschutzschicht mit eingebauten Härtebildnern ($CaCO_3$) oder zu

Gewinderohre nach DIN 2440 und 2441
mit vorschriftsmäßiger Verzinkung
nach DIN 2444/76

Tempergußfittings nach DIN 2950, verzinkt

Kupferrohre nach DIN 1786 und 1754 mit
DIN-Kennzeichen und Herstellerangaben
SF-Cu nach DIN 17671, Blatt 1

Kupfer-, Rotguß- und Messingfittings
nach DIN 2856 mit Herstellerangaben

PVC-Kunststoffrohre nach DIN 19532
für Kaltwasserleitungen nach DIN 1988
und DVGW-Arbeitsblatt W 320

Bild 9.7:
Trinkwasserrohrleitungswerkstoffe nach DIN 1988

Korrosionsschäden. Die Korrosion von unlegiertem Stahl in Wasser kann nur durch eine Reaktionsfolge beschrieben werden (Bild 9.8).

Unter der Annahme, daß Eisenauflösung und Oxidation zu Eisenoxidhydrat örtlich getrennt voneinander ablaufen, kommt es durch die Bildung von OH-Ionen an der Phasengrenze zu einer örtlichen pH-Anhebung, der sogenannten Wandalkalisierung, die zu einer Verschiebung des Kalk-Kohlensäure-Gleichgewichts zur CO_3^{--}-Seite und somit zu einer Ausfällung von $CaCO_3$ führt. Die sich bildende Rostschutzschicht besteht dann also aus Eisenoxidhydrat und $CaCO_3$.

$$2\,Fe + O_2 + 2H_2O \rightarrow 2\,Fe^{2+} + 4\,OH^-$$
$$2\,Fe^{2+} + \tfrac{1}{2}O_2 + 3H_2O \rightarrow 2\,FeOOH + 4H^+$$
$$\overline{2\,Fe + \tfrac{3}{2}O_2 + 5H_2O \rightarrow 2\,FeOOH + \underbrace{4H^- + 4OH^-}_{4H_2O}}$$

$$2\,Fe + \tfrac{3}{2}O_2 + H_2O \rightarrow 2\,FeOOH$$

$$3\,Fe + 6H_2O \rightarrow \underset{3\,Fe(OH)_2}{3\,Fe^{2+} + 6OH^-} + 3H_2$$

$$3\,Fe(OH)_2 \rightarrow \underset{\text{Magnetit}}{Fe_3O_4 + 2H_2O + H_2}$$

Schikorr-Reaktion

Bild 9.8:
Korrosionsreaktionen in kalten und warmen Wässern

9.3.2 Feuerverzinkter Stahl

Für Trinkwasserleitungen sind Stahlrohre mit einer Feuerverzinkung nach DIN 2444 einzusetzen. Norm-Rohre weisen eine fortlaufende Rohrkennzeichnung auf. Bei Einsatz von Gewindeverbindungen nach DIN 2999 Teil 1 und Tempergußfittings nach DIN 2950 besteht die geringste Gefahr für Korrosion an den Verbindungsstellen. Bei der Verbindung von Rohren mit Buntmetallbauteilen muß im Zusammenhang mit der Wasserbeschaffenheit im Bereich der Verbindungsstellen mit Mulden- und Kontaktkorrosion am verzinkten Rohr gerechnet werden (Bild 9.9).

Bild 9.9:
Mischbauweise Rotguß-feuerverzinkter Stahl (Korrosionsschaden am feuerverzinkten Stahl)

Die Beurteilung des Korrosionsverhaltens feuerverzinkter Bauteile allein nach der Wasseranalyse ist z. Zt. noch nicht möglich. Es zeichnen sich jedoch Grenzwerte für die Konzentration an Wasserinhaltsstoffen ab (DIN 50 930 Teil 3).

Eine gleichmäßige Flächenkorrosion, die zur Ausbildung einer schützenden Rostschicht führt, kann z. B. dann erfolgen, wenn der pH-Wert des Wassers oberhalb 7,0 liegt, die Säurekapazität bis 4,3 > 1 Mol/m^3 ist und die Calcium-Konzentration $> 0,5$ Mol/m^3 beträgt. Die Anwesenheit von natürlich vorkommenden oder zugesetzten Inhibitoren (Phosphat, Silikat, Aluminiumverbindungen) begünstigt die Ausbildung von homogenen Rostschutzschichten.

Bei Temperaturen $> 60\,^\circ$C ist bei feuerverzinktem Stahl mit Blasenbildung (vgl. DIN 50930 Teil 3) und Lochkorrosion zu rechnen. Bei Mischinstallation Kupfer/feuerverzinkter Stahl ist darauf zu achten, daß die Werkstoffe so angeordnet sind, daß das Wasser, das über Kupfer oder Kupfer-Basis-Legierungen geflossen ist, nicht mehr mit verzinkten Teilen in Berührung kommt, da sonst Lochkorrosion auftreten kann.

9.3.3 Kupfer, Kupferlegierungen

Für Trinkwasserleitungen soll ausschließlich SF-Kupfer, Werkstoff Nr. 2.0080 nach DIN 1787 verwendet werden. Rohre werden nach DIN 1786 oder DIN 1754 Teil 3 geliefert. Da in vielen Fällen dann Schäden zu beobachten sind, wenn die Innenoberflächen nicht kohlenstofffrei waren[10], ist darauf Wert zu legen, daß die Rohre nach DIN 1786 auch der Qualitätsanforderung des DVGW-Arbeitsblattes GW 392 und den Gütebedingungen der Gütegemeinschaft Kupferrohr e. V. entsprechen. Die Norm-Rohre weisen eine fortlaufende Kennzeichnung auf. Zur Rohrverbindung sind Lötfittings aus Kupfer, Rotguß oder Messing nach DIN 2856 oder DVGW-Arbeitsblatt GW 2 praxisüblich.

Die Wasserbeschaffenheit und/oder Installationsfehler sind für das Auftreten von Lochkorrosion (Bild 9.10) bei Vorliegen ungünstiger Betriebs- und Installationsbedingungen verantwortlich (DIN 50 930 Teil 5). Lochkorrosion Typ I[10, 11] wird bei Trinkwasser bis 30 °C beobachtet. Eine Wasserbehandlung bringt keine Verbesserung. Lochkorrosion nach Typ II[10, 11] wird in weichen, sauren und warmen Wässern beobachtet. Wesentlich ist die Beteiligung des Sulfates und der Mn-Ionen. Durch Anhebung des pH-Wertes ist Lochkorrosion Typ II zu vermindern oder zu vermeiden.

Bild 9.10: Lochkorrosion in Kupferrohr aus einer Trinkwasserhausinstallation

Selektive Korrosion (Entzinkung) (Bild 9.11) wird in erster Linie durch den Chlorid-Gehalt und die Säurekapazität des Wassers bestimmt. Verunreinigungen, Gasblasen, Ablagerungen (Korrosionsprodukte aus vorgeschalteten Leitungen) und Weichlötflußmittel können die Schutzschichtbildung [Kupfer(I)-oxid] stören und bewirken Schäden durch Lochkorrosion.

Insbesondere die Inbetriebnahme – besonders kritisch bei korrosionsbegünstigenden Wässern – entscheidet über die Wahrscheinlichkeit des Auftretens von

Bild 9.11:
Schwenkauslauf
einer Einloch-
Mischbatterie
(Schadensursache:
Entzinkung)

Schäden. So läßt sich z. B. durch den Einbau eines Feinfilters (Maschendichte ≤ 50 μm) das Einschleppen von Feststoffen vermeiden. Ebenso sollten in der Zeit zwischen Druckprobe und Inbetriebnahme (Bezug des Hauses) die Rohre voll mit Wasser gefüllt bleiben oder restlos entleert werden.

9.3.4 Nichtrostende Stähle

Der Einsatz von Rohrleitungen aus nichtrostenden Stählen ist in der Hausinstallation nicht sehr verbreitet, da eine einfache Verbindungstechnik bisher nicht bekannt ist. Für Wassererwärmer und Rohre kommen nichtrostende ferritische und austenitische Werkstoffe mit mindestens 16 % Chrom zum Einsatz. Eine Prüfung der Werkstoffe auf Beständigkeit gegen interkristalline Korrosion nach DIN 50 914 ist erforderlich.

Insbesondere der Chlorid-Gehalt des Wassers, ferner der pH-Wert und die Temperatur sind ausschlaggebend, ob diese Werkstoffgruppe durch Loch- oder Spannungsrißkorrosion geschädigt wird. Bei molybdänfreien Stählen sollte der Chlorid-Gehalt bei < 6 Mol/m^3 liegen (DIN 50 930 Teil 4). Neben diesen Korrosionsschäden können auch Schäden infolge Spaltkorrosion (Bild 9.12) (z. B. an nicht durchgeschweißten Nähten) oder Messerschnittkorrosion (Bild 9.13) (Korrosion an der Phasengrenze Hartlot-Stahl) auftreten.

Eine Wasserbehandlung kann das Korrosionsverhalten unterschiedlich beeinflussen. Im Normalfall ist eine Behandlung nicht notwendig.

Bild 9.12:
Spaltkorrosion in einer Trinkwasserrohrleitung aus nichtrostendem Stahl

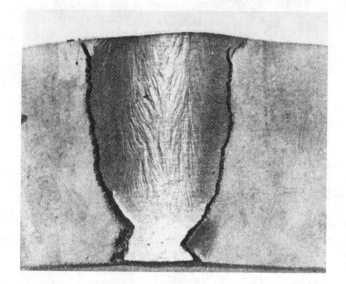

Bild 9.13:
Messerschnittkorrosion

9.3.5 Organische Werkstoffe

Neben PVC-Kunststoffrohren nach DIN 19 532, DIN 1988 und DVGW-Arbeitsblatt W 320 können auch weichmacherfreie Polyethylen- und Polypropylen-Rohre (Dichte $> 0{,}918$) eingesetzt werden, wenn sichergestellt ist, daß keine schädlichen Stoffe an das Trinkwasser abgegeben werden. Ferner können Rohre und Armaturen mit organischen Schutzbeschichtungen, z. B. einer Levasintbeschichtung (Produkt der Bayer AG mit Trinkwasserzulassung), die nach verschiedenen Verfahren aufgebracht werden können, vor Korrosion geschützt werden (Bild 9.14 a u. b).

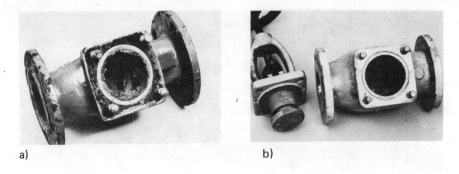

a) b)

Bild 9.14: Absperrorgan
a) ohne Schutzbeschichtung (links)
b) mit Schutzbeschichtung (Levasint) (Betriebszeit 2 Jahre)

9.4 Korrosionsarten

An Werkstoffen der Hausinstallation können folgende Korrosionsarten (DIN 50 900 Teil 1) auftreten.

9.4.1 Gleichmäßige Flächenkorrosion

Diese Korrosionsart wird nur bei unlegiertem und feuerverzinktem Stahl beobachtet.

9.4.2 Ungleichmäßige Flächenkorrosion, Muldenkorrosion

Diese Korrosionsform wird immer dann beobachtet, wenn sich Korrosionselemente stabilisieren können. Sie kann bei allen metallischen Werkstoffen auftreten.

9.4.3 Lochkorrosion

Lochkorrosion wird bei feuerverzinkten Stahlrohren, nichtrostendem Stahl (Bild 9.15) und Kupfer beobachtet.

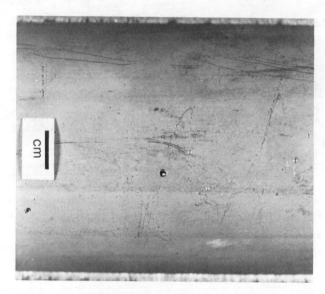

Bild 9.15: Lochkorrosion in einer Trinkwasserrohrleitung aus nichtrostendem Stahl (W Nr. 1.4541)

9.4.4 Spaltkorrosion

Spaltkorrosion kann bei allen metallischen Werkstoffen auftreten. Ausschlaggebend ist das Vorhandensein einer kritischen Spaltbreite.

9.4.5 Kontaktkorrosion

Kontaktkorrosion (Bild 9.16) wird in der Hausinstallation oft beobachtet, aber selten entsprechende Konsequenzen gezogen. DIN 50 930 Teil 2 bis 5 gibt dazu eindeutige Hinweise.

9.4.6 Selektive Korrosion

Selektive Korrosion wird an nichtrostendem Stahl (interkristalline Korrosion, Messerschnittkorrosion) und Kupfer-Zink-Legierungen (Entzinkung) beobachtet.

Bild 9.16: Kontaktkorrosion; Schmutzfilter aus Al-Guß in einer Kupferrohrleitung für Trinkwasser

9.4.7 Spannungsrißkorrosion

Unter den Bedingungen der Hausinstallation wird transkristalline Spannungsrißkorrosion nur an nichtrostendem Stahl im Heißwasserbereich gefunden.

9.5 Anlagen mit Trinkwasserfüllung

9.5.1 Heizungsanlagen

Als Werkstoff für Warmwasserheizungsanlagen[12] werden überwiegend unlegierte Eisenwerkstoffe (Stahl, Gußeisen) eingesetzt. Als Füllwasser wird normalerweise Trinkwasser verwendet. Der im Trinkwasser enthaltene Sauerstoff setzt sich mit dem Eisen nach

$$Fe + 1/2\, O_2 + H_2O \rightarrow Fe(OH)_2$$

und $3\,Fe(OH)_2 + 1/2\,O_2 \rightarrow Fe_3O_4 + 3\,H_2O$

über Eisen-(II)-hydroxid zu Magnetit um.

Wenn man davon ausgeht, daß Trinkwasser einen Sauerstoffgehalt von bis zu 10 mg/l aufweisen kann, dann entspricht die bei 10 mg O_2/l durch den O_2-Gehalt des Füllwassers verursachte Korrosion bei einem Stahlrohr DN 50 bei gleichmäßiger Flächenkorrosion einer Dickenabnahme von etwa 0,04 μm. Daraus ergibt sich, daß der Sauerstoffgehalt des Füllwassers für die Korrosion — auch bei häufiger Erneuerung — keine Rolle spielt.

Wenn man weiterhin unterstellt, daß in Warmwasserheizungsanlagen eine Korrosion unter Wasserstoffentwicklung nach

$Fe + 2\,H_2O \rightarrow Fe(OH)_2 + H_2$

ebenfalls nur vernachlässigbar geringe Abtragungsraten bewirkt, dann wird verständlich, daß im geschlossenen Warmwasserkreislauf und Heizungskreislauf normalerweise keine Korrosionsprobleme auftreten.

An Rohrleitungen oder Heizkörpern kann es nur zu Durchrostungen kommen, wenn ständig Sauerstoff in den Kreislauf gelangt. Dies kann bei Anlagen mit *offenen Ausdehnungsgefäßen* und zwei Sicherheitsleitungen geschehen, wenn die Verbindung von Sicherheitsvorlauf und Sicherheitsrücklauf über das offene Ausdehnungsgefäß erfolgt (Bild 9.17). Die rechte Ausführung in Bild 9.17 minimiert den Eintrag von Sauerstoff so, daß eine solche Ausführung akzeptiert werden kann. Näheres hierüber und über die Möglichkeiten, durch geeignete

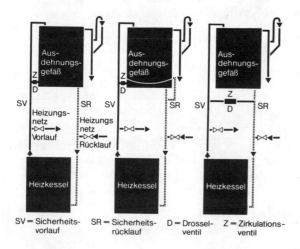

Bild 9.17:
Heizungsanlage mit offenem Ausdehnungsgefäß

Anordnung von Umwälzpumpen, Rohrleitung und Ausdehnungsgefäß die Aufnahme von Sauerstoff zu verhindern, ist in einer Broschüre[14] und im neuesten Entwurf der VDI-Richtlinie 2035 zu finden. Nicht berücksichtigt sind hierbei allerdings die Wasserheizungsanlagen mit einer maximalen Vorlauftemperatur von 110 °C, bei denen nach DIN 4751 Bl. 1 eine direkte Zirkulation durch das Ausdehnungsgefäß vorgeschrieben ist.

Durch Korrosion bedingte Störungen anderer Art gibt es bei den mit Membranausdehnungsgefäßen abgesicherten geschlossenen Anlagen (Bild 9.18). Auch bei diesen Anlagen kann Sauerstoff in das Heizungswasser gelangen.

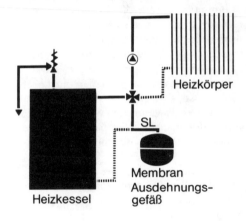

Bild 9.18:
Heizungsanlage mit Membranausdehnungsgefäß

SL = Sicherheitsausdehnungsleitung

Bei Anlagen mit zu klein bemessenem Ausdehnungsgefäß oder bei Anlagen mit vollständig absperrendem Vierwegemischer kann bei Nachtabsenkung der Temperatur Unterdruck auftreten, der dazu führt, daß Sauerstoff an Stopfbuchsen von Armaturen angesaugt wird. Bei Anlagen mit Teilen aus organischen Werkstoffen ist eine Sauerstoffdiffusion in Betracht zu ziehen. Schließlich ist bei schnell durchströmten Armaturen eine durch dynamischen Unterdruck bewirkte Injektorwirkung nicht auszuschließen. Bei den auf diese Weise in das Wasser gelangenden geringen Sauerstoffmengen kann die Korrosion unter Entwicklung von Wasserstoff ablaufen, der nach

$$3\,Fe(OH)_2 \rightarrow Fe_3O_4 + H_2 + 2\,H_2O,$$

der sog. Schikorr-Reaktion, gebildet wird.

Der entstehende Wasserstoff bildet Gaspolster, die zu einer Störung der Zirkulation an höher gelegenen Heizkörpern führen können, störende Geräusche verursachen und häufiges „Entlüften" erforderlich machen. Störungen dieser Art können durch Zugabe von Korrosionsinhibitoren vermieden werden.

Außer Eisenwerkstoffen werden in Heizungsanlagen in zunehmendem Maße auch Kupferwerkstoffe verwendet, z. B. für im Estrich verlegte Fußbodenheizungsrohre und für Heizkörperanschlußleitungen. Entgegen einer weitverbreiteten Annahme ist eine derartige „Mischinstallation" nicht, wie in Trinkwassersystemen, als schädlich anzusehen.

Bei der Verwendung von Aluminiumwerkstoffen für Heizkörper in Warmwasserheizungsanlagen ist zu beachten, daß Aluminium in stark alkalischen Heizungswässern auch bei Abwesenheit von Sauerstoff unter Wasserstoffentwicklung angegriffen werden kann. Bei Kleinanlagen, die mit nicht behandeltem Trinkwasser befüllt werden, ist für die verschiedenen Aluminiumwerkstoffe, aus denen Heizkörper gefertigt werden, keine besondere Korrosionsgefährdung zu erwarten. Eine Mischinstallation mit Kupfer ist in geschlossenen Systemen möglicherweise nicht so kritisch wie vielfach angenommen, sie stellt jedoch auf jeden Fall ein erhöhtes Korrosionsrisiko dar und sollte deshalb vermieden werden. In größeren Anlagen mit Wasserbehandlung sollten Aluminium-Heizkörper nur verwendet werden, wenn die Art der Wasserbehandlung auf die Anwesenheit von Aluminium im Kreislauf abgestimmt ist.

Die Verwendung von feuerverzinktem Stahl in Warmwasserheizungsanlagen bietet gegenüber ungeschütztem Stahl keine Vorteile und wird deshalb auch nicht praktiziert.

Die Verwendung von Rohren aus nichtrostenden Chrom-Nickel-Stählen ist aufgrund der Beanspruchung in Heizungsanlagen nicht erforderlich. Dort, wo diese Werkstoffe im Bereich der Trinkwassererwärmung eingesetzt werden, sind von der Seite des Heizungswassers keinerlei Probleme zu erwarten, wenn der Chloridgehalt nicht zu hoch ist. Auch in sauerstofffreien Wässern bleibt die Passivität der nichtrostenden Chrom-Nickel-Stähle erhalten.

Für alle Anlagen, die dem Geltungsbereich der Dampfkesselverordnung unterliegen, gelten hinsichtlich der Wasserbeschaffenheit die VdTÜV-Richtlinien. Aufgrund der dort geforderten Werte muß das Füllwasser generell enthärtet werden. Die Enthärtung des Wassers hat in Warmwasserheizungsanlagen keinen Einfluß auf die Korrosion, sie dient ausschließlich der Vermeidung von Steinablagerungen auf der Kesselheizfläche.

Im Gegensatz zu den VDTÜV-Richtlinien, in denen unabhängig von der Größe der Anlage die Zugabe von Sauerstoffbindemitteln (Hydrazin oder Natriumsulfit) zum Umlaufwasser gefordert wird, versucht die für den Bereich von Vorlauftemperaturen bis 100 °C zuständige VDI-Richtlinie 2035 die Anforderungen an die Wasserbeschaffenheit nach der Anlagengröße auszurichten. Für alle Anlagen mit einer Leistung unter 100 kW wird vernünftigerweise, in Übereinstimmung mit den Erfahrungen der Praxis, uneingeschränkt die Verwendung von unbehandeltem Trinkwasser zugelassen.

Bei den *Solaranlagen* mit geschlossenem Kreislauf des Entwurfs DIN 4657 Teil 1 handelt es sich im Prinzip ebenfalls um Warmwasserheizungsanlagen. Da für die auf dem Dach befindlichen Solarkollektoren im Winter naturgemäß Einfriergefahr des Wassers besteht und im Sommer Temperaturen erheblich oberhalb des Siedepunktes von Wasser auftreten können, müssen dem Füllwasser Zusätze wie Korrosionsinhibitoren und gefrierpunktserniedrigende Stoffe zugegeben werden. Die handelsüblichen Frostschutzmittel, wie sie z. B. in Kühlkreisläufen von Kraftfahrzeugen mit Verbrennungsmaschinen verwendet werden, enthalten durchweg mehrere Inhibitoren, die auf den Schutz verschiedener Werkstoffe abgestimmt sind. Da die Wirksamkeit der Inhibitoren zum Teil zeitlich begrenzt ist, enthalten die Betriebsanleitungen für Kraftfahrzeuge normalerweise den Hinweis, das Kühlwasser nach 2 Jahren abzulassen und zu erneuern. Diese Forderung erscheint für Solaranlagen nicht praktikabel. Man wird deshalb nicht uneingeschränkt auf die in Kraftfahrzeugen bewährten Frostschutzmittel zurückgreifen können, sondern Spezialprodukte für Solaranlagen fordern müssen, die eine Inhibierung für längere Zeit gewährleisten.

Die Werkstoffauswahl für *Fußbodenheizungen* ist nicht leicht, da für jeden Werkstoff Vor- und Nachteile ins Feld geführt werden können. Bei sachgerechter Verlegung erscheinen nichtrostende austenitische Rohre als die sicherste Lösung. Bei Verwendung von Kunststoffrohren[1] muß nach letzten Mitteilungen[13] die Sauerstoffdiffusion durch diese Kunststoffrohre berücksichtigt werden. Der eindiffundierte Sauerstoff löst beim unleg. Stahl (z. B. Heizkessel) Korrosion aus. Die in der Veröffentlichung[13] mitgeteilten Abhilfemaßnahmen der Wasserbehandlung sind zwar grundsätzlich möglich, aber für kleine Einheiten z. Zt. nicht verwirklichbar. In letzter Zeit werden Rohre angeboten, die zur Verhinderung der Sauerstoffdiffusion mit Al-Folien kaschiert sind.

9.5.2 Luftwäscher

Der Wäscher[12] wird neben der Luftbefeuchtung auch zum Waschen von Frisch- und Umluft eingesetzt. Die Befeuchtung erfolgt adiabatisch, wobei der Befeuchtungsgrad von der Wasser/Luft-Zahl, der Feinheit der Wasservernebelung, der Sprühkammerlänge und der Luftgeschwindigkeit beeinflußt wird. Der Verdunstungsverlust des im Kreislauf gefahrenen Wassers und die durch Absalzung abgegebene Wassermenge werden durch Frischwasser ergänzt.

Zum Bau von Luftwäschern werden unterschiedliche Werkstoffe eingesetzt. Bei Einbauten, Düsenstöcken und Tropfenabscheidern können dies unlegierter Stahl — ungeschützt, verzinkt, beschichtet —, 18/8 CrNi-Stahl und Kunststoff sein. Für Umbauten (Wäscherkammern) werden anorganische Materialien (Fliesen, wasserfester Mörtel), metallische Werkstoffe (unlegierter Stahl — ungeschützt, verzinkt, beschichtet —, 18/8 CrNi-Stahl) und Kunststoffe verwendet.

Zur Befeuchtung wird nach Verfügbarkeit und Notwendigkeit Trinkwasser, enthärtetes-, entkarbonisiertes- oder vollentsalztes Wasser, eingesetzt.

Je nach Einsatz der Klimaanlage werden an das Wasser des Luftwäschers unterschiedliche Anforderungen gestellt. Bei normalen Klimaanlagen für Werkstätten und Büroräume reicht der Einsatz von behandeltem Trinkwasser aus. Bei EDV-Räumen muß wegen der besonderen Anforderungen an die Staubfreiheit der Luft mit vollentsalztem Wasser gearbeitet werden. Insbesondere bei Steril-Bereichen müssen hinsichtlich der Verkeimung von Wasser und Luft entsprechende Maßnahmen getroffen werden. Eine Biozid-Behandlung des Wassers und eine Feinfilterung der Luft sind hier unumgänglich. Hinsichtlich Verkeimung scheinen die Kontaktbefeuchter (Kunststoff- oder Papiereinlagen meist in Wabenform) besonders gefährdet. Bei Einsatz von Trinkwasser zur Befeuchtung machen die Ausfällung von Härtebildnern und Salzen oft Schwierigkeiten.

Je nach Art des Wassers ergeben sich bei den unterschiedlichen Werkstoffen spezifische Korrosionsgefährdungen.

Durch den Einsatz von nichtinhibiertem, vollentsalztem Wasser, z. B. in Wäschern von Klima-Anlagen für EDV-Räume, kann ungeschützter unlegierter Stahl nicht eingesetzt werden. Bei Verwendung von nichtstabilisiertem 18/8 CrNi-Stahl (W.-Nr. 1.4301, X 5 CrNi 18 9; W.-Nr. 1.4401, X 5 CrNiMo 18 10) ist in einigen Fällen nach Schweißarbeiten interkristalline Korrosion aufgetreten. Bei Einsatz der stabilisierten Qualitäten, z. B. 1.4541 bzw. 1.4571, treten Schäden solcher Art nicht auf.

Bei Anwendung und Ausnutzung aller heute bekannten Wasserbehandlungsverfahren kann man Luftwäscher bei Einsatz von Trinkwasser bis zu 14 Tagen ohne Abschlämmung (Absalzung) betreiben. Der kombinierte Einsatz von Wasserbehandlungsmaßnahmen (Frischwasserbehandlung), Härtestabilisierung, Inhibierung und Mikrobizidbehandlung sollte Ausfällungen, Korrosion und Verkeimung verhindern können und damit einen störungsfreien Betrieb gewährleisten. Wasserwechsel und Reinigung (mechanisch und Desinfektion) der Kammern sollten spätestens nach 6 Wochen durchgeführt werden.

9.6 Schlußfolgerung

Wasserseitige Korrosion an Bauteilen aus metallischen Werkstoffen bestimmt in vielen Fällen die Lebensdauer von Installationen im Trinkwasserbereich. Daneben führen Konstruktionsfehler und Verarbeitungsmängel zu Korrosionsschäden, die nur durch aufwendige Instandhaltungsarbeiten ausgebessert werden können. Die eigentliche Problematik liegt sicher nicht bei den Korrosionsreaktionen. Diese Reaktionen und die Möglichkeit der Begrenzung derselben auf ein Maß, bei dem es nicht zum Korrosionsschaden kommt, sind im Prinzip bekannt. Die für jede Anlage immer wieder neu zu lösenden Probleme bestehen in der richtigen Auswahl geeigneter Werkstoffe unter Berücksichtigung der Wasserbeschaffenheit sowie durch sach- und fachgerechte Konstruktion, Installation und Betriebsweise dieser Anlage.

Auch heute noch werden Schäden an Installationen oft als unvermeidbar hingenommen und die schadhaften Bauteile routinemäßig erneuert. Mit der Durchführung einer Schadensanalyse bzw. durch die Nutzung aller Erkenntnisse sollten Schäden an Installationen weitestgehend zu vermeiden sein. Die Norm DIN 50 930 mit ihren Teilen 1 bis 5 gibt wertvolle Hinweise.

Dr.-Ing. Jürgen Föhl

10
Werkstoffe für Verschleißbeanspruchung

10.1 Einleitung

Bei Bauteilen, die gegen Korrosion auszulegen sind, ist zu prüfen, inwieweit zusätzliche Einflußgrößen — wie mechanische oder tribologische Beanspruchungen — überlagert sind. Es kann unter Umständen erforderlich werden, die Werkstoffauswahl nach anderen Gesichtspunkten als denen der Korrosion allein zu treffen.

Eine tribologische Beanspruchung liegt vor, wenn auf die Oberfläche eines festen Körpers eine mechanische Beanspruchung und gleichzeitig eine Relativbewegung einwirken. Die Folgen, die sich daraus ergeben, sind Energieverluste durch Reibung und Materialverluste durch Verschleiß.

Sowohl die Korrosionsprozesse als auch die tribologischen Vorgänge spielen sich in der Grenzschicht der Werkstoffe ab, die im Bereich technischer Anwendungen komplex aufgebaut und im Wesentlichen durch den Herstellprozeß geprägt ist[1,2], Bild 10.1.

Das Korrosionsverhalten eines Werkstoffes wird durch das Zusammenwirken des Mediums mit den im Kontakt befindlichen Werkstoffen bestimmt und kann nicht durch Werkstoffkennwerte allein beschrieben werden. In viel stärkerem Maße ist dies für das tribologische Verhalten eines Bauteils der Fall. Im Bereich der klassischen Maschinenelementepaarungen kommt es unter dem Einfluß der Beanspruchung und des Umgebungsmediums zu komplexen Wechselwirkungen zwischen den Paarungswerkstoffen. Verschleiß und Reibung sind daher nicht als Stoffeigenschaften sondern als systemgebundene Kenngrößen zu interpretieren[3,4].

Tribologische Vorgänge können Korrosionsprozesse auslösen (verschleißinduzierte Korrosion), oder parallel mit diesen ablaufen, wobei für den letztgenannten Fall der Begriff Abnutzung verwendet wird.

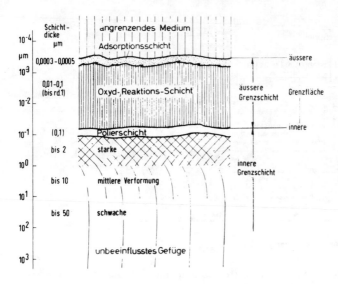

Bild 10.1: Kennzeichnender Aufbau der Grenzschicht metallischer Werkstoffe

Im Folgenden werden kennzeichnende tribologische Systeme und deren wichtige Einflußgrößen in Form einer Übersicht behandelt. Es wird eine Unterteilung in Verschleißarten vorgenommen, die es ermöglicht, innerhalb einer Verschleißart in gewissen Grenzen gemeinsame Anforderungen an die Werkstoffe abzuleiten. Dies ist die Grundlage, um für die reine Verschleißbeanspruchung eine wirtschaftliche Werkstoffauswahl treffen zu können. Probleme kombinierter Verschleiß- und Korrosionsbeanspruchung sind zu komplex, um in diesem Rahmen ausführlich behandelt werden zu können.

10.2 Tribologisches System

Das tribologische System[5] besteht aus der stofflichen Struktur — Grundkörper, Gegenkörper, Zwischenkörper bzw. Zwischenstoff — und dem Beanspruchungskollektiv — Belastung, Geschwindigkeit, Temperatur — welches die der Struktur zugeführte Energie bestimmt, Bild 10.2.

Für die Beschreibung und Beurteilung des tribologischen Verhaltens, insbesondere auch für den Vergleich ähnlicher Systeme, sind die folgenden drei Phasen wichtig:

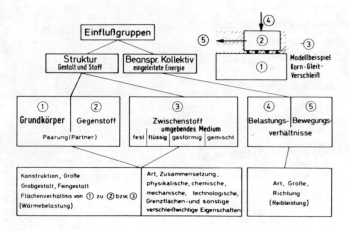

Analyse Verschleißvorgang Ausgangsbedingungen

Bild 10.2: Kennzeichnung und Charakterisierung eines Tribologischen Systems

— Ausgangszustand
 konstruktive Festlegungen wie Kinematik,
 Beanspruchung und Werkstoff

— Ablauf
 den Prozeß begleitende Erscheinungen wie
 Reibung, Temperatur, Schwingungen
 (z. B. stick-slip)

— Endzustand
 Verschleißkennwerte wie Verschleißbetrag,
 Erscheinungsform.

Abhängig von der jeweiligen Aufgabenstellung und Zielsetzung kann das tribologische System durch eine sogenannte Systemeinhüllende aus einer komplexen Maschine herausgelöst und auf Elementarprozesse zurückgeführt werden.
Bild 10.3 zeigt mögliche Stufen der Vereinfachung, sogenannte Kategorien[6], am Beispiel von Untersuchungen des Getriebeverschleißes eines KFZ-Getriebes.
Wichtig ist, daß mit dem Einführen einer Systemgrenze auch die entsprechenden Schnittgrößen (Kräfte, Schwingungen, Wärmeableitung u. a.) eingeführt werden.
Mit zunehmender Vereinfachung des Systems werden die Schnittgrößen immer unsicherer und damit die Aussagefähigkeit des jeweiligen Ersatzsystems geringer.

Das Verhalten eines Systems wird durch die Vorgänge im Mikrobereich geprägt, und es ist letztlich unumgänglich, die Systemgrenze so eng zu legen, daß diese

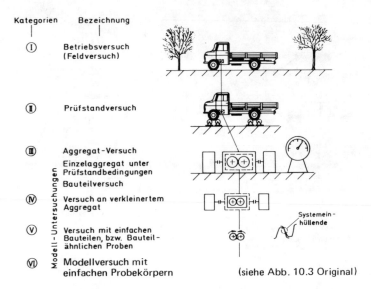

Bild 10.3: Stufenweise Vereinfachung eines tribologischen Systems bei der Durchführung systematischer Verschleißversuche am Beispiel eines Fahrzeugbetriebes

elementaren Prozesse erforscht werden können. Die Beanspruchung in diesen Bereichen ist durch die Berührung der Partner in nur wenigen Kontaktpunkten, aufgrund der Beschaffenheit technischer Oberflächen, gekennzeichnet. In diesen Kontaktbereichen herrschen hohe Flächenpressungen, die infolge der statistischen Verteilung der Berührungspunkte örtlich nur kurzzeitig wirken, aber mit hoher Energiekonzentration verbunden sind[7]. In der Folge davon treten vielfältige Wechselwirkungen zwischen den beteiligten Stoffen auf, insbesondere auch Oxydationsprozesse mit hoher Anregungsenergie.

10.3 Verschleißmechanismen

Die tribologischen Grundprozesse im Mikrobereich können nach mechanischen, physikalischen und chemischen Gesichtspunkten zu den sogenannten Verschleißmechanismen zusammengefaßt werden, Bild 10.4.

— Adhäsion
  Örtliches Verschweißen der Kontaktbereiche aufgrund atomarer bzw. molekularer Bindekräfte, bei Metallen infolge der gegebenen Neigung zur gegenseitigen Löslichkeit der Paarungswerkstoffe.

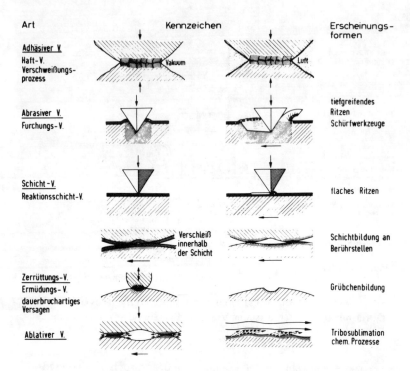

Bild 10.4: Kennzeichnung der grundlegenden Verschleißmechanismen

- Abrasion
  Örtliches Ritzen durch harte körnige Gegen- oder Zwischenstoffe oder auch Rauhberge der Gegenfläche.

- Ermüdung
  Bruchvorgänge im Mikrobereich als Folge wiederholt auftretender Beanspruchungsspitzen durch Energieakkumulation und Erschöpfung der Dauerfestigkeit.

- Ablation
  Verdampfen bzw. Sublimieren des Werkstoffes im Bereich der Mikrokontaktpunkte, hervorgerufen durch hohe Energiekonzentration.

Alle diese Prozesse können je nach Umgebungsmedien von chemischen Reaktionen begleitet sein.

Die ablaufenden Verschleißmechanismen ergeben sich als Systemkenngrößen und geben Hinweis darauf, welche Stoffeigenschaften von den beteiligten

Elementen besonders gefordert sind und nach welchen Kriterien die Werkstoffe auszuwählen sind.

10.4 Verschleißarten (Systemgruppen)

In der Praxis hat es sich als zweckmäßig erwiesen, Verschleißsysteme zu Gruppen, sogenannte Verschleißarten, zusammenzufassen. Kennzeichnend für die einzelnen Systemgruppen sind die Art der beteiligten Stoffe (z. B. Maschinenelementpaarungen, mineralische Abrasivstoffe) und kinematische Gesichtspunkte, wie Bewegungsform (Gleiten, Rollen, Stoßen) und Bewegungsablauf (gleichförmig, intermittierend, oszillierend), Bild 10.5. Innerhalb einer Systemgruppe bestehen Gemeinsamkeiten hinsichtlich Ablauf, Verschleißmechanismen und Erscheinungsformen und daher der Werkstoffanforderungen. Durch diese Systematisierung wird die Bearbeitung von Verschleißfällen erleichtert.

	Verschleißart Ausgangsbedingungen	Kennzeichen	Erscheinungsform Ablauf, Endergebnis
mit u. ohne Schmierung (Metalle, Kunststoffe, Feststoffe)	Gleit-V.	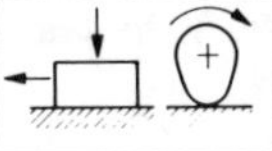	Fressen, Auskolkung, Riefen, Laufspiegel, Rattermarken
	Roll-V. ohne u. Wälz-V. mit Schlupf	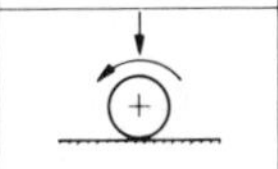	Pittings, Schälung, Abblätterungen, Riffelbildung, Fressen, Riefen
	Stoß-V.		Ausbrechungen, Schälung, Grübchenbildung
	Schwing-V.	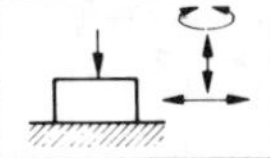	Aufrauhen, Freßerscheing., Oxidwallbildung, Passungsrost
abrasiver Verschleiß	Korn-Gleit (Wälz-) V.	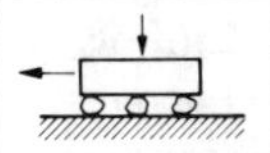	Riefen, Einbettung Wälzspuren
	Gleit-V.	Gegenkörper- Teilchen-furchung furchung a) b) 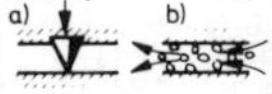	a) Riefen, Ausbrechungen, Einbettung, Glättung b) flaches Riefen, Auswaschungen
erosiver	hydroabrasiver V. Strahl-V. weitere erosive Arten	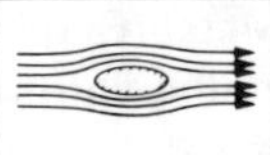	Wellen, Mulden, Durchschlag, Auswaschungen

Bild 10.5: Einteilung tribologischer Systeme in Systemgruppen (Verschleißarten)

10.5 Beispiele von Verschleißsystemen und Grundgesetzmäßigkeiten

10.5.1 „Klassische" Verschleißarten (Gleiten, Wälzen, Stoßen)

Diese Systemgruppen sind gekennzeichnet durch Grundkörper *und* Gegenkörper im Sinne einer Paarung von Maschinenelementen. Sie umfassen ein weites Feld praktischer Anwendungsfälle und extremer Beanspruchungen.

10.5.1.1 Reibungszustände beim Gleiten

In der Vakuumtechnik oder auch bei inerter Atmosphäre als Umgebungsmedium liegen sehr reine, höchstens durch dünne Gasadsorptionsschichten voneinander getrennte Oberflächen vor. Hierbei spielt die Adhäsionsneigung der Paarungswerkstoffe, die durch plastische Verformung im Mikrobereich verstärkt sein kann, eine entscheidende Rolle. Ein Beispiel für die paarungsbedingte Adhäsionsneigung zeigt Bild 10.6. Eine sehr dünne Indiumschicht wird durchgedrückt mit der Folge hoher Adhäsionswirkung (Reibungszahl) zwischen den gleichartigen Partnern aus Werkzeugstahl. Läuft der Gleitvorgang innerhalb der Indiumschicht ab (zunehmende Schichtdicke), so ist die Adhäsionswirkung und damit die Reibung niedrig; die niedrige Scherfestigkeit wirkt sich ebenfalls positiv aus. Der erneute Reibkraftanstieg bei großer Schichtdicke ist auf hohe Verdrängungsarbeit zurückzuführen.

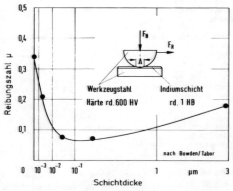

Bild 10.6: Einfluß der Dicke weicher Oberflächenschichten auf die Adhäsionsneigung und die Reibungszahl

Bei ungeschmierten Gleitvorgängen gelangen Werkstoffe mit geringer Freßneigung zum Einsatz, wie Metall/Kunststoff, Metall/Graphit, vielfach auch Verbundwerkstoffe, wie galvanische Schichten und Spritzschichten auf Karbid- oder Oxidbasis.

Wo es technisch möglich ist, wird versucht, durch Schmierstoffe eine Trennung der Partner zu erreichen[8]. Die adsorptiv angelagerten Schmierstoffmoleküle verhindern den metallischen Kontakt und damit das örtliche Fressen. Dadurch wird die Reibung gegenüber dem ungeschmierten Zustand und gleichzeitig die eingeleitete Energie herabgesetzt. Als ideal wird die vollkommene Trennung der Partner durch den Schmierfilm angestrebt (hydrodynamische Schmierung), was sich technisch nur für weniger Bauteile realisieren läßt. Häufiger ist ein Mischzustand zwischen örtlich und zeitlich wechselnder Festkörperberührung und hydrodynamischer Trennung (Mischreibung). Dieser Zustand bricht aber mit steigender Belastung und bei großer Oberflächenrauheit, abhängig von der Viskosität des Schmierstoffes und der Paarungsgeometrie, relativ rasch zusammen. Es wird daher angestrebt, daß — durch den Vorgang selbst gesteuert — in den Mikrokontaktbereichen Reaktionsschichten mit den Bestandteilen der Schmierstoffe (Additiven) gebildet werden, die eine zusätzliche höher belastbare Trennung bewirken. Bei örtlichen Störungen infolge Überbelastung kann sich die Reaktionsschicht regenerieren, was mit einer Einglättung der Oberfläche verbunden ist, Bild 10.7 a und b.

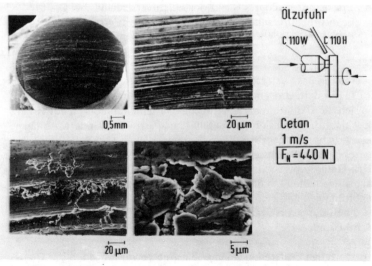

Bild 10.7 a: Erscheinungsbild des adhäsiven Verschleißes bei Gleitbeanspruchung nach Druchbruch des adsorbierten Schmierfilmes

Zwischen den beiden Extremen, der hochreinen und der gezielt geschmierten Oberfläche, liegt ein weiter Bereich technisch ungeschmierter Paarungen. Hierbei

Bild 10.7 b: Erscheinungsbild des Reaktionsschichtverschleißes bei Gleitbeanspruchung mit Anteilen von adhäsivem Verschleiß und örtlichem Durchbruch der Reaktionsschicht

hängt das Verhalten des Systems in starkem Maße von der Reaktionsbereitschaft der Werkstoffe mit dem Umgebungsmedium ab. Bei Gleitverschleißbeanspruchung kann sich die Oxidation der Gleitflächen verschleißmindernd auswirken, da die Oxidschicht die Adhäsion der metallischen Partner verhindert. Abhängig von der Beanspruchung — gegeben durch Geschwindigkeit und Belastung — laufen unterschiedliche Prozesse ab, die jeweils mit anderen Grenzschichtreaktionen und sogar Gefügeumwandlungen verbunden sind, Bild 10.8. Die Unterschiede im Verschleißverhalten bei den verschiedenen Mechanismen können zwei bis drei Größenordnungen betragen. Die Luftfeuchtigkeit hat einen wesentlichen Einfluß auf die Bildung von Grenzschichtreaktionen und damit auf den Verschleiß, Bild 10.9.

Die bisher getroffenen Feststellungen über die Wechselwirkungen in der Grenzschicht gelten allgemein, unabhängig von der Bewegungsform. Darüber hinaus gibt es Erscheinungen, die für die Bewegungsart spezifisch sind.

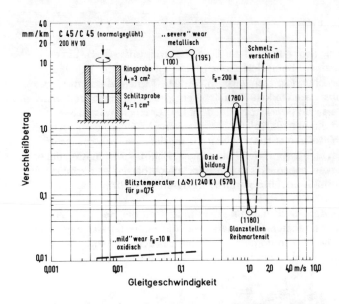

Bild 10.8: Einfluß der Energieeinbringung auf die ablaufenden Verschleißmechanismen und die Verschleißerscheinungsform

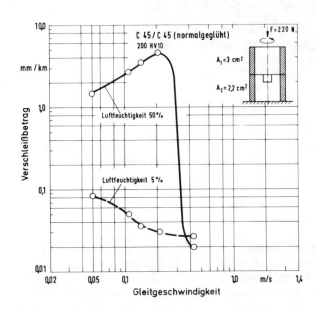

Bild 10.9:
Einfluß der Luftfeuch-
tigkeit auf das Ver-
schleißverhalten von
weichem Stahl, nach[1]

10.5.1.2 Wälzen

Bei Wälzbeanspruchung liegt aufgrund der Eingriffsverhältnisse (z. B. Linienberührung bei Zahnflanken) hohe Hertz'sche Flächenpressung vor. Durch die wiederholten Beanspruchungsspitzen wird im Werkstoff Energie akkumuliert, bis nach einer Inkubationsphase Werkstoffbereiche entsprechend einem zeit- bzw. dauerbruchartigen Versagen (Werkstoffermüdung) ausbrechen, was zu der bekannten Pittingbildung führt[9]. Solche Zahnflankenschäden können auch bei intakten Schmierverhältnissen auftreten, weil die pulsierende Druckbeanspruchung über den Ölfilm übertragen wird (Ölpittings). Zahnflanken müssen daher eine hohe Dauerfestigkeit haben, was durch Randschichthärten (Aufkohlen und Härten bzw. Induktionshärten, Nitrieren und Borieren) erreicht werden kann.

Da sich die Tiefenlage des Schubspannungsmaximums mit der Reibungszahl (Tangentialkraft) in der Grenzschicht ändert, muß die Einhärtetiefe so groß gewählt werden, daß das Maximum noch innerhalb der Schicht liegt. Andernfalls kommt es zu Abplatzungen der harten Randschicht, Bild 10.10.

Abplatzungen an einsatzgehärtetem Ritzel

Bild 10.10: Abplatzungen an einsatzgehärtetem Ritzel infolge hoher Belastung und nicht ausreichender Einhärtetiefe

10.5.1.3 Stoßen

Bei Stoßprozessen treten Druckbeanspruchungen mit kurzen Kraftanstiegszeiten in den Kontaktbereichen auf. Dies führt ebenfalls zu Ermüdungsschäden, die ähnlich sein können wie die bei Wälzbeanspruchung mit geringem Schlupf. Die Werkstoffe müssen die gleichen Anforderungen hoher Dauerfestigkeit erfüllen. Treten unvorhergesehen hohe Stoßbeanspruchungen auf, für die der Werkstoff nicht ausgelegt ist, wie im Falle der Stricknadel einer Strickmaschine aus Federstahl, Bild 10.11, so sind plastische Materialverformungen die Folge. Bei der hier vorliegenden überlagerten Gleitbeanspruchung ist zusätzlich Materialabtrag nach dem Mechanismus des adhäsiven Verschleißes (vgl. 10.3) aufgetreten.

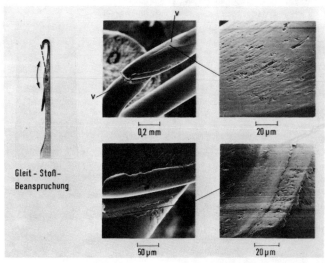

Bild 10.11: Stoß-Gleitverschleiß an einer Nadel einer Rundstrickmaschine

10.5.1.4 Schwingen

Wenn die Relativbewegung — normal zur Oberfläche (pulsierende Kraft) oder in der Kontaktebene (pulsierender Weg) — durch eine hochfrequente Schwingung mit kleiner Amplitude hervorgerufen wird, treten Mechanismen und Erscheinungsbilder auf, die von den bisher behandelten stark abweichen können. Diese Verschleißart wird als Schwingungsverschleiß (früher Reiboxidation, Passungsrost u. a.) bezeichnet. Kennzeichnend hierfür ist die wechselnde Beanspruchung der Grenzschicht, was zur Werkstoffermüdung führt. Meist sind aber die Ermüdungserscheinungen nicht direkt sichtbar, weil die Oxidation der durch den Beanspruchungsvorgang mechanisch aktivierten Oberfläche dominiert[10]. Schaltet man die Oxidationswirkung aus, z. B. durch Verwendung von inerter Atmosphäre, ist der Prozeß der Werkstoffermüdung erkennbar, Bild 10.12[11]. Bei Zutritt von Sauerstoff überwiegt oftmals die Abrasivwirkung der oxidischen Verschleißpartikel, die in der Kontaktzone hin und her bewegt werden.

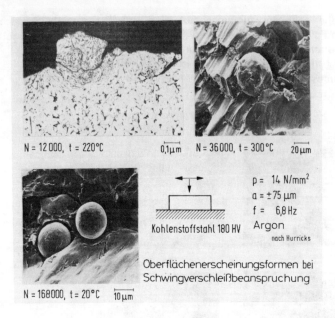

Bild 10.12: Werkstoffzerrüttung infolge schwingender Gleitbewegung unter Ausschluß von Luftsauerstoff, nach[11]

Bild 10.13 zeigt eine durch Schwingungsverschleiß zerstörte Oberfläche eines Kugellagersitzes einer Welle.

Bild 10.13: Schwingungsverschleiß mit überlagerter Korrosion am Sitz eines Kugellagers

Als Abhilfe können antiadhäsive Werkstoffe oder Werkstoffe mit geringer Oxidationsneigung genannt werden. Die Anwendung von Schmierstoffen bringt nur dann wesentlichen Erfolg, wenn durch den Schmierstoff der Sauerstoff der Umgebung von der Kontaktstelle ferngehalten werden kann. In vielen Bereichen kann Oxidkeramik mit Erfolg eingesetzt werden.

10.5.2 Abrasion und Erosion

Abrasion beschreibt einerseits den Verschleißmechanismus des Furchens und Ritzens, der Begriff steht aber auch für die Verschleißart, bei der ein relativ starr gehaltenes Abrasivkorn auf die Oberfläche eines Maschinenteils einwirkt. Beispiele für diese Verschleißart sind Bohren von Gestein und Druckzerkleinerung von Abrasivstoffen.

Vom Mechanismus her gleichartig, aber in der Beanspruchungshöhe milder, ist die Erosion. Hier wirken lose Abrasivpartikel auf die Oberfläche der Bauteile ein. Es handelt sich in der Regel um einen Gutstrom, der durch Schwerkraft, Fliehkraft, Druckluft oder Flüssigkeit bewegt wird. Einzelne Bereiche der Erosion werden wegen ihrer Bedeutung in der Technik noch besonders behandelt, so z. B. hydroabrasiver Verschleiß, bei dem das Trägermedium eine Flüssigkeit ist und Strahlverschleiß, wobei hier die Partikel mit teilweise hoher Geschwindigkeit auf die Bauteiloberfläche auftreffen.

Obwohl es bei abrasiver und erosiver Beanspruchung viele Gemeinsamkeiten gibt, lassen sich die Anforderungen an die Werkstoffe nur bei differenzierter Analyse der Beanspruchungsbedingungen beschreiben. Im Vordergrund steht der Mechanismus der Furchung. Adhäsive Prozesse spielen bei den mineralischen Gegenstoffen — und diese werden hier in erster Linie betrachtet — praktisch keine Rolle.

Als zentrale Größe hat sich daher das Härteverhältnis zwischen Abrasivkorn und Bauteil ergeben. Ist das Abrasivkorn weicher als der Werkstoff, so ist es nicht in der Lage, den Werkstoff zu ritzen. Verschleißprozesse dieser Art sind mit geringem Materialabtrag verbunden (Tieflage des Verschleißes). Bei hartem Abrasivkorn und vergleichsweise weichem Werkstoff tritt hoher Materialabtrag auf (Hochlage des Verschleißes). Zwischen beiden Zuständen existiert meist ein relativ steiler Übergang, es kommt zu dem typischen Tieflage-/Hochlageverhalten der Werkstoffe[12, 13], Bild 10.14. Wegen dieser scheinbar einfachen Beziehung zwischen dem Werkstoffkennwert Härte und dem Verschleiß hält sich in diesem Bereich leider immer noch der Begriff des „verschleißfesten Werkstoffes", obwohl auch hier nur das tribologische System in seiner Gesamtheit betrachtet werden kann.

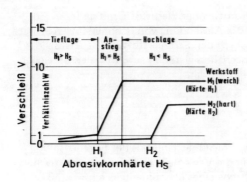

Bild 10.14:
Hochlage-/Tieflagecharakteristik
bei Abrasiv-Gleitverschleiß

Hohe Härte allein ist in vielen Fällen jedoch noch keine ausreichende Verschleißschutzmaßnahme, denn insbesondere für stoßartige Beanspruchungsprozesse spielt die Art der Energieumsetzung im Werkstoff die entscheidende Rolle.

10.5.2.1 Abrasiv-Gleitverschleiß

Die typischen Merkmale des Abrasivverschleißes (Korn-Gleitverschleiß) weist der Bolzen des Pendelgelenkes eines Baggers auf, Bild 10.15. Hartes Abrasivkorn ist zwischen Bolzen und Schale gelangt und hat unter hohem Druck zu starker Riefenbildung geführt. Kennzeichnend ist auch der starke Materialabtrag, der die Verschleißreserve aufzeigt und bestimmend für die Dimensionierung ist.

Die Härte ist bei solchen Vorgängen (in der Hochlage) die dominierende Größe, was in den ansteigenden Kurven des Verschleißwiderstandes in Abhängigkeit von der Werkstoffhärte, Bild 10.16, zum Ausdruck kommt, doch zeigen diese Ergebnisse deutlich, daß noch andere Faktoren das Verhalten mitbestimmen. Bei harten Stoffen werden wegen ihrer geringen Zähigkeit nach Überschreiten der Elastizitätsgrenze in der Regel Bruchvorgänge ausgelöst, weshalb sich Komponenten im Werkstoff, die trotz hoher Härte noch zu einer gewissen Duktilität führen, positiv auswirken. Dies ist die Erklärung für das günstigere Verhalten der Manganhartstähle und legierten Hartgußsorten und kann auch der Grund für den positiven Einfluß von Restaustenit sein[14].

Bei vorgegebenem Abrasivstoff ist anzustreben, die Werkstoffhärte so hoch zu wählen, daß der Verschleißprozeß in der Tieflage abläuft. Die heute üblichen Auftragsschweißungen und Spritzschichten bieten neben den vielfach eingesetzten Hartmetallen und Hartgußsorten gute Möglichkeiten für einen wirtschaftlichen Verschleißschutz.

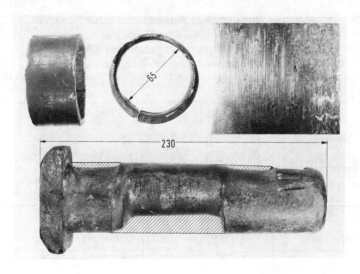

Bild 10.15: Verschleißerscheinungsform eines Pendelgelenkes, hervorgerufen durch Abrasivstoff zwischen Lagerschale und Bolzen

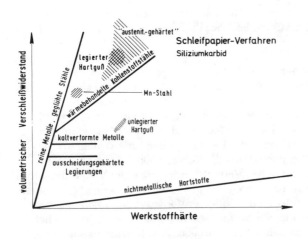

Bild 10.16: Grundgesetzmäßigkeit zwischen Verschleiß und Werkstoffhärte bei Abrasiv-Gleitverschleiß in der Hochlage, nach [13]

10.5.2.2 Hydroabrasiver Verschleiß

Grundsätzlich gelten die gleichen Gesetzmäßigkeiten wie beim Abrasiv-Gleitverschleiß, wobei hier jedoch die Beanspruchung durch die dämpfend wirkende

Flüssigkeit milder ist, dafür aber eine korrosive Wirkung vorhanden sein kann. Durch die tribologische Beanspruchung wird die Oberfläche mechanisch aktiviert und passivierende Schutzschichten können sich nicht ausbilden oder werden zerstört, weshalb die Korrosionskomponente meist erheblich verstärkt wird[15].

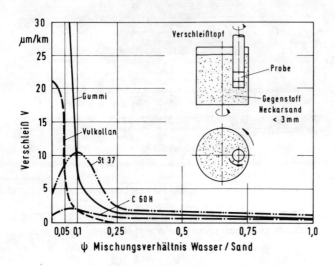

Bild 10.17: Einfluß der Sandbefeuchtung auf das Verschleißverhalten von Stählen und Elastomeren, nach[15]

Am Beispiel von befeuchtetem Sand (bis hin zu aufgeschwemmtem Sand) konnte gezeigt werden, daß sich mit zunehmendem Wasseranteil gehärteter Stahl und weicher Stahl St 37 grundsätzlich anders verhalten als Elastomere. Es besteht eine starke Abhängigkeit des Verschleißes vom Wasseranteil, Bild 10.17. Das Verschleißmaximum bei geringer Befeuchtung ist auf ein Maximum der Kohärenzkräfte im Sand und damit der Beanspruchung zurückzuführen. Verstärkt wird dieser Effekt noch durch die Korrosionskomponente, die mit steigender Beanspruchung zunimmt. Versuche unter Argon im Vergleich zu Luft lassen diesen Korrosionseinfluß erkennen, Bild 10.18. Bei höherem Wasseranteil weisen Elastomere (z. B. Vulkollan) günstigeres Verhalten auf als die meisten Stähle, Bild 10.17. Der Grund, hierfür ist die Aufnahme der Einzelstöße überwiegend elastisch und die Beständigkeit gegenüber dem Korrosionsangriff. Gummibeschichtete Mischer- und Rührelemente haben sich daher in diesem Bereich bewährt.

Wenn Flüssigkeiten ohne Feststoffanteil auf eine Werkstoffoberfläche einwirken, können ebenfalls Verschleißerscheinungen auftreten, weil bei hohen Strömungs-

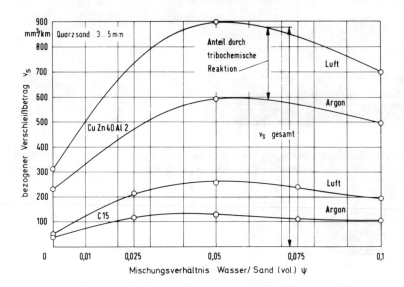

Bild 10.18: Einfluß der Umgebungsbedingungen — Sandfeuchte und Atmosphäre — auf das Verschleißverhalten metallischer Werkstoffe, insbesondere im Hinblick auf tribochemische Prozesse

geschwindigkeiten die Scherkräfte einen Werkstoffabtrag hervorrufen, der bei Metallen durch die Korrosion noch verstärkt wird (Erosionskorrosion), Bild 10.19. Chromlegierte Stähle sind aufgrund der passivierenden Oxidschicht gegenüber Erosionskorrosion durch strömendes Wasser ohne Abrasivstoff beständiger als unlegierte Stähle.

Treten Störungen in der Strömung auf, so kommt es unter Umständen zu Kavitation und bei strömenden Zweiphasengemischen (Dampf/Flüssigkeit) zu Erosion durch Tropfenschlag. Auf diese Verschleißarten wird hier jedoch nicht näher eingegangen.

10.5.2.3 Strahlverschleiß

Bei dieser besonderen Form der Erosion sind Beanspruchungsbereiche zu unterscheiden, die unterschiedliche Anforderungen an die Werkstoffe stellen. Treffen die Abrasivpartikel unter flachem Winkel auf, findet hauptsächlich ein Furchungsprozeß statt und die entscheidende Werkstoffkenngröße ist die Werkstoffhärte. Bei steilem Aufprall der Körner ist die Art der Energieaufnahme — elastisch, plastisch, Bruch — die kennzeichnende Größe, die das Verschleiß-

Erosions-Korrosion

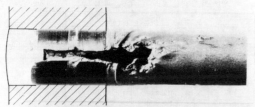

Eingewalztes Stahlrohr, Hochdruck- Speisewasser-
vorwärmer 160 bar, TH 31, Ursache Rohrfehler(Anrisse)

Kupplungsrohr Cu Zn 37 für
Wasserleitung aus Kunststoff

Bild 10.19:
Beispiele von Schäden,
hervorgerufen durch
Erosionskorrosion

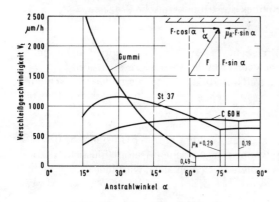

Bild 10.20:
Einfluß des Anstrahlwinkels
auf das Verschleißverhalten
von weichem Stahl, gehärte-
tem Stahl und Gummi in
der Hochlage nach[15]

verhalten bestimmt. Diese Verhältnisse werden im Anstrahlwinkelschaubild anschaulich wiedergegeben[16], Bild 10.20. Bei kleinem Winkel verhält sich wegen des höheren Ritzwiderstandes der harte Stahl günstiger als der weiche, bei steilen Winkeln kehren sich die Verhältnisse um, weil der weiche und „zähe" Werkstoff einen Großteil der Energie durch Verformung aufnehmen kann, während der harte und „spröde" Werkstoff durch Bruchvorgänge im Mikrobereich zerstört wird. Gummi nimmt die Energie weitgehend elastisch auf und hat daher in diesem Bereich niedrigen Verschleiß. Da zwischen Werkstoffhärte und Zähigkeit

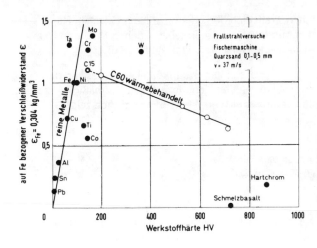

Bild 10.21: Zusammenhang zwischen Verschleißwiderstand und Werkstoffhärte bei Prallstrahlverschleiß (90°) in der Hochlage

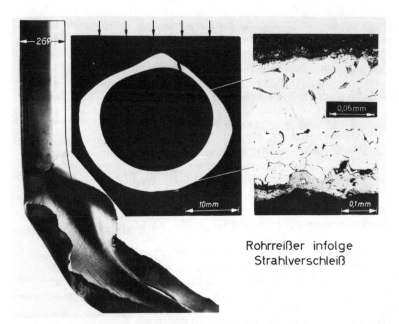

Rohrreißer infolge Strahlverschleiß

Bild 10.22: Verschleißerscheinungsform eines Überhitzerrohres nach Einsatz in einem mit Braunkohle befeuerten Kessel, Strahlverschleiß durch Asche

gewisse Beziehungen bestehen, stellt sich der Zusammenhang zwischen Härte und Verschleißwiderstand zumindest für die wärmebehandelten Stähle anders dar, Bild 10.21, also bei Abrasiv-Gleitverschleiß (vgl. Bild 10.16).

Am Beispiel eines Überhitzerrohres aus einem Braunkohlekessel, das von der Flugasche im Abgas angeströmt wurde, läßt sich die Grundgesetzmäßigkeit des winkelabhängigen Verschleißes eines duktilen Werkstoffes deutlich zeigen, Bild 10.22.

10.6 Werkstoffe für Verschleißbeanspruchung

Wenngleich ohne nähere Kenntnis des tribologischen Systems keine verbindlichen Werkstoffe für Verschleißschutz vorgeschlagen werden können, sollen doch die Grundtendenzen im Zusammenhang mit den Verschleißmechanismen nochmals als Orientierungshilfe zusammengefaßt werden.

So kann generell gesagt werden, daß beim Kontakt zweier Metalle die Adhäsionsneigung gering gehalten werden muß, wozu sich antiadhäsive Paarungen oder Trennschichten (Schmierstoffe) eignen. Dem Mechanismus des Ermüdungsverschleißes muß durch Werkstoffe mit hoher Dauerfestigkeit begegnet werden, wobei bei Wälzvorgängen zusätzlich die Schubkomponente infolge der horizontal angreifenden Reibungskraft berücksichtigt werden muß und die gepaarten Werkstoffe deshalb auch geringe Adhäsionsneigung haben sollen.

Bei Erosionsvorgängen durch harte mineralische Stoffe muß der Werkstoff möglichst hohe Härte aufweisen, damit im Sinne des Hochlage-/Tieflageverhaltens niedrige Verschleißwerte erzielt werden. Bei harten Werkstoffen kann jedoch unter Umständen die meistens gleichzeitig damit verbundene niedrige Zähigkeit nachteilig sein, was zu vermehrten Mikrobruchvorgängen führt. Bei energiegesteuerten Vorgängen, wie z. B. Stoß- und Prallstrahlprozessen, ist hohes elastisches und/oder plastisches Energieaufnahmevermögen vorteilhaft. Dieser Bereich kann ein prädestiniertes Anwendungsgebiet für Elastomere sein.

Für die verschiedenen Verschleißbeanspruchungen stehen eine Vielzahl von Werkstoffen zur Verfügung, die aufgrund der systemspezifischen Verschleißmechanismen ausgewählt werden müssen[17]. In vielen Fällen reicht es aus, geeignete Paarungen aus Grundwerkstoffen, wie sie in Bild 10.23 aufgeführt sind, auszuwählen. Als weiterer Schritt können die Grundeigenschaften der Werkstoffe durch Oberflächenbehandlung an die tribologischen Erfordernisse angepaßt werden[18]. Technisch wichtige Verfahren sind Randschichthärten durch Aufkohlen, Nitrieren, Borieren u. a. Bild 10.24 gibt eine Übersicht über häufig angewandte Verfahren.

GESAMTÜBERSICHT ÜBER "VERSCHLEISSFESTE WERKSTOFFE"

Eisenwerkstoffe	Grauguß, Temperguß, Stahlguß, Hartguß einschließlich Hartlegierung, Stahl, Verbundwerkstoffe
Nichteisenmetalle	Bronze, Rotguß, Messing und weitere Schwermetall-Legierungen, Leichtmetall
Hartmetalle	gesintert, gegossen
Hartstoffe, nichtmetallische	Sinterkorund, Schmelzbasalt u. a.
Kunststoffe	Thermoplaste, Duromere, Elastomere, gefüllte Kunststoffe
Schutzschichten	Auftragschweißungen, galvanische und chemische Überzüge, Diffusionschichten, Plattierungen u. a.
Sonderwerkstoffe	Sintermaterial, Metallkeramik, Feinguß, Whisker u. a.

Bild 10.23: Gesamtübersicht der Werkstoffe, die für tribologische Probleme eingesetzt werden

Vielfach müssen Bauteile außer der tribologischen Beanspruchung auch noch andere Anforderungen, z. B. hinsichtlich Festigkeit, erfüllen. Hier eignen sich Verbundwerkstoffe, die durch Auftragsschweißen, Aufspritzen, Aufgießen u. a. hergestellt werden können, aber auch lösbare Verbindungen, Bild 10.25.

Wenn Korrosion neben der Verschleißbeanspruchung mitwirkt, ist sorgfältig zu prüfen, welches die maßgebenden Einflußgrößen sind. Vielfach kann durch Einsatz von Werkstoffen, die aus tribologischen Gesichtspunkten ausgewählt werden, die Korrosionskomponente mit reduziert werden, wenn es sich um verschleißinduzierte Korrosion handelt. Daneben gibt es eine Vielzahl von Fällen, bei denen die Korrosion die ausschlaggebende Rolle spielt und die Werkstoffauswahl nach überwiegenden Korrosionsgesichtspunkten getroffen werden muß. Antwort kann jeweils nur eine genaue Analyse des tribologischen Systems geben.

10.7 Zusammenfassung

Unter den Maßnahmen zum Verschleißschutz spielt die richtige Werkstoffauswahl als eine der Systemgrößen zwar eine entscheidende, aber nicht die allein-

ERHÖHEN DES VERSCHLEISSWIDERSTANDES INSBESONDERE BEI EISENWERKSTOFFEN

Ändern der Stoffeigenschaften in der Oberflächenschicht

Verfahren	Struktur	HV
Tauch-, Induktions-, Flamm-, Einsatz-	Martensit (Fe_3C)	bis rd. 900
Impuls-, Reib-, Schleif-, Strahl-Härten	Reibmart., -aust.	bis 1100
Karbo-	Martensit (Fe_3C)	bis rd. 900
Gas-, Bad-, Jo-, Pulver- Nitrieren	Nitride (Karbide)	bis 1200
Nitrieren von Titanlegierungen	(N, C, O) hex.	bis 750
Sulfinuzieren	Sulfide, Nitride	725
Borieren	Fe_2B (FeB)	1700 - 2200
Inchromieren	(Fe, Cr)-Karbide	1400 - 1600 (2000 - 2600)
Vanadieren	(Fe, V)-Karbide	2000 u. höher
Elektrofunkenbehandlung	Martensit (N, W)	bis 1000
Oxidieren (Al-Guß u. Knetwerkstoffe)	Al_2O_3, porös	420 - 440 (20p)
Kaltverfestigen, Hämmern, Drücken, Rollen, Walzen, Kalibrieren u. a.		

Bild 10.24: Oberflächenbehandlungsverfahren metallischer Werkstoffe zur Verbesserung der tribologischen Eigenschaften

ige Rolle. Viele Probleme können konstruktiv gelöst werden, sei es daß durch konstruktive Maßnahmen das Beanspruchungskollektiv des Systems herabgesetzt wird, oder dem unvermeidbaren Verschleiß durch leichte Austauschbarkeit der Verschleißteile begegnet wird, wenn auch Instandhaltung, Produktionsausfall u. a. in die Wirtschaftlichkeitsbetrachtung einbezogen werden. Im Hinblick auf die technische Funktion des Bauteils ist auch aus wirtschaftlichen Gründen zu prüfen, welche Verschleißreserve vorzusehen ist. Wenn z. B. ein Maschinenteil nach 2/10 mm Verschleiß seine Funktion nicht mehr erfüllen kann, sind millimeterdicke Panzerungen unangebracht; umgekehrt ist z. B. eine Hartchromschicht von 80 μm Dicke nicht optimal, wenn das Bauteil selbst nach einem Werkstoffabtrag von mehreren Millimetern noch seine Funktion erfüllen kann. Im Bereich der Maschinenelementpaarungen ist jeweils zu prüfen, in wie weit durch Anwendung bzw. Optimierung von Schmierstoffen das tribologische Verhalten des Systems verbessert werden kann.

Bei dem Bemühen, Verschleiß und die damit verbundenen Kosten zu senken, müssen alle Elemente des tribologischen Systems berücksichtigt werden.

ERHÖHEN DES VERSCHLEISSWIDERSTANDES DURCH AUFTRAGSCHICHTEN

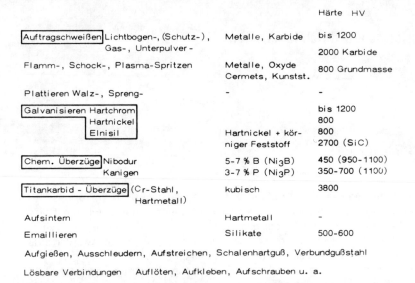

		Härte HV
Auftragschweißen Lichtbogen-, (Schutz-), Gas-, Unterpulver-	Metalle, Karbide	bis 1200 2000 Karbide
Flamm-, Schock-, Plasma-Spritzen	Metalle, Oxyde Cermets, Kunstst.	800 Grundmasse
Plattieren Walz-, Spreng-	-	-
Galvanisieren Hartchrom Hartnickel Elnisil	Hartnickel + körniger Feststoff	bis 1200 800 800 2700 (SiC)
Chem. Überzüge Nibodur Kanigen	5-7 % B (Ni$_3$B) 3-7 % P (Ni$_3$P)	450 (950-1100) 350-700 (1100)
Titankarbid - Überzüge (Cr-Stahl, Hartmetall)	kubisch	3800
Aufsintern	Hartmetall	-
Emaillieren	Silikate	500-600
Aufgießen, Ausschleudern, Aufstreichen, Schalenhartguß, Verbundgußstahl		
Lösbare Verbindungen Auflöten, Aufkleben, Aufschrauben u. a.		

Bild 10.25: Oberflächenbeschichtungsverfahren zur Erhöhung des Verschleißwiderstandes

Der Einsatz hochlegierter Werkstoffe zu Verschleißschutzzwecken sollte auf das Notwendigste beschränkt sein, um der Verknappung der Rohstoffe entgegenzuwirken.

Dr. rer. nat. Heinz-Joachim Rother

11
Korrosionsschutz durch Inhibitoren

11.1 Einleitung

Die Anwendung von Korrosionsinhibitoren zählt zu den aktiven Korrosionsschutzverfahren. Es ist in vielen Fällen die einfachste und zumeist wirtschaftlichste Maßnahme zur Bekämpfung der Metallkorrosion, vor allem dann, wenn eine bereits fertiggestellte Anlage nachträglich gegen Korrosion geschützt werden muß. Korrosionsinhibitoren sind aber sicherlich keine Allheilmittel. Werden die Inhibitoren jedoch rechtzeitig und anwendungstechnisch richtig eingesetzt, lassen sich Korrosionsprobleme lösen oder von vornherein vermeiden. Kenntnisse über die verschiedenen Inhibitoren, deren Einsatzmöglichkeiten und Wirkungsweisen bieten hierzu sowie bei der Suche oder Auswahl geeigneter Inhibitoren für ein bestimmtes Anwendungsgebiet nützliche Entscheidungshilfen.

11.2 Korrosionsinhibitoren

11.2.1 Definition, Wirkungsweise und Klassifikation von Inhibitoren

Um Metalle gegen Korrosion zu schützen, setzt man dem angreifenden Medium bestimmte organische und/oder anorganische Stoffe zu, die als Korrosionsinhibitoren bezeichnet werden. Allgemeine Aufgabe eines Inhibitors ist, die Korrosionsgeschwindigkeit herabzusetzen. Dieses wird dadurch erreicht, daß die Inhibitoren

— die anodischen und/oder kathodischen Teilreaktionen (allgemein Elektrodenreaktionen) der Korrosion stark verlangsamen: sie wirken an der Phasengrenze Metall/Medium; oder
— den Korrosionsvorgang durch chemische Reaktion mit den angreifenden Agenzien hemmen; sie wirken im Medium.

Nicht zu den Korrosionsinhibitoren gehören solche Substanzen, die *vor* dem Kontakt Metall/angreifendes Medium auf den Werkstoff aufgebracht wurden (z. B. Lackfilme, Kunststoffbeschichtungen).

11.2.1.1 Inhibition aus chemisch-physikalischer Sicht

Die Wirkungsweise von Inhibitoren, die den chemischen und/oder elektrochemischen Korrosionsvorgang hemmen, läßt sich vereinfacht wie folgt erklären. Auf der Metalloberfläche werden die Inhibitormoleküle aufgrund von Wechselwirkungskräften zwischen Metall und Inhibitor adsorptiv gebunden (s. Bild 11.1).

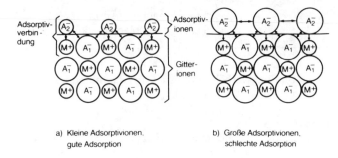

a) Kleine Adsorptivionen, gute Adsorption

b) Große Adsorptivionen, schlechte Adsorption

Bild 11.1: Adsorption von Ionen an der Oberfläche eines Kristallgitters (schematische Darstellung)

Je nach Größe der auftretenden Adsorptionsenergien unterscheidet man physikalische Adsorption (bis ca. 40 kJ/Mol) und Chemisorption (bis ca. 600 kJ/Mol) — s. Tabelle 11.1. Die physikalische Adsorption (Physisorption), die überwiegend in sauren Medien eine Rolle spielt, erfolgt durch relativ schwache van der Waalssche Kräfte. Im Falle der Chemisorption, die im sauren, neutralen und alkalischen Milieu wirksam werden kann, ist die adsorptive Bindung wesentlich fester und ähnelt der chemischen Bindung. Durch die Inhibitormoleküle wird auf der Metalloberfläche schließlich eine mono- oder multimolekulare Schicht aufgebaut. Besteht die Schicht aus den ursprünglich eingesetzten, chemisch unveränderten Inhibitormolekülen, dann spricht man von *Primärinhibitoren*. Inhibitoren, die im Verlauf der Adsorptionsphase z. B. durch Protonierung, Reduktion oder Reaktion mit den austretenden Metallionen chemisch verändert werden, heißen *Sekundärinhibitoren*. Die wirksamere Korrosionsinhibition wird in der Regel durch Sekundärinhibitoren erreicht, da sie an der Metallgrenzfläche chemisorptiv, also sehr fest gebunden werden.

Tabelle 11.1: Adsorption von Korrosionsinhibitoren

Physisorption	Chemisorption
schwache Wechselwirkung zwischen Metall und Inhibitor	starke Bindung zwischen Metall und Inhibitor
van der Waals'sche Kräfte: molare Adsorptionsenthalpie bis zu ca. 40 kJ/Mol	chemische Bindung: molare Adsorptions(Bindungs)- enthalpie bis zu ca. 600 kJ/Mol
keine chemische Veränderung der Metalloberfläche	Metalloberfläche wird chemisch verändert
wirksam überwiegend in Säuren	wirksam in sauren, neutralen und alkalischen Medien

Aufgrund der vorgenannten Bindungsverhältnisse lassen sich die Inhibitoren noch in zwei Hauptgruppen (s. Tabelle 11.2) einteilen:

— die *physikalischen Inhibitoren,*
— die *chemischen Inhibitoren,* denen die Destimulatoren (s. unten) zugerechnet werden.

Die physikalischen Inhibitoren blockieren aktive Stellen an der Metalloberfläche, wo sie physikalisch adsorbiert werden, ohne die Oberfläche chemisch zu verändern (Physisorption, Primärinhibitoren).

Chemische Inhibitoren reagieren mit dem Metall, dessen Oberfläche hierdurch chemisch verändert wird (Chemisorption). In der Praxis läßt sich dieses daran erkennen, daß die Metalloberfläche verfärbt und mattiert ist. Bei einem guten Inhibitor sieht die Oberflächenschicht jedoch homogen (gleichmäßige Verfärbung, Mattierung) aus. Die Schichten lassen sich durch kräftiges Reiben, z. B. mit einem Lappen, nicht entfernen.

Man unterteilt die chemischen Inhibitoren weiter in:

— Passivatoren,
— Deckschichtbildner,
— elektrochemische Inhibitoren,
— Destimulatoren.

Die Destimulatoren stellen einen Sonderfall der chemischen Inhibitoren dar, da sie nicht mit dem Metall, sondern mit aggressiven Bestandteilen des Mediums reagieren. Bekannte Destimulatoren für wäßrige Medien sind Hydrazin und Sulfit, die den Sauerstoff binden (s. a. Abschn. 11.2.4.3.3).

Tabelle 11.2: Einteilung der Korrosionsinhibitoren
chemisch-physikalische Betrachtung

Physikalische Inhibitoren

Schutzfilmbildung durch Blockierung der Metalloberfläche

Chemische Inhibitoren

- Passivatoren: dünner, gleichmäßiger, dichter Schutzfilm (ca. 20 nm), z. B. oxidierende Anionen (Nitrit, Chromat)

- Deckschichtbildner: dicke, ungleichmäßige, voluminöse Schichten, z. B. Phosphate, Arsenate

- elektrochemische Inhibitoren: dünner Oberflächenfilm durch Austauschreaktion zwischen unedlerem zu schützendem Metall und edleren Metallkationen (z. B. Hg, As, Sb), Überspannung von $H^{\oplus}$

- Destimulatoren: Wirkung auf das Korrosionsmedium, Reaktion mit aggressiven Bestandteilen, z. B. Sauerstoffentfernung mit Hydrazin

11.2.1.2 Klassifikation von Inhibitoren

Die vorstehende Beschreibung der Inhibitionsweise beruhte auf der Natur der Physisorption und der chemischen Bindung. Eine weitere Klassifikation der Korrosionsinhibitoren, die nur für die Inhibition der elektrochemischen Korrosion bzw. elektrochemischen Elektrodenreaktionen gilt, ist von der Arbeitsgruppe „Inhibitoren" der Europäischen Föderation Korrosion[1] vorgenommen worden. Hierzu ging man von der Tatsache aus, daß die elektrochemische Korrosion auf dem Vorhandensein vieler mikroskopisch kleiner Bezirke unterschiedlichen Potentials auf der Metalloberfläche basiert. Potentialunterschiede können beispielsweise durch Gitterstörungen oder durch Verunreinigungen im Metall verursacht werden, so daß lokal anodische und kathodische Bereiche (Lokalelektroden) entstehen. Demnach kann man die elektrochemische Korrosion, die an der Phasengrenze Metall/Medium abläuft, durch Inhibition der Elektrodenreaktionen bekämpfen. Von der oben erwähnten Arbeitsgruppe sind die Korrosionsinhibitoren, die durch Inhibition der Elektrodenreaktionen wirken, je nach ihrer Wirkung und ihrem Wirkungsort an der Phasengrenze (s. Bild 11.2), wie folgt eingeteilt worden:

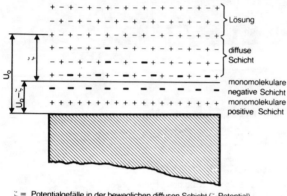

ζ = Potentialgefälle in der beweglichen diffusen Schicht (ζ-Potential)
u_n = gesamtes Potentialgefälle in der Grenzfläche

Bild 11.2:
Ladungsverteilung an einer Grenzfläche nach dem Modell von Stern

— *Grenzflächeninhibitoren*, sie hemmen durch Bildung einer quasi monomolekularen Schicht den Ionen- und Elektronendurchtritt und wirken vornehmlich in sauren Medien. Ort der Wirkung ist die Helmholtzsche Doppelschicht, d. h. unmittelbar an der Phasengrenze Metall/Elektrolyt. ,,Je nachdem, ob Grenzflächeninhibitoren anodische oder kathodische Elektrodenvorgänge hemmen, spricht man oft von ,,anodischen" oder ,,kathodischen" Inhibitoren. Eine solche Festlegung kann jedoch voreilig sein, denn manche Grenzflächeninhibitoren, insbesondere Dipole, sind mehr oder weniger zur Inhibition in beiden Richtungen fähig. Es sind sogenannte gemischte Inhibitoren"[2].

— *Elektrolytfilminhibitoren*, sie hemmen hauptsächlich durch Kolloide bzw. Suspensionen (Elektrolytfilm) den Stofftransport zu oder von der Phasengrenze. Ort der Wirkung ist die diffuse Doppelschicht. Elektrolytfilminhibition ist zwar in alkalischen, sauren oder neutralen Medien möglich, spielt aufgrund der geringen Wirksamkeit eine untergeordnete Rolle.

— *Membraninhibitoren*, sie hemmen durch Bildung verhältnismäßig dicker Deckschichten (poröse Membranen) wie die Grenzflächen- und Elektrolytfilminhibitoren und bilden zusätzlich einen deutlichen Ohm'schen Widerstand. Sie wirken am ehesten in neutralen Medien. Ort der Wirkung ist die Elektrodengrenzfläche.

– *Passivatoren*, sie ähneln den Membraninhibitoren, bilden allerdings dünnere und porenärmere Deckschichten mit höherem Ohm'schen Widerstand (Passivschichten) als diese.

Übersicht siehe Tabelle 11.3.

Tabelle 11.3: Klassifikation von Korrosionsinhibitoren: Hemmung der Elektrodenreaktionen

	Grenzflächen-inhibitoren	Elektrolytfilm-inhibitoren	Membran-inhibitoren	Passivatoren
Ort der Wirkung	Helmholtzsche Doppelschicht	diffuse Doppelschicht	Phasengrenze Metall/Medium	Phasengrenze Metall/Medium
Wirkung im Phasengrenzgebiet	zweidimensionale Belegung der Metalloberfläche	Elektrolytfilmbildung durch Kolloide oder Suspensionen	dreidimensionale, poröse Schicht (Membran)	dünne, porenarme Deckschicht
Wirkungsart	Verlangsamung von Ionenübergängen, weniger von Elektronenübergängen	Hemmung des Stofftransports von und zur Elektrodenoberfläche	Hemmung von Ionen- und Elektronenübergängen und des Stofftransports; deutlicher Ohmscher Widerstand	wie Membraninhibitoren mit höherem Ohmschen Widerstand
Wirkung im pH-Bereich	vornehmlich sauer	sauer, neutral, alkalisch	neutral, alkalisch	sauer, neutral, alkalisch

11.2.1.3 Inhibition aus elektrochemischer Sicht

Aus elektrochemischer Sicht unterscheidet man *anodisch* und *kathodisch* wirksame Inhibitoren (s. Bild 11.3, 11.4).

Die anodisch wirksamen Inhibitoren sind an einer Verschiebung des Korrosionspotentials zu edleren Werten und an einer Abflachung des anodischen Astes der Stromdichtepotentialkurve zu erkennen. Sie sind überwiegend deckschichtbildende Inhibitoren (chemische). Je nach Schutzschichtart können solche Inhibitoren aber auch „gefährlich" sein: unvollständige Bedeckung der Metallfläche, damit Gefahr einer örtlichen Korrosion durch verstärkte anodische Metallauflösung an Fehlstellen.

Die kathodisch wirksamen Inhibitoren sind an einer Verschiebung des Korrosionspotentials zu unedleren Werten und an einer Abflachung des kathodischen Astes der Stromdichtepotentialkurve zu erkennen. Hierzu gehören überwiegend physikalische, weniger chemische Inhibitoren. Sie sind als „sichere" Inhibitoren zu bezeichnen, da die anodisch verlaufende Metallauflösung nicht verstärkt wird.

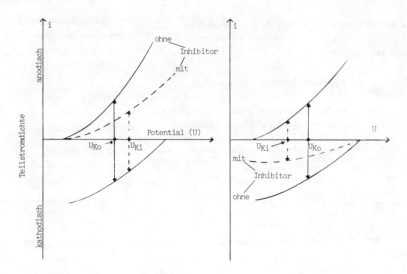

Anodische Inhibition
Das Korrosionspotential ohne Inhibitor (U_{Ko}) verschiebt sich in Gegenwart des Inhibitors zu einem edleren Wert (U_{Ki}); mit Inhibitor Abflachung des anodischen Astes der Stromdichtepotentialkurve.

Kathodische Inhibition
Verschiebung von U_{Ko} zu unedlerem Wert U_{Ki}; Abflachung des kathodischen Astes der Stromdichtepotentialkurve.

Bild 11.3: Einfluß der Inhibitoren auf die elektrochemischen Teilreaktionen (schematisch)

11.2.2 Anwendungsgebiete für Inhibitoren

Die Anwendung von Inhibitoren ist breit gefächert, und sie unterliegt prinzipiell weder im Bezug auf den Werkstoff noch auf das Korrosionsmedium einer Einschränkung. So finden sich Inhibitoren sowohl für die gebräuchlichen Eisen-, Bunt- und Leichtmetalle und ihrer Legierungen als auch für saure, alkalische, neutrale wäßrige und nicht wäßrige Medien. Gleichfalls bekannt sind Substanzen, die über das gasförmige Medium wirken, die sogenannten Gasphaseninhibitoren (s. Tabelle 11.4, 11.5).

Entsprechend groß ist die Zahl der Bereiche, in denen Inhibitoren angewendet werden. Als Beispiele seien genannt: Kühl- und Heizwassertechnik, Automobilsektor, Metallverarbeitung, Galvanotechnik, chemische wie petrochemische Industrie, Erdöl- und Erdgasgewinnung, Herstellung von Korrosionsschutzfarben und Korrosionsschutzpapieren.

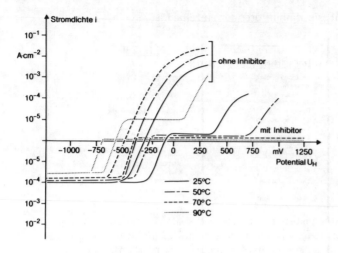

Bild 11.4: Stromdichte-Potential-Kurven von Aluminium (99,8 %) in Trinkwasser ohne und mit Inhibitor (R Preventol Cl-2)

Tabelle 11.4: Einteilung der Korrosionsinhibitoren nach Anwendungsgebieten

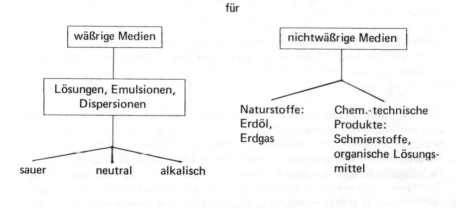

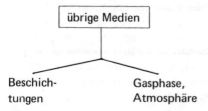

Tabelle 11.5: Korrosionsinhibitoren für einzelne Medien

Säuren	neutrale und schwach alkalische wäßrige Medien	Basen
Acetylenalkohole	Aminoalkohole	Aldehyde
Amine	Aminobenzimidazol	Aminoxide
Aminoimidazoline	Aminopyridine	Chromat
Amino-, Nitrophenole	Benzoate	Fettamine
Aminotriazol	Borax	Hydroxy-, Nitrophenole
Aldehyde	Chinolinderivate	Nitrat
Benzothiazole	Cinnamat	
Chromate	Fettamine	**Mineralöle**
Dibenzylsulfoxid	Mercaptobenzimidazol	Alkylimidazoline
Dithiophosphonsaure	Molybdat	Amine
Guanidinderivate	Nitrat	Aminopyridine
Harnstoffverbindungen	Nitrit	Ammoniumsalze,quaternar
Hexamethylentetramin	Polyetheramine	Alkylsulfonate
Phosphoniumsalze	Phosphat	Borsaureester
Sulfoniumsalze	Phosphonsaure + Zn-Salz	Chromat
Sulfonsauren	Polyphosphat	Glycerinoleate
Thioether	Silikat	Hydroxyamine
Thioharnstoffe	Triazole	Naphthensauren
Thiuramdisulfide	Sulfit	Phosphorsaureester
	Hydrazin	Stearinsauren
		Gasphase
		Amine (z. B. Cyclohexyl-, Dicyclohexyl-, Butyl-) + Nitrit
		Benzimidazolamine
		Benzoat-Nitrit
		Benzothiazole
		Triazole

Unter diesen ist das größte Betätigungsfeld die Inhibiton wäßriger Systeme. Im folgenden wird auf Inhibitoren für Kühl- und Heizwasserkreisläufe näher eingegangen.

11.2.3 Forderungen an Inhibitoren für neutrale und alkalische wäßrige Medien (Kühl- und Heizwasser)

An Inhibitoren, die zum Schutz von Kühl- und Heizsystemen eingesetzt werden, sind bestimmte Forderungen zu stellen. Die nachfolgend aufgeführten Kriterien sind zum Teil extrem und müssen von einem Inhibitor nicht alle gleichzeitig erfüllt werden. Welche Forderungen besonders wichtig sind, ergeben sich erst aus der spezifischen Anwendung in der Praxis. Inhibitoren sollten:

— sich ausreichend gut in Wasser lösen, zumindest stabile Emulsionen bilden;
— sämtliche in der Anlage verarbeiteten Werkstoffe schützen, zumindest nicht angreifen;
— gutes Migrations (Wanderungs)- und Penetrations (Durchdringungs)vermögen haben, um alle Stellen des Systems zu erreichen;

- bei kleinen Anwendungskonzentrationen einen großen und langzeitigen Schutz bieten, d. h. wirtschaftlich sein;
- keine nachteiligen Folgen für nichtmetallische Werkstoffe, Anstriche und Dichtungen haben;
- auch bei kurzzeitiger äußerster Beanspruchung durch Überhitzen und mechanische Einwirkung wirksam bleiben;
- keine Reaktions- oder Spaltprodukte bilden, die einen negativen Einfluß auf den Korrosionsschutz, auf das zu inhibierende Medium oder auf Teile der Anlage (z. B. Filter) haben;
- die Metalloberfläche nur so weit bedecken, daß sowohl der Wärmeaustausch als auch die Strömungsgeschwindigkeit nicht beeinträchtigt werden;
- auch bei Über- oder Unterdosierung keine erhöhte Korrosionsrate (Lochkorrosion) hervorrufen;
- einfach zu transportieren, zu handhaben und zu dosieren sein;
- leicht zu kontrollieren sein, d. h. schnelle und einfache Analysenmethoden zur Konzentrationsbestimmung;
- umweltfreundlich, bioabbaubar und wenig toxisch;
- verträglich sein mit Mikrobiziden und Dispergiermitteln.

Die Forderungen an einen Korrosionsinhibitor sind also beträchtlich. Verständlich ist, daß ein Inhibitor allein diesen Bedingungen nicht gerecht werden kann. Man benötigt zum Schutz der zahlreichen Metalle und Legierungen gegen die unterschiedlichsten angreifenden Agenzien eine Reihe von speziellen Inhibitoren.

In Laborversuchen haben sich Substanzen häufig als sehr gut wirksam herausgestellt. Ihrem Einsatz in der Praxis standen jedoch fast ebenso oft ökonomische und/oder anwendungstechnische Gründe entgegen. Daher gelangten relativ wenige neue Produkte zum praktischen Einsatz, obwohl die auf dem Markt befindlichen vielen Korrosionsschutzmittel eine große Zahl verschiedener Inhibitoren vermuten ließen. Bei diesen handelt es sich meist um Mischungen (compounds) bekannter und bewährter Inhibitoren, die für spezielle Zwecke kombiniert und optimiert wurden. Die gleichzeitige Anwendung mehrerer Inhibitoren kann nämlich den überraschenden Effekt zeigen, daß die Schutzwirkung der einzelnen Komponenten weit übertroffen wird, d. h. sie wirken synergistisch. Zudem gelingt es durch Kombination verschiedener Inhibitoren, die Wirkungslücken einzelner Inhibitoren auszugleichen und das Wirkungsspektrum zu verbreitern.

11.2.4 Inhibitoren für Kühl- und Heizwässer

Welche Inhibitoren zum Schutz für Kühl- und Heizungsanlagen eingesetzt werden können, hängt nicht nur vom Kühl/Heizmedium und den Werkstoffen, sondern auch wesentlich von der Wasserführung ab. Drei verschiedene Kühlwassersysteme werden unterschieden.

11.2.4.1 Kühlwasser-Durchlaufsysteme

In ihnen wird das Wasser aus einer Primärquelle nach einmaliger Verwendung wieder abgelassen. Ein Einsatz von Inhibitoren ist somit schon aus wirtschaftlichen Gründen kaum zu erwägen.

11.2.4.2 Offene Kühlkreisläufe

In ihnen wird das Wasser nach dem Wärmeaustausch und der Abkühlung in einem Kühlturm wieder verwendet. Es gehen nur geringe Wassermengen durch Verdampfung verloren. Die Voraussetzungen zur Korrosionsinhibierung sind günstig, weil die Inhibitoren ohne bedeutende Verluste im Kühlmedium verbleiben. Außerdem wird der Korrosionsschutz dadurch erleichtert, daß offene Kühlkreisläufe überwiegend nur Eisenmetalle enthalten.

Geeignete Inhibitoren sind diejenigen, die einen sehr niedrigen Dampfdruck besitzen, nicht wasserdampfflüchtig und nicht toxisch sind. Zudem sollte ihre Anwendungskonzentration, um eine zusätzliche Eindickung des Wasser zu vermeiden, sehr klein (bis etwa 100 ppm) sein.

In der Praxis haben Derivate der Phosphorsäure Bedeutung erlangt; so die Polyphosphate (Kondensationsprodukte der Phosphorsäure), die oftmals mit Zinksalzen, Silikaten oder auch organischen Polyalkoholen kombiniert werden. Ihr erfolgreicher Einsatz setzt stets eine genaue pH-Wert-Regulierung voraus. Nachteilig ist weiterhin, daß die Polyphosphate bei höheren Temperaturen und längeren Verweilzeiten im Kühlwasser allmählich zu Orthophosphaten hydrolysieren. Die entstandenen Phosphationen reagieren zum einen mit Calciumionen zu Apatit (Phosphatschlamm), zum anderen bilden sie Nährböden für Mikroorganismen.

Bessere Eigenschaften haben die in jüngster Zeit entwickelten organischen Phosphorverbindungen. Hierbei handelt es sich um Phosphonate (Derivate der phosphorigen Säure) und Polyolester (Phosphorsäureester mehrwertiger Alkohole). Charakteristisch für die Phosphonate sind somit die Kohlenstoff-Phosphor-Bindungen, für die Polyolester die Kohlenstoff-Sauerstoff-Phosphor-Bindungen.

Diese Substanzen haben gegenüber den Polyphosphaten den Vorteil, daß sie auch bei hohen Temperaturen (bis ca. 250 °C) und hohen pH-Werten (bis ca. pH 10) ohne merkliche Hydrolyse verwendbar sind. Je nach Belastung des Kühlmediums empfiehlt sich der Einsatz von Dispergiermitteln zur Suspensionsstabilisierung sowie die Anwendung von Mikrobiziden zur Unterdrückung eines mikrobiellen Wachstums. Diese zusätzlichen Maßnahmen sind für eine verstärkte Wirkung von Inhibitoren meist unerläßlich.

```
    O       O   O
    ||      ||  ||
-O-P-O-[ P-O-P ]-O-     Na-Polyphosphat
    |       |   |
    ONa    ONa ONa
```

```
              O
  |  |        ||
 -C- C -[ C - P ]- OH     Phosphonsäure
  |  |    |
          OH
```

```
              O
  |  |    |   ||
 -C- C -[ C-O-P ]- OH     Phosphorsäureester
  |  |    |
          OH
```

11.2.4.3 Geschlossene Kreislaufsysteme

In ihnen wird das Wasser verlustfrei, von Leckagen abgesehen, im Kreis geführt. Eine optimale Korrosionsinhibierung ist möglich. Da selbst große Anlagen mit aufbereitetem Wasser wirtschaftlich befüllt werden können, tritt die Bekämpfung von Steinbildungen, Ablagerungen suspendierter Feststoffe und mikrobiellem Wachstum in den Hintergrund.

Hauptproblem ist die Korrosion, die durch Anwesenheit gelöster Gase (Sauerstoff) und Anionen (Chloride) und durch die Verwendung von Metallen unterschiedlicher Potentiale begünstigt wird.

Geschlossene Kreislaufsysteme können sowohl Kühl- als auch Heizungssysteme sein. Beispiel für einen Kühlkreislauf, der erhöhten Ansprüchen genügen muß, ist der in Automobilen verwendete. Als Kühlmedien dienen in der Regel Glykol/Wasser-Gemische (Frostschutzmittel) oder nur Wasser (meist Leitungswasser). Zu schützende Metalle bzw. Legierungen sind: Stahl, Guß, Kupfer, Messing, Lot und seltener Aluminium. Die wohlbekannten Korrosionsschutzmittel sind fast ausschließlich Mischungen verschiedener Inhibitoren. Standardgemische sind z. B. Natriumtetraborat (Borax)[3], Natriumbenzoat/Natriumnitrit[4] und Triethanol-amin-Phosphat/Natrium-Mercaptobenzothiazol[5]. Für einzelne gebräuchliche Chemikalien sind nachstehend die positiven Inhibitionseffekte aufgeführt:

Eisenmetalle:	Na-Benzoat, Na-Nitrit, Triethanol-amin-phosphat, Borax, Na-Silikat, Natriummolybdat.
Kupfer- und Kupferlegierungen:	Na-Mercaptobenzothiazol, Benzotriazol, Tolyltriazol, Amino-alkyl-Benzimidazol.
Aluminium:	Na-Benzoat, Na-Nitrit, Na-Silikat.

Die gleichfalls gut wirksamen Chromate sollten bzw. dürfen aufgrund ihrer
Giftigkeit nicht mehr verwendet werden. Zudem sind sie für Frostschutzmittel
ungeeignet. Chromate sind starke Oxidationsmittel, die Glykole zu Carbonsäuren
oxidieren. Hierdurch sinkt der pH-Wert (saure Reaktion), so daß verstärkte
Korrosion eintritt.

Die Anwendungskonzentrationen der Inhibitoren liegen gewöhnlich zwischen
0,1 — 2,0 %. Zur Stabilisierung des pH-Wertes wird den Kühlflüssigkeiten meist
ein Borat- oder Phosphat-Puffer zugesetzt. Dieser bietet einen zusätzlichen
Korrosionsschutz, indem in das Kühlmedium evtl. eintretende saure Verbrennungsgase und die bei Frostschutzmitteln durch Oxidation gebildeten Carbonsäuren neutralisiert werden, ohne daß sich der pH-Wert merklich ändert.

Die genannten Inhibitoren wirken vornehmlich an der Phasengrenze Metall/
Medium und inhibieren den Teilprozeß der anodischen Metallauflösung (chem.
Inhibitoren). Bei starker Unterdosierung ist eine beschleunigte Lochkorrosion
möglich, weil die Schutz- oder Deckschichten nicht vollkommen gebildet bzw.
regeneriert werden können. Man spricht in diesem Zusammenhang daher von
sogenannten „gefährlichen Inhibitoren" (s. auch 11.2.1.3).

11.2.4.3.1 Inhibition der Kavitationskorrosion[6]

Zum Schutz gegen Kavitationskorrosion, die kühlwasserseitig bei Hochleistungsmotoren (z. B. schnellaufende Dieselmotoren, Schiffsdiesel) an Zylinderlaufbüchsen auftreten kann, haben sich Korrosionsschutzöle (weitgehend physikalische Inhibitoren) bewährt. Die Anwendungskonzentration beträgt im allgemeinen 0,5 — 2 Vol.-%. Beim Einsatz von Korrosionsschutzölen ist darauf zu achten,
daß die Wasserhärte möglichst gering ist. Der pH-Wert der Kühlflüssigkeit muß in
engen Grenzen gehalten werden, sonst besteht die Gefahr, daß die Emulsion
bricht und aufrahmt. Die speziellen anwendungstechnischen Hinweise, die von
den Lieferanten der Korrosionsschutzöle gegeben werden, sollten besonders
sorgfältig beachtet werden.

Zur Minderung der Kavitationskorrosion bei Grauguß sind auch chemische
Inhibitoren auf Basis Natriumbenzoat geeignet. Für Aluminium-Gußlegierungen
bieten sie jedoch keinen ausreichenden Schutz gegen Kavitation.

11.2.4.3.2 Prüfung der Inhibitorwirkung, ASTM-Test[7]

Ein einfach durchzuführender und dennoch aussagekräftiger Test für Korrosionsinhibitoren, die in geschlossenen Kühlkreisläufen oder Heizungsanlagen eingesetzt werden sollen, ist der Test nach ASTM D 1384-70.

Versuch: Man gibt in ein Becherglas das Metallpaket (s. Bild 11.5) und die Prüfflüssigkeit, durch die mittels einer Fritte Luft geleitet wird.

Prüfbedingungen:
- Temperatur: 88 °C
- Luft: 100 ml/min.
- Testzeit: 14 d

Nach dem Test wird das Aussehen (Anlauffarben, örtliche Korrosion, Spaltkorrosion) der Metallprüflinge beurteilt und nach dem Reinigen durch Beizen der flächenbezogene Massenverlust bestimmt.
In Bild 11.6 sind Versuchsergebnisse nach ASTM D 1384 mit verschiedenen Inhibitoren[8] graphisch dargestellt. Die Versuchszeit wurde hier auf 90 Tage ausgedehnt, um die Langzeitwirkung besser beurteilen zu können.

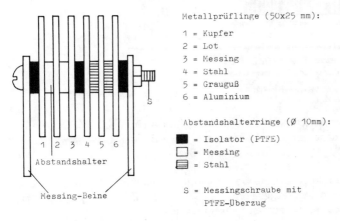

Metallprüflinge (50x25 mm):
1 = Kupfer
2 = Lot
3 = Messing
4 = Stahl
5 = Grauguß
6 = Aluminium

Abstandshalterringe (Ø 10mm):
■ = Isolator (PTFE)
□ = Messing
▤ = Stahl

S = Messingschraube mit PTFE-Überzug

Bild 11.5: Metallpaket entsprechend ASTM D 1384

11.2.4.3.3 Destimulatoren

Eine andere Möglichkeit des Korrosionsschutzes von geschlossenen Kreislaufsystemen bietet die Anwendung von Chemikalien, die den Sauerstoff binden. Hierzu eignen sich Reduktionsmittel wie Natriumsulfit und Hydrazin.

Der Einsatz des preiswerten Na-Sulfits ist möglich, wenn die Temperatur des Systems niedrig und die Salzbelastung nicht bedeutsam ist. Natriumsulfit reagiert mit Sauerstoff nach folgender Gleichung zu Natriumsulfat:

$2 Na_2SO_3 + O_2 \rightarrow 2 Na_2SO_4$

Günstigster Wirkungsbereich des Sulfits ist pH = 9 − 10.

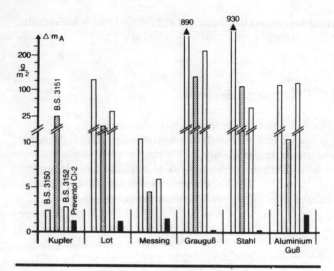

Korrosions-Test: ASTM D 1384 - 70
Test-Lösung: Korrosives Wasser
T = 88°C, Luftmenge = 100 ml/min.,
Versuchszeit = 90 d

Bild 11.6: Vergleich verschiedener Korrosionsinhibitoren: kleiner Massenverlust (Δm_A) bedeutet gute Wirksamkeit. (BS = British Standard[3, 4, 5])

Bei Heizungsanlagen, insbesondere Wasserdampf-Kreisläufen, empfiehlt sich der Einsatz von Hydrazin[9]. Es reagiert mit Sauerstoff unter Bildung von Stickstoff und Wasser nach dem vereinfachten Reaktionsschema.

$N_2H_4 + O_2 \rightarrow 2H_2O + N_2$

Die Geschwindigkeit dieser Reaktion hängt vor allem von folgenden Faktoren ab:

— Hydrazin-Überschuß (Bild 11.7, 11.8);
— Anwesenheit von Katalysatoren (Bild 11.8, 11.9);
— Temperatur des Wassers (Bild 11.9);
— pH-Wert des Wassers (Bild 11.10).

Luftgesättigtes entionisiertes Wasser (Deionat) enthält bei 20 °C 8 − 9 mg O_2/kg. Die Bindung des Sauerstoffs wird durch Erhöhung der Hydrazin-Konzentration, der Wassertemperatur und des pH-Wertes sowie durch Katalysatoren beschleunigt. Das zum Vergleich aufgeführte Levoxin[10] ist eine Hydrazin-Lösung mit Katalysator.

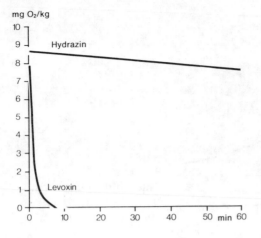

Bild 11.7:
Sauerstoffbindung durch N_2H_4-Deionat, pH 10, 20 °C, 150 mg N_2H_4/kg; R Levoxin: Hydrazin-Lösung mit Katalysator

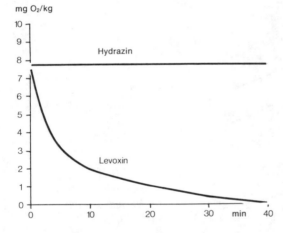

Bild 11.8:
Sauerstoffbindung durch N_2H_4-Deionat, pH 10, 20 °C, 25 mg N_2H_4/kg

Da Hydrazin lediglich die Sauerstoffkorrosion verhindert, ist das Heizwasser zuvor zu enthärten und eventuell zu entkarbonisieren. Zur Ausfällung einer Resthärte setzt man dem Wasser Trinatriumphosphat zu und erhöht im Bedarfsfall den pH-Wert durch Zugabe von Ammoniak oder Natriumhydroxid.

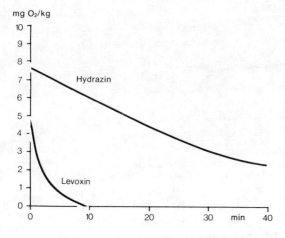

Bild 11.9:
Sauerstoffbindung durch N_2H_4-Deionat, pH 10, 60 °C, 25 mg N_2H_4/kg

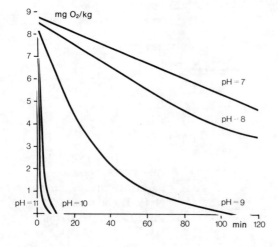

Bild 11.10:
Sauerstoffbindung durch Levoxin bei verschiedenen pH-Werten-Deionat, 150 mg N_2H_4/kg 20 °C

11.3 Zusammenfassung

Die meisten gebräuchlichen Korrosionsinhibitoren wirken an der Phasengrenze Metall/angreifendes Medium. Sie inhibieren Teilprozesse der Elektrodenreaktionen durch Bildung von Passiv- oder Deckschichten. Eine einwandfreie Schutzschichtbildung setzt somit eine saubere Metalloberfläche voraus. Die Inhibitionswirkung in offenen Kreislaufsystemen kann durch Zugabe von Dispermiermitteln und Mikrobiziden verstärkt häufig erst ermöglicht werden.

Dipl.-Ing. Walter G. v. Baeckmann

12
Grundlagen und Anwendung des kathodischen Korrosionsschutzes

12.1 Einleitung und Grundlagen

Der kathodische Korrosionsschutz ist im Gegensatz zum passiven Schutz durch organische Beschichtungen und Umhüllungen ein aktives Schutzverfahren, bei dem der elektrochemische Korrosionsvorgang elektrisch beeinflußt wird. Beim kathodischen Schutz erfolgt der Eingriff in die Korrosionsreaktion dadurch, daß dem zu schützenden Metall Elektronen aus einer Stromquelle oder durch Verbindung mit galvanischen Anoden zugeführt werden, wodurch das Potential der Metalloberfläche in kathodischer Richtung verschoben wird.

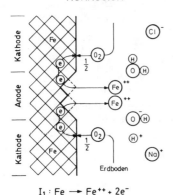

Bild 12.1:
Korrosion und kathodischer Schutzvorgang

Bild 12.1 zeigt den Korrosionsvorgang von Eisen in Elektrolytlösungen oder im Erdboden. Bei der Korrosion gehen an den anodischen Stellen Eisenatome als Eisenionen in Lösung, während Elektronen im Metall zurückbleiben. Dies ist stets der erste Schritt der Korrosion, der einer Teilstromdichte I_1 entspricht

$$I_1: \quad Fe \rightarrow Fe^{++} + 2e^- \tag{1}$$

Werden diese Elektronen durch Sauerstoff oder andere Elektronennehmer verbraucht, geht der Korrosionsvorgang ständig weiter. Beim kathodischen Schutz durch Fremdstrom oder durch eine Verbindung mit einer galvanischen Anode werden dem Metall so viele Elektronen zugeführt, daß damit der kathodische Reduktionsvorgang

$$I_2: \quad 1/2\, O_2 + H_2O + 2e^- \rightarrow 2\,(OH)^- \qquad (2)$$

vollständig befriedigt wird. Es besteht also keine Notwendigkeit und auch keine Möglichkeit mehr für Eisen, weiterhin als positives Eisenion in Lösung zu gehen.

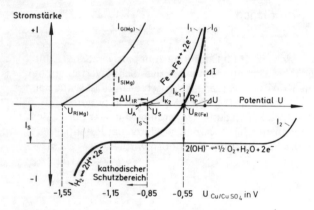

Bild 12.2: Strom- und Potentialkurven bei kathodischem Schutz

Der chemische Umsatz der Teilreaktionen I_1 und I_2 läßt sich nach Faraday als potentialabhängiger Stromdurchtritt durch die Phasengrenze Metall/Elektrolyt ausdrücken. In Bild 12.2 ist I_1 die anodische Teilstrom-Potentialkurve der Eisenauflösung mit dem Gleichgewichts-Potential U_A, I_2 die kathodische Teilstrom-Potentialkurve der Sauerstoffreduktion. Beide Kurven addieren sich zu der elektrisch meßbaren Summenstrom-Potentialkurve I_G

$$I_G = I_1 + I_2: \quad Fe + 1/2\, O_2 + H_2O \rightarrow Fe(OH)_2 \qquad (3)$$

Beim Ruhepotential U_R ist der Summenstrom $I_G = 0$, d. h. $I_2 = -I_1$. I_1 ist die als Strom ausgedrückte Korrosionsgeschwindigkeit beim Ruhepotential ohne äußere Strombelastung. Dies wird auch freies Korrosionspotential genannt. Wird durch Einfluß einer äußeren Stromquelle der Summenstrom negativ, so nimmt I_1 ab. Bei $I_1 = 0$ gibt es keine Korrosion mehr. Das Potential ist durch den äußeren Schutzstrom I_2 auf das kathodische Schutzpotential U_s abgesenkt worden.

Der erforderliche Schutzstrom kann sowohl von einer äußeren Stromquelle als auch durch die Auflösung eines in den gleichen Elektrolyten eintauchenden unedlen Metalles (Anode) aufgebracht werden. Als Anode für den kathodischen Schutz von Eisen eignet sich besonders Magnesium, da das freie Korrosionspotential von Magnesium U_{R-Mg} negativer als das Ruhepotential von Eisen U_{R-Fe} ist. In Bild 12.2 ist die Strom-Potentialkurve des Magnesiums I_{G-Mg} eingetragen. Der zur Potentialabsenkung des Eisens auf I_s benötigte Strom entspricht dem vom Magnesium abgegebenen Schutzstrom I_{s-Mg}[1]).

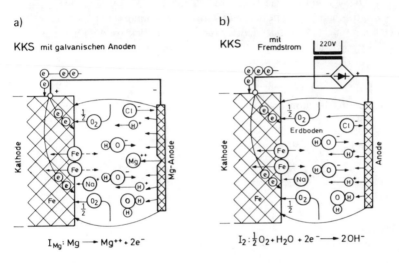

Bild 12.3: Kompensation des Korrosionsstromes beim kathodischen Schutz
  a) mit galvanischen Anoden und
  b) mit Fremdstrom

Bild 12.3 zeigt, wie der kathodische Schutz eines Korrosionselementes elektrochemisch wirkt. In Bild 12.3 a ist der kathodische Schutz mit einer galvanischen Anode dargestellt. An der Anode geht verstärkt Mg^{++} in Lösung, an der Kathode läuft die Reaktion I_2 ab, die einem in die Oberfläche eintretenden Strom entspricht. Dieser ist dem Korrosionsstrom entgegengesetzt und hebt ihn durch Überlagerung auf. Fehlt ein austretender Strom, ist auch kein Korrosionsabtrag möglich. Es fällt auf, daß vor der Kathode, entsprechend der Reaktion I_2 OH^- – Ionen gebildet werden, so daß sich hier der pH-Wert zu höheren Werten verschiebt. Dazu ist es erforderlich, daß Alkaliionen in der Lösung vorhanden sind, die in Bild 12.3 a und 12.3 b auch eingezeichnet wurden. Bild 12.3 b zeigt den kathodischen Schutz mit Fremdstrom. Hier ist das Material der Anode im Prinzip ohne Bedeutung, da durch den von außen aufgedrückten Gleichstrom, unabhängig vom Anodenpotential, ein in die Kathode eintretender Strom erzwungen wird. Der Vorgang an der Kathode ist derselbe wie in Bild 12.3 a, also wie beim kathodischen Schutz mit galvanischen Anoden. Infolge der höheren Ausgangsspannung kann aber hier eine beliebig große Stromdichte und damit eine stärkere Potentialabsenkung erzwungen werden.

Das Potential, bei dem die anodische Eisenauflösung so klein wird ($< 5\ \mu$m), daß sie praktisch keine Bedeutung mehr hat, liegt bei aerober Umgebung bei $U_{CuSO_4} = -0{,}85$ V und bei anaerober Umgebung bei $-0{,}95$ V. Zur Abschätzung des kathodischen Schutzpotentiales kann nach Wagner[2] von der Nernst'schen Gleichung für das Gleichgewichtspotential einer Elektrode ausgegangen werden

$$U_{GI} = U_o + \frac{RT}{zF} \ln \left(\frac{c}{\text{Mol/l}}\right) \tag{4}$$

Durch Einsetzen der bekannten Werte für die Gaskonstante R und die Faraday-Zahl F = 96 500 As sowie z = 2 für Eisen folgt

$$U_{GI} = U_o + 0{,}03 \text{ V} \log \left(\frac{c}{\text{Mol/l}}\right) \tag{5}$$

für eine Eisenionenkonzentration

$c = 10^{-7}$ Mol/l = 10^{-10} Mol/cm^3

wird dann

$$U_{GI} = -0{,}4 \text{ V} - 0{,}31 \text{ V} - 0{,}21 \text{ V} = -0{,}95 \text{ V} \tag{6}$$

wobei $-0{,}31$ V die Korrektur von den Werten gegen die Normal-Wasserstoffelektrode gegen die bei der Korrosionsschutztechnik übliche Kupfersulfatelektrode darstellt. Im Prinzip kann man also sagen, daß durch Absenken des Normalpotentials der Metalle um etwa 0,2 V ein kathodischer Korrosionsschutz erreicht wird. Die Größe der dabei auftretenden Korrosionsgeschwindigkeit ist dann nämlich so klein, daß sie praktisch keinen Abtrag mehr bedeutet. Wird dies Potential durch kathodische Polarisation an der Eisenoberfläche eingestellt, so daß dann an der Phasengrenze Eisen/Elektrolytlösung nur noch eine Eisenionenkonzentration von 10^{-10} Mol/cm^3 vorhanden sein kann, ist die dann noch mögliche Massenverlustrate

$$V_K = V_D = D \frac{\Delta c}{\delta} = 10^{-5} \frac{10^{-10}}{10^{-3}} = 10^{-12} \text{ Mol/cm}^2 \cdot \text{s}$$
$$= 4{,}8 \cdot 10^{-2} \text{ g/cm}^2 \cdot \text{Tag} \tag{7}$$

Dies entspricht einer linearen Abtragungsrate

$$W_l = 0{,}365 \frac{V_K}{\rho} = 2{,}2 \ \mu\text{m/Jahr}.$$

Diese Abschätzung nach dem ersten Fickschen Gesetz und der Diffusion der Eisenionen durch eine Deckschicht der Dicke $\delta = 10^{-3}$ cm zeigt, daß praktisch kein Korrosionsabtrag mehr erfolgen kann. Daraus folgt eine maximal mögliche Korrosionsgeschwindigkeit. Falls Hemmungen der Korrosionsreaktionen vorliegen, ist im allgemeinen die Korrosionsgeschwindigkeit bei dem angegebenen Schutzpotential noch kleiner. Die Abschätzung gilt jedoch grundsätzlich nur, wenn nicht durch andere Reaktionen, wie z. B. Komplexionenbildung wieder Eisenionen in größerem Umfang verbracht werden. Bei Eisen ist dieses nicht der Fall. Bei amphorteren Metallen, wie Aluminium, Zink oder Blei kann jedoch bei wesentlich negativeren Potentialen als dem Schutzpotential eine Aluminat- bzw. Zinkatbildung auftreten und die Korrosionsgeschwindigkeit bei stärkerer kathodischer Belastung wieder größer werden. Man spricht dann auch von kathodischer Korrosion, obwohl auch hierbei das Metall als positiv geladenes Ion, also anodisch in Lösung geht. Für diesen unteren Grenzwert, den man beim kathodischen Schutz nicht unterschreiten darf, spricht man auch von einem Grenzpotential. In Tabelle 12.1 sind praktische, kathodische Schutzpotentiale und Grenzpotentiale eingetragen[5)].

Tabelle 12.1: Freie Korrosionspotentiale und Schutzpotentiale einiger Gebrauchsmetalle in Erdböden und Wässern

Alle Potentialangaben beziehen sich auf die $Cu/CuSO_4$-Bezugselektrode $U_{Cu/CuSO_4} = U_H -0{,}32$ V in V
U_S = kathodisches Schutzpotential U'_S = negatives Grenzpotential

Werkstoff bzw. System	Freies Korrosionspotential (ohne Elementbildung)	U_S	U_S
un- und niedriglegierte Eisen-Werkstoffe	-0,65 bis -0,40	-0,85	entfällt
Eisen in anaeroben Böden	-0,80 bis -0,65	-0,95	entfällt
Eisen in heißen Medien	-0,80 bis -0,50	-0,95	(-1,0)[+)]
nichtrostende Stähle mit mind. 16 % Cr	-0,20 bis +0,50	-0,10	entfällt
Kupfer, Kupfer-Nickel-Legierungen	-0,20 bis 0,00	-0,20	entfällt
Blei	-0,50 bis -0,40	-0,65	-1,7
Zink	-0,90 bis -1,05	-1,30	
Aluminium	-1,00 bis -0,50	-0,62	-1,3
Stahl in Beton	-0,60 bis -0,10	-	entfällt

[+)] bei möglicher NaOH-induzierter Spannungsrißkorrosion

Bild 12.4 zeigt die Abhängigkeit der Korrosionsgeschwindigkeit von Eisen in verschiedenen Elektrolytlösungen und im Erdboden. Die gestrichelten Bereiche geben dabei das ursprünglich vorhandene freie Korrosionspotential bzw. die dabei zu erwartende Massenverlustrate an. Bei Anwendung des kathodischen Schutzes wird mit zunehmend negativem (kathodischem) Potential die Massenverlustrate der Korrosion rasch kleiner[1].

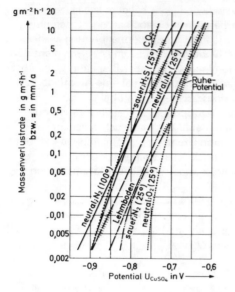

Bild 12.4: Abhängigkeit der Massenverlustrate vom kathodischen Potential

Der kathodische Korrosionsschutz kann überall dort angewendet werden, wo sich Metallkonstruktionen in einer ausgedehnten Elektrolytlösung befinden. Dies ist vor allem bei Rohrleitungen, Lagerbehältern und Kabeln im Erdboden, aber auch bei Stahlkonstruktionen im Meerwasser, wie z. B. Spundwänden, Wehren, Schleusen, Schiffen, Offshore-Anlagen der Fall. Ferner kann er in Behältern angewandt werden, in denen sich elektrolytisch leitende Flüssigkeiten befinden.

Die für den kathodischen Korrosionsschutz von blanken Eisenoberflächen erforderliche Schutzstromdichte ist etwa ebenso groß wie die Massenverlustrate der Korrosion im belüfteten Elektrolyten, also abhängig von der Größe der Sauerstoffdiffusion an die Metalloberfläche. Bei blanken Eisenoberflächen im Erdboden sind Schutzstromdichten bis zu 100 mA/m^2, im Leitungswasser je nach Temperatur und Fließgeschwindigkeit von 100 bis 300 mA/m^2 und im bewegten Meerwasser zwischen 100 und 400 mA/m^2 erforderlich[3, 4]. Im Laufe der Zeit bilden sich aber in vielen Elektrolyten bei Anwendung des kathodischen

Schutzes Deckschichten, die den Schutzstrombedarf etwa um den Faktor 2 bis 3 herabsetzen.

Die erforderliche Schutzstromdichte für den kathodischen Schutz im Boden und im Meerwasser ist jedoch meist wesentlich kleiner, da fast alle im Erdboden befindlichen Metallkonstruktionen eine passive Schutzumhüllung und viele im Wasser befindliche Metalle eine isolierende Beschichtung besitzen. Die stets vorhandenen Poren und Verletzungen, insbesondere in den Beschichtungen, aber auch in den einige mm dicken Umhüllungen für Rohrleitungen und Behälter, verringern den Schutzstrombedarf deutlich und setzen ihn auf einige Prozent des Strombedarfes der ungeschützten Flächen herab. Umhüllungen aus Polyethylen, wie sie bei erdverlegten Rohrleitungen und Umhüllungen aus Bitumen, die heute noch bei erdverlegten Behältern gebräuchlich sind, reduzieren die Schutzstromdichte wesentlich mehr als Beschichtungen[7, 11]. Bild 12.5 gibt einen Überblick über die Größenordnung des kathodischen Schutzstrombedarfes von beschichteten Stahlflächen in verschiedenen Medien.

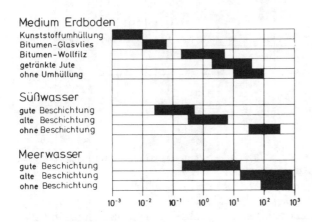

Bild 12.5: Schutzstrombedarf für kathodischen Schutz

12.2 Kathodischer Korrosionsschutz durch galvanische Anoden

Der kathodische Schutz kann, wie bereits ausgeführt, durch elektrische Verbindung mit unedleren Metallen, die in denselben Elektrolyten eintauchen, durchgeführt werden. Zwei unterschiedliche Metalle bilden in einem Elektrolyten ein galvanisches Element. Je unterschiedlicher die Metalle, d. h. je negativer die Spannung gegenüber dem Schutzobjekt ist, um so mehr Strom wird von der Anode geliefert. Die galvanische Anode für den kathodischen Schutz von Eisen im Erdboden wird meist aus Magnesiumlegierungen hergestellt. Die Stromliefe-

Tabelle 12.2: Werte von galvanischen und Fremdstrom-Anoden

Anodenmaterial	Ruhepotential U_{CuSO_4} V	Anodenspannung gegen $U_{Fe/CuSO_4} = -0.85$ V V	Anodenverbrauch kg/Aa	Zulässige Stromdichte A/m²	Anwendung
galv. Anoden:					
Magnesium	-1,5	-0,6	8	1	Erdboden, Meerwasser kleinere Objekte
Zink	-1,1	-0,2	12	0,3	niederohmige Elektrolytlösungen, Erdboden, Meerwasser
Aluminium	-1,3	-0,4	3,8	0,3	
Fremdstromanoden:		Nach anod. Belastung: U_{aus}			
Siliziumgußeisen (14% Si)	-0,4	(+1,5)	0,2...0,3	20	mit Koksbettung in Erdböden; Brack- und Trinkwasser
Graphit	+0,5	(+0,5)	0,3...0,9	10	Erdboden u. Meerwasser
Magnetit	+0,1	(+1,5)	0,001..0,004	10	Erdbod., Meerwass., Solen
Blei/Silber (2 % Ag)	-0,1	(+0,3)	0,05...0,2	20	vorwiegend Meerwasser
platiniertes Titan	+0,6	(+0,6)	$0,5 \cdot 10^{-7}$	1000	Innenschutz und Meerwasser

rung hängt nicht nur von der Spannung ΔU der Anode gegen das kathodisch geschützte Metall ab, sondern ist auch dem spezifischen Widerstand ρ des die Anode umgebenden Elektrolyten umgekehrt proportional. Für eine 5 kg Magnesiumanode gilt

$$I = \frac{\Delta U}{R} = 1 \text{ A } \frac{\Omega m}{\rho} .\tag{9}$$

Die Spannung zwischen Magnesium und kathodisch geschütztem Eisen beträgt 0,6 V, die Spannung zwischen Zink und kathodisch geschütztem Eisen meist weniger als 0,2 V. Entsprechende Werte für verschiedene Metalle und Anoden sind in Tabelle 12.2 angegeben. Bild 12.6 zeigt die Anordnung von Magnesiumanoden für den kathodischen Schutz einer Rohrleitung. Die Anoden werden über ein Verbindungskabel von mindestens 4 mm² Cu-Querschnitt mit dem zu schützenden Objekt metallisch verbunden. Zur Erniedrigung ihres Ausbreitungswiderstandes erhalten galvanische Anoden im Erdboden fast immer eine Einbettung in gut leitende Bettungsmasse, die aus Bentonit, Natriumsulfat und Calciumsulfat besteht. In hochohmigen Böden $>$ 100 Ωm werden Magnesiumanoden meist nicht mehr eingesetzt, da sie infolge ihres hohen Ausbreitungswiderstandes im Erdboden kaum ausreichenden Schutzstrom abgeben. Galvanische Anoden dürfen auch nicht in der Nähe von elektrischen Gleichstrombahnen eingesetzt werden, weil hier die Gefahr besteht, daß durch die wesentlich höhere Spannung der Schiene über die Anode ein Strom in die Leitung gedrückt wird, der dann an anderer Stelle wieder zu verstärkter Korrosion führen würde. Im großen und ganzen haben sich galvanische Anoden vorwiegend für den kathodischen Schutz im Meerwasser bewährt.

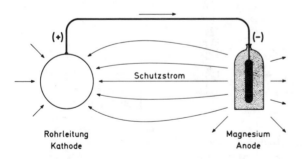

Bild 12.6: Kathodischer Schutz durch Magnesiumanode

12.3 Kathodischer Schutz durch Fremdstrom

Bei Fremdstromschutzanlagen wird der negative Pol einer technischen Stromquelle, die bei vorhandenem Stromanschluß im allgemeinen ein Gleichrichtergerät ist, mit dem zu schützenden Metall, der positive Pol mit der Fremdstromanode verbunden (siehe Bild 12.7). Die Spannung zwischen Fremdstromanode und Schutzobjekt und der sich damit einstellende Schutzstrom wird durch entsprechende Einstellung am Transformator des Gleichrichters vorgenommen[4,5,6].
Vor allem Fremdstromanlagen für den kathodischen Korrosionsschutz von Rohrleitungen in Industrieanlagen können bei niederohmigen Böden oder aber auch Anodenanlagen für den kathodischen Schutz von Offshore-Anlagen im Meerwasser bis zu einigen 100 A Schutzstrom abgeben. Um eine möglichst lange Lebensdauer der Anoden zu erhalten, ist auf einen geringen spezifischen Metallabtrag zu achten. Als hauptsächliches Anodenmaterial wird heutzutage im Erdboden Silizium-Gußeisen (FeSi), Graphit oder Magnetit (Fe_3O_4) eingesetzt. Fremdstromanoden im Erdboden werden meist in einen Erdungsgraben als Horizontalanoden mit durchgehender Koksbettung oder als Gruppe von vertikalen Einzelanoden eingesetzt. Für den Ausbreitungswiderstand eines horizontalen Anodengrabens gilt angenähert $R = 1,5 \cdot \rho \cdot l^{-1}$, für den von Tiefenanoden $R = \rho \cdot l^{-1}$.

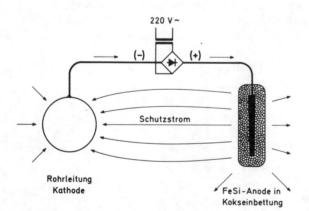

Bild 12.7:
Kathodischer Schutz mit Fremdstrom

Durch die Koksbettung wird der Ausbreitungswiderstand verringert und ein Teil des elektrolytischen Abtrages auf den Koks verlagert, so daß eine Erhöhung der Lebensdauer eintritt. Die Anodenanlagen werden möglichst in Gebieten mit niedrigen spezifischen Bodenwiderständen eingebaut, um die erforderliche Anodenspannung möglichst klein zu halten (nicht über 50 V) und damit auch die Energiekosten für den Betrieb der kathodischen Schutzanlage in einen wirtschaftlichen Bereich zu verlagern[8]. Tabelle 12.3 zeigt Werte von Tiefenanoden, wie sie in letzter Zeit häufiger, besonders für den lokalen kathodischen Schutz von Rohrleitungen in Industrieanlagen eingesetzt wurden.

12.4 Kathodischer Schutz bei Streustromeinfluß

Nach DIN 50150/VDE 0150 ist Streustrom der in einem Elektrolyten fließende Strom, soweit er von im Elektrolyten liegenden Leitern stammt und von elektrischen Anlagen geliefert wird. Ein Streustrom kann metallene, nicht zum Stromführen bestimmte Leiter, also Rohrleitungen oder Kabel, benutzen. Handelt es sich dabei um einen Gleichstrom, verursacht er bei seinem Austritt aus diesen Leitern in den Erdboden Streustromkorrosion. Demgegenüber ist Wechselstrom für die meisten Metalle ungefährlich oder hat eine so kleine Korrosionsgeschwindigkeit, daß man praktisch von keiner Korrosionsgefahr reden kann.

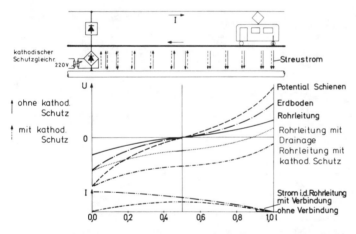

Bild 12.8: Potential- und Stromverteilung einer Rohrleitung bei kathodischem Schutz durch Soutirage bei Streustrombeeinflussung

Die hauptsächlichen Gleichstrom-Streustromerzeuger sind Straßenbahnen. Im allgemeinen liegt der Pluspol des Gleichrichters am Fahrdraht und der Minuspol an der Schiene (siehe Bild 12.8), so daß Streustromkorrosionsgebiete vorwiegend in unmittelbarer Umgebung der Bahngleichrichter liegen[9]. Durch die Ableitung der Streuströme über Kabelverbindung oder Absaugung über eine Gleichrichteranlage kann der Streustromaustritt über den Erdboden und damit ein Korrosions-

Tabelle 12.3: Kathodische Korrosionsschutzanlagen mit Tiefenanoden

Lfd. Nr.	Standort d.Anlage	Bauj.	Anz.der Bohrungen	Tiefe je Bohrung in m	Anodenbettlänge von m	Anodenbettlänge bis m	PRO BOHRUNG Anz.d. Anoden	PRO BOHRUNG Ausbreitungswid. d.Tiefenanoden in Ω	PRO BOHRUNG Strombelastung in A	Spez.Bodenwiderstand ρ in Ωm
1	Castr.-Rauxel	1973	2	40	13	40	8	1,0	9,75	28,0
2	Castrop	1974	2	40	10	40	8	0,75	3,2	21,5
3	Ahlen	1974	1	40	20	40	6	0,65	10,5	14,8
4	Wilhelmsh.I	1974	4	40	15	40	6	0,3	1,5	7,8
5	Wilhelmsh.II	1974	3	40	20	40	5	0,4	23,0	7,5
6	Emden I	1975	5	40	10	40	5	0,2	25,8	6,2
7	Nürnberg I	1975	4	50	30	50	6	1,0	14,7	20,0
8	Nürnberg II	1975	4	50	30	50	6	1,0	15,2	20,0
9	Bentheim	1975	1	40	20	40	5	1,9	1,0	43,0
10	Groß-Hesepe	1975	1	40	20	40	5	2,1	1,0	47,0
11	Niederlangen	1975	1	40	20	40	5	2,9	0,5	66,0
12	Emden II	1976	2	40	10	40	5	0,25	26,65	7,0
13	Bottrop I	1976	3	50	25	50	5	1,0	10,0	27,0
14	Epe I	1977	8	40	20	40	5	0,35	14,0	27,0
15	Bottrop II	1978	2	50	10	50	8	0,8	1,5	31,0
16	Recklingh.	1978	2	50	20	50	6	0,6	5,65	18,7
17	Lembeck	1978	2	50	20	50	6	3,0	1,5	94
18	Ochtrup	1979	2	50	20	50	6	0,6	5,0	18,7
19	Gladbeck	1979	2	70	30	70	6	0,9	15,5	36
20	Gelsenk.	1979	1	50	10	50	8	0,7	11,5	27

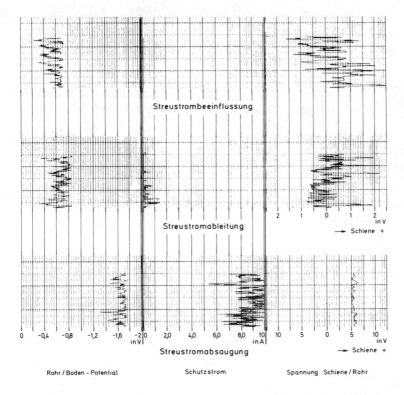

Bild 12.9: Potentialregistrierung einer streustrombeeinflußten Rohrleitung. Oben: Registrierung ohne Schutzmaßnahme; Mitte: Streustromschutz mit Drainagerelais; Unten: Kathodischer Schutz mit Gleichrichter (Streustromabsaugung = Soutirage)

abtrag verhindert werden. Durch Einschalten eines Gleichrichters oder einer kathodischen Schutzanlage wird ferner die Stromumkehr vermieden, die dann möglich ist, wenn die Schienen in Schwachlastzeiten durch Speisung von einem anderen Gleichrichter positiv werden können. Im allgemeinen erfordert die Einrichtung des kathodischen Schutzes insbesondere bei Streustrombeeinflussung umfangreiche Kenntnisse. Für die Messungen ist grundsätzlich Registrierung erforderlich um Mittelwerte zu bilden. Bild 12.9 zeigt den Potentialverlauf an einer streustrombeeinflußten Rohrleitung in Abhängigkeit von der Zeit bei verschiedenen Schaltzuständen. Ohne Schutzmaßnahmen in der oberen Registrierung zeigt sich deutlich bei positiven Schienen eine zunehmende Streustromgefahr. Das mittlere Austrittspotential von $U_{R\text{-}Cu} = +0,5$ V ist so positiv, daß hier bereits bei einfacher Rückleitung des Stromes zu den Straßenbahnschienen über eine Drainageverbindung das Potential auf $-0,7$ V abgesenkt wird. Durch Einschalten eines Gleichrichters wird das kathodische Schutzpotential von $-0,85$ V unterschritten und im Mittel auf etwa $-1,1$ V gemessen gegen die Kupfer/Kupfersulfatelektrode eingestellt.

Besonders bei streustrombeeinflußten kathodischen Schutzanlagen ist eine monatliche Überwachung der Schutzanlage und Messungen des kathodisch Schutz-Potentials längs der Leitung erforderlich[12]. Die Einstellung der Schutzanlage selbst wird meist durch eine Probeeinspeisung ermittelt, wobei z. B. durch Wahl eines potentialregelnden Gleichrichters an der Stelle der Schutzanlage das Potential konstant gehalten werden kann. Allerdings schwanken hier die abgeleiteten Schutzströme relativ stark, so daß u. U. eine Strom-Begrenzung oder eine Sicherung gegen zu große Ströme eingebaut werden muß. Im Stadtgebiet werden meist alle durch Streustromkorrosion gefährdeten Rohrleitungen und Kabel zu gemeinsamen Streustromableitungen zusammengeschlossen. Für einzelne hochwertig umhüllte Fernleitungen oder Hochdruckleitungen kann auch über besondere Gleichrichtergeräte der kathodische Schutz, entsprechend den Auflagen der TRbF 301 oder des DVGW-Arbeitsblattes G 463 gewährleistet werden[13].

12.5 Kathodischer Korrosionsschutz im Erdboden

Der kathodische Korrosionsschutz von erdverlegten Anlagen gehört heute zum Stand der Technik und ist für Gashochdruckleitungen und Ölleitungen in technischen Regeln vorgeschrieben[13]. Aber auch für Lagerbehälter und Tanklager sowie für ganze Industrieanlagen wird der kathodische Schutz in steigendem Maße eingesetzt, um Außenkorrosion wirksam zu verhindern.

Objekte mit geringem Schutzstrombedarf, z. B. Lagerbehälter für Öl oder Benzin sowie kurze kunststoffumhüllte Rohrleitungen, lassen sich in Böden mit Bodenwiderständen bis zu $\rho = 50$ Ωm durch den Einbau von galvanischen Anoden kathodisch schützen. Bild 12.10 zeigt den kathodischen Schutz eines Lagerbehälters im Erdboden mit Magnesiumanoden. Zur Erzielung einer guten Stromverteilung werden die Anoden beiderseits des Behälters in Tiefe der Behältersohle mit einem Mindestabstand von etwa 1 m von der Behälterwand eingebaut. Alle metallenen Erden und Rohre, z. B. der Schutzleiter des Stromanschlusses, Blitzschutzerder und Entnahmeleitungen müssen durch Einbau von Isolierstücken abgetrennt werden, bzw. wo dies nicht möglich ist, z. B. bei Belüftungsleitungen ist eine isolierte Anbringung an anderen geerdeten Anlageteilen erforderlich. Im allgemeinen werden allerdings Lagerbehälter heute durch kathodische Fremdstromanlagen geschützt, da der Schutzstrombedarf bei den älteren Behäl-

Bild 12.10: Kathodischer Schutz eines Lagerbehälters mit Magnesiumanoden nach TRbF 408

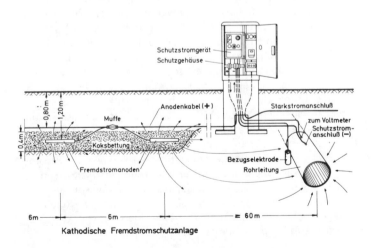

Bild 12.11: Kathodische Fremdstromschutzanlage für Rohrleitungen

tern recht groß ist und bei bitumenumhüllten Lagerbehältern im Laufe der Zeit ständig zunimmt. Nicht zu vergessen sind auch die oft wenig gut isolierten Entnahmeleitungen, die relativ viel Strom aufnehmen. Einzelheiten über den Aufbau von kathodischen Schutzanlagen für Lagerbehälter enthält die TRbF 408[13].

Bei größeren Anlagen, wie z. B. Fernleitungen und städtische Verteilungsleitungen, wird heute im allgemeinen das Fremdstromschutzverfahren nach Bild 12.11 angewandt. Für den kathodischen Schutz von Fernleitungen müssen folgende Voraussetzungen erfüllt sein: An den Endpunkten der zu schützenden Leitung sind isolierende Verbindungen einzubauen. Andere Rohrverbindungen, wie geflanschte Armaturen, Flansche, Dehner usw. sind elektrisch gut leitend zu überbrücken. An oberirdischen Isolierstücken in explosionsgefährdeten Bereichen sind Ex-Funkenstrecken anzubringen, um äußere Überschläge bei Blitzeinwirkungen zu vermeiden. Falls elektrisch betriebene Armaturen unmittelbar mit der Rohrleitung verbunden sind, wie elektrisch betriebene Schieber, Fernmeßgeber, Fernsteuereinrichtungen usw., dürfen sie keine direkte Verbindung zum Erdungssystem der Stromversorgung besitzen. Hier sind besondere Schutzschaltungen oder Isoliertransformatoren anzuwenden. Die Rohrleitungen müssen ferner eine möglichst gute Außenumhüllung besitzen. In der Bundesrepublik werden heute fast ausschließlich Rohrleitungen mit Polyethylenumhüllung nach DIN 30670 verwendet. An Kreuzungen mit fremden Rohrleitungen und Kabeln ist bei geringem Abstand sicherzustellen, daß z. B. durch Zwischenlegen einer Isolierplatte keine metallische Berührung entstehen kann. Freileitungsabschnitte müssen ebenfalls durch Unterlegen isolierender Materialien von Rohrbrücken, Rohrstützen und anderen elektrisch mit Erde in Verbindung stehenden Anlagen, wie armierten Betonschächten, elektrisch getrennt werden. Bei der Konstruktion von Dükern und Festpunkten ist darauf zu achten, daß durch Zwischenlegen elektrisch isolierender Materialien eine Trennung von der Betonarmierung hergestellt wird. Bei Rohrdurchführung durch Spundwände muß die Rohrleitung eine ausreichende elektrische Isolierung besitzen, so daß eine metallene Verbindung mit der Armierung ausgeschlossen ist. Die Potentiale in der Nähe eines Betonschachtes, mit und ohne elektrische Verbindung und bei kathodischem Schutz, zeigt Bild 12.12. Falls nicht auftrennbare Verbindungen zu Stahl/Beton-Bauwerken bestehen, kann für Kompressorstationen, Reglerstationen, Werksanlagen und Kraftwerke (Bild 12.13) auch ein lokaler kathodischer Schutz eingerichtet werden. Hier wird das fehlende Isolierstück durch eine hohe Stromeinspeisung mit entsprechenden Spannungsabfällen im Erdboden ersetzt. Schutzströme von einigen 100 A sind nicht selten. Im allgemeinen werden solche Schutzanlagen mit Tiefenanoden ausgerüstet, da sie in niederohmigen Böden geringere Widerstände erreichen. Tabelle 12.3 zeigt eine Übersicht über die von Tiefenanoden erreichten Ausbreitungswiderstände.

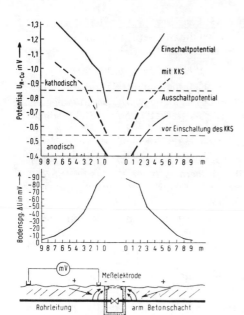

Bild 12.12:
Korrosionspotential und kathodischer Schutz bei einem stahlarmierten Betonschacht

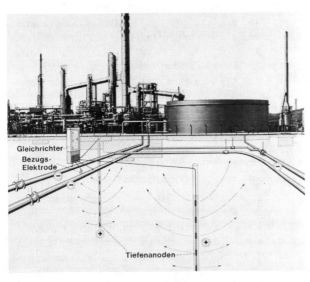

Bild 12.13: Kathodischer Fremdstromschutz von Rohrleitungen einer Raffinerie mit Tiefenanoden

12.6 Potentialmessungen

Zur Kontrolle des kathodischen Schutzes wird heute fast ausschließlich das Potential des Schutzobjektes gegen seine Umgebung benutzt. Dazu wird, wie Bild 12.14 zeigt, eine Kupfer/Kupfersulfatelektrode bei erdverlegten Anlagen über das Schutzobjekt gesetzt. Bei Seewasserbauwerken kann die Elektrode in unmittelbare Nähe des schützenden Objektes gebracht werden. Das Schutzpotentialkriterium gilt immer nur für die Grenzfläche Metall/Elektrolyt. Bei der Messung des Schutzpotentials wird aber der durch den Schutzstrom im Boden hervorgerufene ohmsche Spannungsabfall mitgemessen, der das echte Rohr/Boden-Potential an der Phasengrenze Metall/Elektrolyt verfälscht. Dieser nicht zum Schutz beitragende IR-Anteil kann durch Ausnutzung des unterschiedlichen Zeitverhaltens gegenüber der Polarisationsspannung durch kurzzeitiges Ausschalten des Schutzstromes eliminiert werden. Während die Polarisationsspannung, insbesondere bei über längere Zeit kathodisch geschützten Oberflächen nur sehr langsam abnimmt[10], verschwindet der ohmsche Spannungsabfall im Boden in einigen μs. Bild 12.15 zeigt die zunehmende Polarisation eines gut umhüllten Transportrohres. Die Fehlstellenfläche in der Umhüllung ist so klein, daß bereits ganz geringe Ströme zu einer Polarisation der Stahloberfläche an den Fehlstellen führen. Trotzdem treten in den Fehlstellen selbst ohmsche Spannungsabfälle auf. Durch Unterbrechen des Schutzstromes können diese als Differenz zwischen Ein- und Ausschaltpotential festgestellt werden. Das Ausschaltpotential gibt dann die echte Polarisation an der Metalloberfläche gegenüber dem Erdboden wieder. Dieses Potential muß gleich oder negativer als das kathodische Schutzpotential liegen. In Bild 12.16 ist der Potentialverlauf entsprechender Untersuchungen an längere Zeit kathodisch polarisierten Rohrleitungen eingetragen. Während man bei dem nur kurze Zeit polarisierten Lagerbehälter erkennt, daß unmittelbar nach Unterbrechen des Schutzstromes das kathodische Schutzpotential noch gar nicht erreicht ist, liegen die Ausschaltpotentiale der Rohrleitungen stets negativer als das kathodische Schutzpotential und nehmen nur sehr langsam ab, zum Teil wird erst nach einer Woche das kathodische Schutzpotential in Richtung auf das Ruhepotential überschritten.

Heute werden in der Bundesrepublik fast ausschließlich polyethylenumhüllte Stahlrohrleitungen verlegt, die Schweißverbindungen können ebenfalls mit Bitumenbinden nachisoliert werden. Dadurch ist es möglich, mit einer kathodischen Schutzanlage etwa 80 bis 100 km Rohrleitung kathodisch zu schützen (siehe Bild 12.17). Die Gesamtlänge der heute kathodisch geschützten Gashochdruckleitungen liegt etwa bei 30 000 km, dazu kommen rund 10 000 km kathodisch geschützte Produkten- und Mineralölfernleitungen und etwa ebenfalls 10 000 km kathodisch geschützte Stahl-Wasserleitungen mit großem Durchmesser, wie sie für die Zuführung von den Wassergewinnungsgebieten zur Wasserverteilung üblich sind.

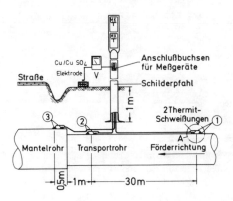

Bild 12.14: Messung des Potentials einer Rohrleitung mit einer Kupfer/Kupfersulfatelektrode an einer elektrischen Meßstelle, 2 Potentialmessung, 1 und 2 Rohrstrommessung, 2 und 3 Widerstandsmessung Mantelrohr/Transportrohr

Schutzstrom: 12 $\mu A/m^2$

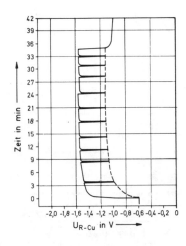

Bild 12.15:
Polarisation eines durchgepreßten Transportrohres mit PE-Rohrumhüllung mit einer kathodischen Schutzstromdichte $J_s = 12\ \mu A/m^2$

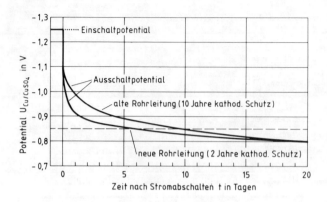

Bild 12.16: Ein- und Ausschaltpotentiale von verschieden lang kathodisch geschützten Rohrleitungen

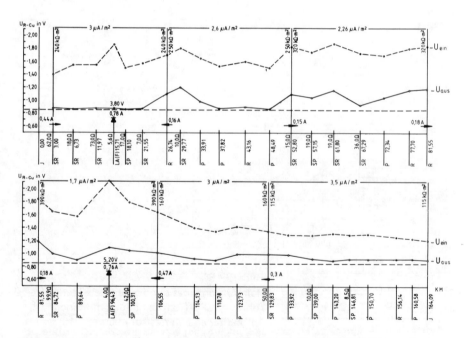

Bild 12.17: Ein- und Ausschaltpotentiale einer kathodisch geschützten Fernleitung

12.7 Kathodischer Schutz im Meerwasser

Der kathodische Schutz wurde bereits 1824 von Sir Humphry Davy zum Schutz von Kupferverkleidungen an Seeschiffen entdeckt[1]. Es wundert also nicht, daß bereits seit Jahrzehnten in der Schiffahrt der kathodische Schutz im gut leitenden Meerwasser durch Aluminium- oder Zinkanoden mit Erfolg angewandt wird. In neuerer Zeit werden auch Schiffe mit Fremdstromanlagen kathodisch geschützt. Bild 12.18 zeigt den kathodischen Schutz eines Tankschiffes und die dabei eingestellten Potentiale. Beim kathodischen Schutz mit Fremdstrom werden oft potentialregelnde Gleichrichter eingesetzt, um den Schutzstrom den veränderten Verhältnissen, z. B. unterschiedlicher Schiffsgeschwindigkeit, unterschiedliche Temperatur und unterschiedlicher spezifischer Widerstand des Meerwassers sowie Liege- und Ausrüstungszeiten an Schiffen anzupassen. Bei Ausrüstungskais wird nämlich häufig mit Gleichstrom-Schweißanlagen gearbeitet, die zusätzlich zur Belüftungskorrosion zu Streustromaustritt und damit zu elektrolytischer Korrosion der Schiffsaußenhaut führen. Zur Kompensation dieser austretenden Schweißströme sind kathodische Korrosionsschutzanlagen mit großen Strömen erforderlich. Die Regelung erfolgt meist über Reinzink oder Silber/Silberchlorid-Elektroden.

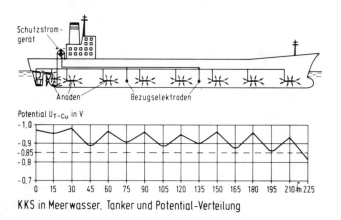

KKS in Meerwasser, Tanker und Potential-Verteilung

Bild 12.18: Kathodischer Schutz eines Tankschiffes mit Fremdstrom

Da es sich bei Seewasserbauten meist um große zu schützende Oberflächen handelt, sind die eingesetzten galvanischen Anoden von entsprechender Größe (Masse z. B. 0,5 t). Vielfach wird der kathodische Schutz auch für Schleusen, Küsten-, Hafenbauten und Offshore-, Bohr- oder Förderplattformen angewandt. Falls bei ausgedehnten Objekten galvanische Anoden nicht wirtschaftlich sind,

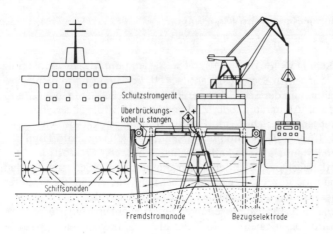

Bild 12.19: Kathodischer Schutz einer Löschbrücke

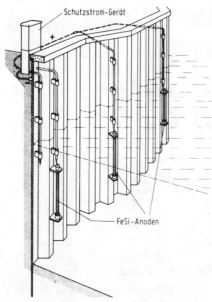

KKS in Meerwasser, Spundwand

Bild 12.20:
Kathodischer Schutz einer
Spundwand im Meerwasser

kann der kathodische Schutz mit Eisensilizium-, Graphit- oder Magnetit-, im Seewasser auch häufig mit platinierten Titan-Anoden und Fremdstrom ausgeführt werden. In Bild 12.19 und 12.20 ist der kathodische Korrosionsschutz

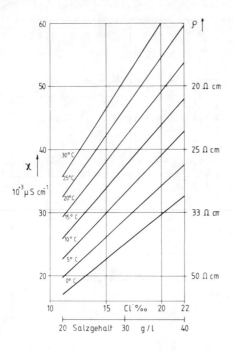

Bild 12.21:
Leitfähigkeit χ, bzw. spezifischer Widerstand ζ von Meerwasser in Abhängigkeit vom Salzgehalt

einer Ladebrücke und einer Spundwand mit Fremdstromanoden dargestellt [14–16]. Eine bessere Stromverteilung kann erreicht werden, wenn die Anoden nicht direkt an der Spundwand befestigt, sondern in etwas weiterem Abstand auf Grund gelegt werden. Jedoch ist häufig wegen der von Schiffen verursachten Wirbel eine solche Anordnung nicht möglich. Wegen der guten Leitfähigkeit bzw. dem geringen spezifischen Widerstand des Meerwassers um 20 Ω cm (siehe Bild 12.21) ist im allgemeinen eine recht gute Stromverteilung gegeben, so daß kaum Unterschiede zwischen dem Ein- und Ausschaltpotential vorhanden sind. Es ist vorteilhaft, die Anoden einzeln mit Kabeln anzuschließen, da dann bei Kabelunterbrechungen nur eine Anode unwirksam wird. Als Kabel werden meist neoprenisolierte Kupferkabel verwendet, die über Gießharzmuffen mit den Anoden verbunden sind. Bei Hafenbauten wird durch Kombination von passivem und aktivem Korrosionsschutz eine optimale Lösung erreicht. Offshore-Bohrplattformen (Bild 12.22) erhalten meist keine Beschichtung, so daß hier außerordentlich hohe Stromdichten, bis zu 400 mA/m^2, erforderlich werden. Bei Verwendung von Beschichtungen dürfen nur solche Materialien eingesetzt werden, die auch bei basischem pH-Wert, wie bei kathodisch geschützten Flächen beobachtet, nicht beschädigt werden. Die Beschichtungsstoffe müssen laugenbeständig sein und dürfen nicht verseifen. Die Dicke von Beschichtungen sollte nicht unter 300 μm gewählt werden, um ein elektrophoretisches Eindrin-

Tabelle 12.4: Kathodische Schutzstromdichte J_s, mittlerer Beschichtungswiderstand r_u und geschätzte Investitionskosten K

Schutzobjekt	Elektrolyt-lösung	passiver Korrosionsschutz	J_s in mA/m²	r_u in k$\Omega \cdot$ m²	K in DM/m²
Stahlrohrltg. neu	Erdboden	PE-Umhüllung	0,005 - 0,01	30	0,5 - 1
Stahlrohrltg. alt	Erdboden	Bitumen-Glasvlies	0,05 - 2	0,3	1 - 2
Bohrsonde (Casing)	Erdboden	Zementierung	20 - 30	-	30 - 50
Hochsp. Kabel im Stahlrohr	Erdboden	Bitumen-Glasvlies	0,01 - 0,03	10	10 - 15
Fernmeldekabel	Erdboden	Bitumen-Jute	10 - 30	0,01	20 - 30
Lagerbehälter	Erdboden	Bitumen-Jute	0,2 - 5	0,1	30 - 50
Versor.Ltg. in Industrieanlagen	Erdboden	Polarisationsfläche des Stahlbeton-Bauwerkes	3 - 5	-	5 - 10
Offshore-Pipeline	Meerwasser	Somastik/Beton	2 - 10	0,1	1 - 2
Spundwand,Bohrinsel	Meerwasser	keiner	100 - 200	-	20 - 50
Schleuse, Wehr	Süßwasser	farbige Schutzbeschichtg.	20 - 30	0,01	10 - 20
Pier, Dalben	Meerwasser	Teer-Epoxid-Beschichtung	10 - 20	0,05	5 - 15
Schiff, Pontons	Meerwasser	Farbbeschichtung	3 - 30	0,1	10 - 30
Wasserhochbehälter	Trinkwasser	Chlorkautschuk	0,1 - 0,2	0,02	30 - 40
Heißwasserboiler	Trinkwasser	Emaille	0,01 - 0,02	20	10 - 15
Wärmetauscher	Kesselwasser	keiner	100 - 200	-	30 - 40
nasser Gasbehälter	Brauchwasser	Teer-Epoxid-Beschichtung	0,5 - 1	0,3	5 - 10
Abwasserdüker, innen u. außen	Abwasser	Inertol-Bitumen	1 - 2	0,2	20 - 30
Öl/Wasser-Trennbehälter	Salzwasser	keiner	50 - 100	-	50 - 60

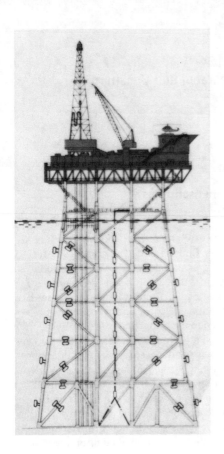

Bild 12.22:
Kathodischer Schutz einer Offshore-Plattform mit Aluminiumanoden. Die Fremdstromanodenkette mit platinierten Niobanoden wurde später zur Verbesserung des Schutzpotentials angebracht.

gen von Wasser und damit Blasenbildung zu vermeiden. Tabelle 12.4 gibt einen Überblick über Beschichtungen und Schutzstromdichten in verschiedenen Anwendungsfällen des kathodischen Schutzes und über die ungefähren Investitionskosten.

Prof. Dr. rer. nat. Hubert Gräfen

13
Elektrochemischer Schutz von Apparaten und Behältern[1)]

13.1 Besonderheiten des Behälterinnenschutzes

Beim elektrochemischen Korrosionsschutz von Behältern, Reaktionsgefäßen, Fördereinrichtungen oder Rohrleitungen der Chemie und Mineralöl-Industrie liegen häufig stark korrosive Medien vor. Die Skala reicht vom Süßwasser über mehr oder weniger verunreinigtes Fluß-, Brack- und Meerwasser, die häufig zur Kühlung verwendet werden, sowie Reaktionslösungen und Chemie-Abwässer bis hin zu Salzsolen, wie sie bei der Erdölgewinnung gelagert und transportiert werden müssen. Es hängt von den Bedingungen des Einzelfalles ab, ob bei Vorliegen ernsthafter Korrosionseinflüsse ein elektrochemischer Schutz erwogen wird und welches Verfahren zweckmäßig angewendet werden kann. Außer dem bekannten kathodischen Schutz ist nämlich bei Vorliegen passivierbarer Werkstoffe für die betreffenden Medien auch ein anodischer Schutz in Betracht zu ziehen. Dieses Verfahren wird dann vorteilhaft eingesetzt, wenn das Freie Korrosionspotential aufgrund einer zu geringen Oxidationswirkung des Mediums im Bereich der aktiven Korrosion liegt, mit Hilfe eines anodischen Fremdstroms aber leicht in den Bereich der Passivität verschoben und dort gehalten werden kann (vgl. Kapitel 1, Abschn. 1.2.3).

Neben der anodischen Polarisation mit Fremdstrom wird zur Erreichung des Passivzustandes auch die Erhöhung der kathodischen Teilstromdichte sowie die Anwendung von oxidierenden und/oder die Ausbildung der Passivschicht unterstützenden Inhibitoren (Passivatoren) den anodischen Schutzverfahren zugerechnet[2−4)]. Die Ausbildung von die kathodische Überspannung erniedrigenden Lokalkathoden im Werkstoff selber, die durch Legierungselemente bzw. aktive Phasen des Werkstoffgefüges gebildet werden, entspricht einem galvanischen anodischen Schutz mit inerten Kathoden − im Gegensatz zum galvanischen kathodischen Schutz mit Opferanoden.

Im Vergleich zum kathodischen Außenschutz von unlegierten Stählen in neutralen Wässern und im Erdboden bestehen für den Behälter-Innenschutz Einschränkungen für die Anwendung und Probleme aus den folgenden Gründen:

a) Wegen der Vielfalt der Werkstoffe und der Medien sind für jeden Einzelfall die Schutzpotentiale bzw. Potentialbereiche zu ermitteln. Hierbei kann u. U. ein Schutzverfahren nicht anwendbar sein, wie z. B. kathodischer Schutz bei amphoteren oder Hydrid-bildenden Werkstoffen (z. B. Aluminium und Blei) sowie in Säuren (Wasserstoffentwicklung).
b) Die Stromverteilung ist aus geometrischen Gründen im Behälterinnern und bei hohem Strombedarf, z. B. unbeschichteter Werkstoff-Innenflächen, verhältnismäßig ungünstig. Hierbei sind vor allem Stromschatten-Ausbildungen durch Einsätze, z. B. für die Temperaturregelung oder für die Prozeßführung, zu beachten. Es kann notwendig werden den Schutzstrom über mehrere Elektroden einzuspeisen sowie eine Potentialkontrolle für mehrere Meßorte vorzusehen. Es empfiehlt sich, schon bei der konstruktiven Planung eines Apparates den kathodischen Schutz zu berücksichtigen.
c) Beim Behälter-Innenschutz müssen die elektrolytischen Reaktionen und Folgereaktionen am Werkstoff und an den Fremdstrom-Elektroden bedacht werden. Je nach den Anforderungen des Mediums müssen die Schutzart und die Werkstoffe einschließlich der Fremdstrom-Elektrode ausgewählt und gegebenenfalls besondere Maßnahmen, z. B. für eine Gasableitung, ergriffen werden. Bei Chemieanlagen sind die prozeßbedingten Einflußgrößen (Rührung, Strömung, Belüftung) zu beachten.

Aus diesen Gründen ist der Behälter-Innenschutz immer hinsichtlich Auswahl des Verfahrens und der Schutzpotentiale und Einbringen der Schutzströme eine Maßarbeit. Die Hilfsmittel für den elektrochemischen Innenschutz sind konventionell (vgl. Kapitel 12).

Zur Verbesserung der Stromverteilung und zur Verringerung des Schutzstrombedarfs werden auch für Behälter Innenbeschichtungen eingesetzt. Hierbei sind schädliche Wechselwirkungen mit elektrochemischem Schutz zu beachten.

13.2 Kathodischer Korrosionsschutz

Für den kathodischen Korrosionsschutz werden galvanische Anoden und Fremdstrom eingesetzt. Zur Vermeidung zu starker Wasserstoff-Entwicklung sollte der Schutzbereich bei $U_{Cu/CuSO_4} = -0{,}9$ V begrenzt sein. Allgemein ist darauf zu achten, daß beim kathodischen Innenschutz geschlossener Behälter oder anderer Anlagen Explosionsgefahr bestehen kann, wenn nicht genügender Durchfluß vorhanden ist und wenn nicht für eine Entgasung der Anlagen gesorgt wird.

13.2.1 Schutz mit galvanischen Anoden (vgl. Kapitel 12, Abschn. 12.2)

Anwendungsgebiete für galvanische Anoden sind der Innenschutz von Wassererwärmern, Speisewasser-Behältern, Filterkesseln, Kühlern, Röhren-Wärmetauschern, Kondensatoren, Ölbehältern, Einlauf-Bauwerken, Abwasser-Dükern, Schleusenkammern, Rohrleitungen sowie Ballast- und Wechseltanks. In der Chemieanlagen-Technik hat sich die galvanische Anode nur wenig durchgesetzt, weil sie sich zu schnell verzehrt und oft unerwünschte Reaktionsprodukte abgibt. Aus diesen Gründen wird sie im wesentlichen nur in Betriebs-Kühlwässern (Fluß-, Brack-, Meerwasser) in Kombination mit Beschichtungen eingesetzt. Geeignet sind hauptsächlich Magnesiumanoden. In Meerwasser können auch Zinkanoden verwendet werden.

Für den Schutz von Rohöl-Vorratstanks, die durch salzreiche korrosive Lagerstätten-Wässer gefährdet sind, werden Aluminiumanoden eingesetzt[5].

Eine weitere Anwendungsart des kathodischen Schutzes für z. B. Öl-Wasser-Trennbehälter mit den Phasen Wasser/Öl/Luft ist das Aufspritzen von Anodenmaterial auf die gestrahlte Stahloberfläche. Solche flammgespritzten Metallüberzüge aus Aluminium oder Zink geben auch einen guten Haftgrund für passive Beschichtungen[6].

Tabelle 13.1 enthält eine Zusammenstellung über den Schutzstrombedarf für den kathodischen Innenschutz in Erdöl-Betrieben, wie er aus vielen Versuchen und praktischen Erfahrungen ermittelt werden konnte[7].

Tabelle 13.1: Schutzstrombedarf beim kathodischen Innenschutz in Erdöl-Betrieben (Zahlenwerte in mA m^{-2})

Strömungsgeschwindigkeit *	$<0{,}5$ m s^{-1}	0,5 bis 1 m s^{-1}	>1 m s^{-1}
Beschichtung plus galvanische Anoden	4 bis 9	10 bis 15	15 bis 25
Flamm-Spritzverzinkung plus Beschichtung plus galvanische Anoden	3 bis 6	7 bis 10	10 bis 15
Beschichtung plus Fremdstrom-Schutz	4 bis 9	10 bis 15	15 bis 25
Fremdstrom-Schutz, keine Beschichtung	30 bis 50	50 bis 80	80 bis 200

* Medium: Salzwasser mit 50 bis 70 g NaCl/l; O_2-Konzentration <1 mg l^{-1}; Dicke der Beschichtung etwa 200 μm

13.2.2 Schutz mit Fremdstrom

Der Fremstrom-Schutz ist wegen der längeren Haltbarkeit der Anoden und der größeren Auswahl der Anoden-Werkstoffe und Formen sehr anpassungsreich. Er wird für den Innenschutz vor allem bei größeren Objekten vorgezogen.

13.2.2.1 Behälter für Kalt- und Warmwasser

In den letzten Jahren gewinnt der kathodische Innenschutz von Behältern für Wässer eine zunehmende Bedeutung. Hierzu zählen: Frischwasser-Behälter, Ballast- und Vorratstanks für Meerwasser und Speisewasser. Insbesondere in Kombination mit geeigneten Beschichtungen ist auch bei kompliziert gebauten Anlagen ein Innenschutz erfolgreich und wirtschaftlich.

Der Schutzstrombedarf einer Anlage richtet sich in erster Linie nach dem Vorhandensein und der Güte einer Innenbeschichtung. Der Schutzstrombedarf kann mit der Temperatur zunehmen. Für solche Fälle wird eine experimentelle Bestimmung des Schutzstrombedarfs und eventuell auch des Schutzpotentials empfohlen. Bei hochwertigen Beschichtungen kann unter Berücksichtigung der Alterung des Beschichtungsstoffes ein Porengrad von etwa 1 % angenommen werden, der für die Abschätzung des Schutzstrombedarfs mit Hilfe des Meßwertes für die freie Werkstofffläche dient (vgl. Kapitel 12, Abschn. 12.1).

Zur Erzielung einer guten Stromverteilung und zur Vermeidung einer kathodischen Beeinträchtigung der Auskleidung sollen die Abstände zwischen den Anoden und der zu schützenden Oberfläche groß sowie die Treibspannung klein gehalten werden.

Als Anwendungsbeispiel zeigt Bild 13.1 den kathodischen Innenschutz eines mit Teerpech-Epoxidharz ausgekleideten Festdach-Tanks aus unlegiertem Stahl zur Speicherung von 60 °C warmem, teilentsalztem Kessel-Speisewasser mit der Leitfähigkeit $\chi = 100\ \mu S\ cm^{-1}$ [8]. Der Tank zeigte nach 10 Jahren Betrieb ohne kathodischen Schutz bis zu 2,5 mm tiefe Lochfraß-Schäden. Da aus betrieblichen Gründen der Wasserstand im Behälter schwankt, wurden zwei voneinander getrennt arbeitende Schutzsysteme eingebaut. Im Bereich des Bodens wurde eine auf Kunststoff-Haltestäben befestigte Ringanode installiert, die an einem Potential-regelnden Schutzgleichrichter angeschlossen war. Die Seitenwände werden von drei vertikal im Behälter angeordneten Anoden mit festeinstellbaren Schutzstrom-Geräten geschützt.

Da Verunreinigungen des Speisewassers mit Korrosionsprodukten vermieden werden müssen, wurde als Fremdstrom-Anode partiell platiniertes Titan gewählt.

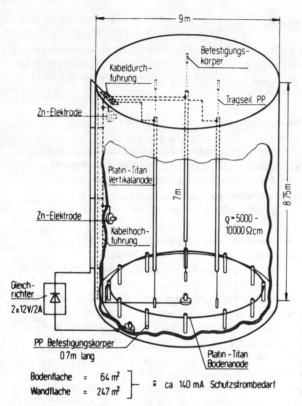

Bild 13.1:
Kathodischer Innenschutz eines Festdach-Tanks zur Speicherung von Kesselspeisewasser

Weitere Anwendungen des kathodischen Schutzes bei organischen Auskleidungen sind der Schutz von Salzwasser-Tanks[9] mit platinierten Titan-Stab- und Tellerelektroden sowie der Schutz von mit wassergefüllten Tassen und getauchten Glockenwänden von Naßgasometern[10]. Im letzten Fall werden eine Zentralanode und zwei Ringanoden aus platiniertem Titandraht von 3 mm Durchmesser mit Kupferdraht-Beileiter installiert (Bild 13.2). Bemerkenswert ist hierbei, daß die Zentralanode an einem Schwimmer befestigt ist, während die Ringanoden an festen Kunststoff-Stutzen montiert sind. Auch die Zink-Bezugselektroden vor der Glocken-Innenseite befinden sich an Schwimmern, während 17 Bezugselektroden an Kunststoff-Stäben auf dem Boden der Tasse und im Ringraum zwischen Tasse und Glocke befestigt sind. Die drei Anoden werden von separaten Schutzstrom-Geräten gespeist. Für die beiden Ringanoden ist eine Potentialregelung vorgesehen, damit sich der Schutzstrom den sich ändernden Oberflächen anpassen kann.

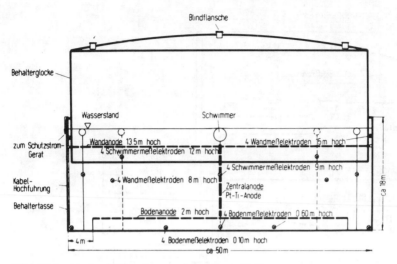

Bild 13.2: Kathodischer Innenschutz eines Naßgasometers

Bild 13.3 zeigt den Schutz für einen Druckfilter-Kessel zur Aufarbeitung von Rohwasser. Die Innenfläche von 200 m² wurde mit etwa 300 μm Teerpech-Epoxidharz beschichtet. Langzeitversuche hatten hierzu ergeben, daß bei $U_{Cu/CuSO_4}$ = $-$ 1,15 V keine, bei negativeren Potentialen dagegen Blasen entstehen. Die 400 bzw. 1100 mm langen Stabanoden mit 12 mm Durchmesser hatten zusammen eine aktive Oberfläche von 0,11 m² und konnten mit max. 60 A belastet werden. Nach mehr als zweijähriger Betriebsdauer wurden an sieben so ausgerüsteten Filterkesseln Schutzstromdichten zwischen 50 und 450 μA m^{-2} gemessen[5].

Auch zum Korrosionsschutz großer Trinkwasser-Behälter wird kathodischer Schutz mit Fremdstrom eingesetzt. Ein 1500 m³ fassender Hochbehälter zeigte nach 10 Jahren Betriebsdauer an Fehlstellen in der Chlor-Kautschuk-Beschichtung bis zu 3 mm tiefen Lochfraß. Nach einer gründlichen Überholung und Neubeschichtung mit Zweikomponenten-Zinkstaub-Grundbeschichtung und zwei Deckbeschichtungen aus Chlor-Kautschuk wurde kathodischer Fremdstrom-Schutz installiert[8]. Unter Berücksichtigung eines Schutzstrombedarfs von 150 mA m^{-2} für unbeschichteten Stahl an Poren mit einem Flächenanteil von 1 % wurde ein Schutzstrom-Gerät von 4 A eingesetzt. Um dem vom Wasserstand abhängigen veränderlichen Schutzstrombedarf Rechnung zu tragen, wurden zwei Schutzstrom-Kreise vorgesehen. Einer dient zur Versorgung der Bodenanode und ist von der Hand fest einstellbar. Der zweite versorgt die Wandelektroden und wird Potential-geregelt. Als Anodenmaterial wurde partiell platinierter Titan-draht mit Kupfer-Beileiter eingesetzt. Die Boden-Ringanode hat eine Länge von

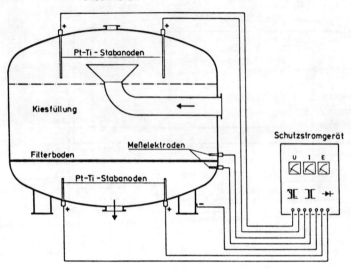

Bild 13.3: Kathodischer Schutz von Druckfilter-Kesseln

45 m. Die Wandanoden sind in 1,8 m Höhe angebracht und sind an der Innenwand 30 m bzw. an der Außenwand 57 m lang. Zur Potentialregelung dienen Bezugselektroden aus Feinzink, die in Trinkwasser ein verhältnismäßig stabiles Potential haben. Die Haltebolzen für die Anoden und Bezugselektroden bestanden aus PVC.

Nach Inbetriebnahme der Schutzanlage wurde ein Einschaltpotential von $U_{Cu/CuSO_4} = -1,14$ V eingestellt. Im Laufe weniger Betriebsjahre stieg der Schutzstrom von 100 mA auf 130 mA an. Die mittleren Einschaltpotentiale lagen bei $U_{Cu/CuSO_4} = -0,95$ V, die Ausschaltwerte bei $U_{Cu/CuSO_4} = -0,82$ V. Eine nach 5 Jahren durchgeführte Besichtigung zeigte, daß im Behälter verteilt Blasen in der Beschichtung erzeugt wurden, deren Inhalte alkalisch reagierten. Die Stahloberfläche war an diesen Stellen blank und nicht angegriffen. Unbeschichteter Stahl an Poren war als Folge der kathodischen Polarisation durch $CaCO_3$-haltige Ablagerungen bedeckt.

13.2.2.2 Anlagen in der chemischen Industrie

Bild 13.4 zeigt als typisches Anwendungsbeispiel einen innen mit Nickel plattierten Behälter zum Einengen von Natronlauge von 50 auf 98 %. Die Fremdstrom-

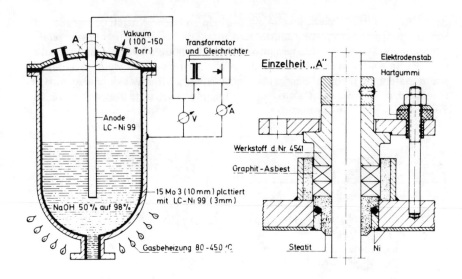

Bild 13.4: Laugeneindampfer mit kathodischem Innenschutz

Anode besteht ebenfalls aus Nickel, das in diesem Medium bei anodischer Polarisation eine gute Beständigkeit aufweist, d. h. passiv ist. Es findet praktisch nur O_2-Entwicklung statt. Die Temperatur reicht von 80 °C bei Beginn der Eindampfung bis etwa 450 °C. Der Schutzstrombedarf schwankt je nach Temperatur bzw. Konzentration der Lauge zwischen 160 und 200 A bei einer Treibspannung von 3,5 bis 5 V. Im Vergleich zu der Lebensdauer früher verwendeter Eindampfer aus Grauguß mit etwa nur 225 Chargen ist die Verwendung kathodisch geschützter, Nickel-plattierter Behälter wesentlich wirtschaftlicher. In der Kesselmitte wurde zwar in einem 0,5 m breiten Bereich ein geringfügiger Korrosionsabtrag beobachtet, der wahrscheinlich auf gestörten Stromzutritt zu der Spritzzone des beim Eindampfen stetig sinkenden Laugen-Spiegels zurückzuführen ist. Da die Plattierung jedoch leicht repariert werden kann, ist das Schutzverfahren kaum beeinträchtigt. Eine Abschätzung aus den Nickelgehalten des Mediums läßt eine Lebensdauer von mehreren 1000 Chargen erwarten, ehe eine Ausbesserung erforderlich wird.

Die Förderung korrosiver Medien stellt hohe Anforderungen an die Korrosions- und Erosionsbeständigkeit der für Kreiselpumpen mit hoher Förderleistung verwendeten Werkstoffe. Insbesondere ist der Transport saurer, salzhaltiger Medien problematisch. Während bei kleinen Pumpen durch Verwendung von Steinzeug, Chemie-Werkstoffen oder Gummi-Auskleidungen wirtschaftliche Problemlösungen erreichbar sind, verlangen große Pumpen metallische Werk-

stoffe hoher Beständigkeit, was im allgemeinen zu hohen Kosten und großen
Verarbeitungsschwierigkeiten führt. Der Einsatz preiswerterer und besser verarbeitbarer Werkstoffe für Kreiselpumpen ist bei kathodischem Korrosionsschutz
möglich. In stärker sauren Medien müssen Werkstoffe gewählt werden, deren
Schutzpotentiale nicht im Bereich zu hoher Wasserstoffentwicklung liegen. Hierfür scheiden Eisenwerkstoffe aus, während Kupferwerkstoffe geeignet sind.
Besonders geeignet ist Zinnbronze.

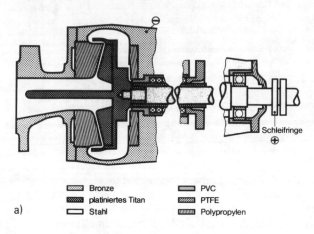

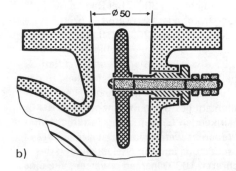

Bild 13.5:
Kathodisch geschützte
Chemiepumpe.
Anoden im Saug-
(Laufrad mit Stabelektrode) und Druckstutzen (Stabelektrode)

Bild 13.5 zeigt die Konstruktion einer kathodisch geschützten Kreiselpumpe aus
G-SnBz 10 nach DIN 1705[11], deren Laufrad als Fremdstrom-Anode ausgebildet
ist, wobei eine zusätzliche Stabelektrode in den Saugstutzen hineinragt. Eine
weitere Stabanode mit eigenem Stromkreis befindet sich im Druckstutzen der
Pumpe (vgl. Teilbild b). Laufrad, Stabanoden und Wellenschutzhülse bestehen
aus platiniertem Titan. Die Pumpenwelle besteht aus CuAl 11 Ni nach
DIN 17 665 und ist in einem Lagerstuhl durch Wälzlager geführt, die durch

PVC-Buchsen von den feststehenden Teilen elektrisch getrennt und durch Lagerdeckel aus Hart-PE fixiert sind. Die Wellenabdeckung erfolgt über eine Packungsstopfbuchse, die mit PVC ausgekleidet ist. Die Stopfbuchs-Brille besteht ebenfalls aus PVC. Die Kraftübertragung vom Elektromotor erfolgt über eine isolierende Bogenzahn-Kupplung mit Polyamid-Hülse. Der Schutzstrom des ersten Stromkreises wird dem Laufrad mit Hilfe von Bürsten aus 85 %iger Silber-Kohle und hartversilberten Schleifringen über die Welle zugeführt. Der zweite Stromkreis für den Druckstutzen wird getrennt hiervon von außen direkt versorgt.

Die maximale Förderleistung der Pumpe beträgt 28 $m^3 h^{-1}$ bei 1450 min^{-1}. Die kathodisch geschützte Innenfläche beträgt 900 cm^2 (555 cm^2 Gehäuse-Ringraum + 155 cm^2 Druckstutzen + 190 cm^2 Saugstutzen).

Bei Förderung einer 0,1 M HCl bei 50 °C mit einer Drehzahl 1420 min^{-1} wurden gute Schutzwirkungen im Ringgehäuse und Saugstutzen bei einer Schutzstromdichte von 45 bis 50 $A\,m^{-2}$ und im Druckstutzen bei einer Stromdichte von 20 $A\,m^{-2}$ bei einer Treibspannung von jeweils 2,6 V erzielt. Daß mit steigender Drehzahl auch der Schutzstrombedarf stark erhöht wird, ist für die praktische Anwendung zu beachten. Der Schutzstrombedarf in Abhängigkeit vom Medium und den Betriebsbedingungen wird zweckmäßig an der Pumpe selbst bestimmt, wobei als Meßwert Korrosionsprodukte des Schutzobjektes herangezogen werden. Im vorliegenden Falle dienen zweckmäßig kleine Gehalte an Kupfer-Ionen als Maßstab. Sie liegen bei guter Schutzstrom-Regelung zwischen 0,02 und 0,05 mgl^{-1} Säure.

13.3 Anodischer Korrosionsschutz

Die Grundlage für dieses Schutzverfahren ist die Erzwingung des passiven Zustandes bei passivierbaren Werkstoffen durch einen anodischen Strom in den Fällen, wo der Werkstoff in einem Medium diesen nicht ohne zusätzliche oxidierend wirkende Hilfe erreichen oder aufrecht erhalten kann. Für den stabil-passiven Zustand in einem Medium erübrigt sich ein Korrosionsschutz, weil der Werkstoff dann genügend korrosionsbeständig ist. Nach Aktivierung durch z. B. eine vorübergehende Störung kehrt er in den passiven Zustand von selbst wieder zurück. Dies ist für den sogenannten metastabil-passiven Zustand nicht der Fall. Hier ist ein anodischer Schutz angezeigt, der die Rückkehr in den passiven Zustand automatisch erzwingt. Liegt ein aktiver Zustand vor, ist ein anodischer Schutz ebenfalls wirksam, er muß aber im Gegensatz zum metastabil-passiven Zustand ständig eingeschaltet sein.

Im Gegensatz zum kathodischen Schutz liegen beim anodischen Schutz im allgemeinen eng begrenzte Schutzpotential-Bereiche vor, in denen der Korrosionsschutz möglich ist. Aus diesem Grunde muß beim anodischen Schutz im allgemeinen ein Potential-regelndes Schutzstrom-Gerät eingesetzt werden. Der Schutzpotential-Bereich kann durch besondere Korrosionsvorgänge, z. B. Chlorid-induzierte Lochkorrosion bei nichtrostenden Stählen, stark eingeengt werden. Dann kann anodischer Schutz u. U. praktisch nicht mehr eingesetzt werden. Auch eine werkstoffbedingte örtliche Korrosionsanfälligkeit kann den anodischen Schutz unwirksam machen. Hierzu zählt z. B. die Anfälligkeit für interkristalline Korrosion von nichtrostenden chromreichen Stählen und Nickelbasis-Legierungen.

Man unterscheidet drei Möglichkeiten des anodischen Schutzes: Anwenden von anodischem Fremdstrom, Ausbilden von Lokalkathoden und Anwenden von passivierenden Inhibitoren. Beim Fremdstrom-Verfahren müssen die Schutzpotential-Bereiche durch Untersuchung der Potentialabhängigkeit von Korrosionsgrößen ermittelt werden. Das Fremdstrom-Verfahren ist wie beim kathodischen Schutz vielseitig anwendbar. Es versagt aber bei behindertem Stromzutritt, z. B. an benetzten Gasräumen. Da beim Versagen des Schutzes sehr hohe Abtragungsraten bei aktiver Korrosion auftreten können, ist eine Anwendung nur dann in Betracht zu ziehen, wenn die Schutzstrom-Verteilung sichergestellt ist oder hohe Abtragungsraten bei Aktivierung nicht auftreten können. Probleme durch Störungen der Stromverteilung bestehen naturgemäß bei den beiden anderen Verfahren nicht.

Die Ausbildung von Fremdkathoden wird vor allem bei Werkstoffen mit hoher Wasserstoff-Überspannung zur Verminderung der Säurekorrosion angewandt. Hierzu zeigt Bild 13.6 die anodische Teilstrom-Potential-Kurve a eines passivierbaren Metalls in einem Medium mit dem Passivierungsstrom i_p und der zugehörigen kathodischen Teilstrom-Potential-Kurve b für die Wasserstoff-Entwicklung. Wegen der hohen Wasserstoff-Überspannung wird der Passivierungsstrom nicht erreicht. Es stellt sich bei freier Korrosion ein Korrosionspotential U_{Ka} im aktiven Zustand ein. Bringt man den Werkstoff in Kontakt mit einem Metall geringerer Wasserstoff-Überspannung entsprechend der kathodischen Teilstrom-Potential-Kurve c, reicht der kathodische Teilstrom zur Passivierung aus. Bei freier Korrosion wird nun ein Korrosionspotential U_{Kp}^1 im passiven Zustand eingestellt. In gleicher Weise wirken auch Lokalkathoden, die in den Werkstoff durch Legieren eingebracht werden. Nach dem gleichen elektrochemischen Prinzip kann auch die Überspannung für die Reduktion anderer Oxidationsmittel des Mediums, z. B. Sauerstoff, vermindert werden (vgl. Teilstromkurve d in Bild 13.6).

Passivierende Inhibitoren wirken zweifach. Einmal wird durch Unterstützen der Passivschichtbildung die Passivierungsstromdichte verringert, zum anderen wird

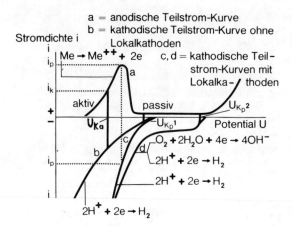

Bild 13.6:
Einfluß des Verlaufes der kathodischen Teilstromkurve auf das Passivitätsverhalten

durch ihre Reduktion die kathodische Teilstromdichte erhöht. Inhibitoren können beide oder nur eine der genannten Eigenschaften haben. Passivierende Inhibitoren zählen zu den sogenannten gefährlichen Inhibitoren, weil bei nicht vollständiger Inhibition örtlich starke aktive Korrosion stattfindet. Hierbei liegen passivierte Kathoden neben nichtinhibierten Anoden vor (vgl. Kapitel 11).

13.3.1 Schutz mit Fremdstrom

Die praktische Ausführung setzt Laboratoriumsuntersuchungen über den Schutzpotential-Bereich, die Passivierungsstromdichte und den Schutzstrombedarf im Passivbereich voraus. Hierbei sind die betrieblich interessierenden Parameter, wie z. B. Temperatur, Strömungsgeschwindigkeit und Konzentration korrosiver Stoffe im Medium zu beachten[12, 13, 14]. Dazu dienen im allgemeinen potentiostatische Untersuchungen nach DIN 50 918 (vgl. Kapitel 14). Ferner sollten auch die Reaktionen an der infrage kommenden Fremstrom-Kathode untersucht werden.

Als Beispiel zeigt Bild 13.7 das elektrochemische Verhalten eines CrNiMo-Stahls (Werkst.-Nr. 1.4401) in 67 %iger H_2SO_4 bei verschiedenen Temperaturen. Mit steigender Temperatur nehmen die Passivierungsstromdichte und der Schutzstrombedarf zu, während sich der Passivbereich verkleinert. Aus diesen Kurven können für eine potentiostatisch regelnde Anlage der Aussteuerbereich und der Schutzstrombedarf sowie für beliebige Schutzstrom-Geräte die Grenzwerte für eine Minimum-Maximum-Potentialregelung abgelesen werden.

Bei Systemen mit spontaner Aktivierung nach Abschalten des Schutzstromes ist ein potentiostatisch regelndes Schutzstrom-Gerät einzusetzen, das nach dem

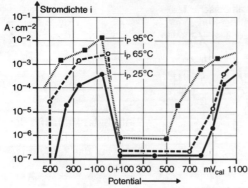

Bild 13.7:
Einfluß der Temperatur und der Konzentration auf die Passivierung eines Austenitstahles in Schwefelsäure

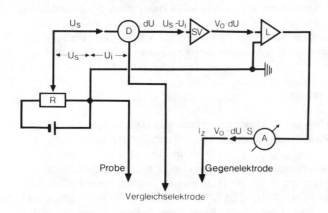

Bild 13.8:
Prinzip einer potentiostatischen Außenschaltung

Regelschema in Bild 13.8 arbeitet. Die vorgegebene Sollspannung U_s wird in einem Differenzbildner D mit der Spannung zwischen Bezugselektrode und Schutzobjekt, der Istspannung U_I, verglichen. Die Differenz $\Delta U = U_s - U_I$ wird in einem Spannungsverstärker SV auf $V_o \cdot \Delta U$ verstärkt. Diese verstärkte Differenzspannung steuert einen Leistungsverstärker L, der den notwendigen Schutzstrom I_s über die Fremdstrom-Kathode liefert.

Darüber hinaus existieren Kontrollgeräte, die bei Unter- oder Überschreiten eines vorgegebenen Potential-Grenzwertes den Schutzstrom ein- bzw. ausschalten, wodurch eine kostensparende, intermittierende Betriebsweise ermöglicht wird. Sie ist allerdings nur da möglich, wo der passive Zustand auch nach Abschalten des Stromes noch über längere Zeiträume erhalten bleibt.

Als Bezugselektroden können Elektroden auf Basis Hg/Hg_2Cl_2, $Ag/AgCl$, Hg/HgO, Hg/Hg_2SO_4 und sonst übliche Systeme eingesetzt werden. Es wurden Elektroden entwickelt, die bis 100 bar und 200 °C einsetzbar sind.

Als Fremdstrom-Kathoden kommen solche Werkstoffe infrage, die bei der zu erwartenden kathodischen Polarisation korrosionsbeständig sind. Für starke Säuren werden Platin, Tantal oder austenitische CrNi-Stähle verwendet. Bei der Sulfonierung von Alkanen und der Neutralisation der Sulfonsäuren werden die Oleum- und Schwefelsäure-Behälter anodisch geschützt, wobei platiniertes Messing als Kathoden eingesetzt wird[15]. Zum Schutz von Titan-Wärmetauschern in Reyon-Spinnbädern werden Kathoden aus Blei benutzt[16].

Ein besonderes Problem beim anodischen Schutz von Behältern stellen die Gasräume dar, weil hier der anodische Schutz unwirksam bleibt und Gefahr durch aktive Korrosion besteht. Es ist deshalb erforderlich, schon bei der Planung von Chemieanlagen solche Gefahrenpunkte zu berücksichtigen. Wenn Gasräume konstruktiv nicht vermieden werden können, müssen sie mit korrosionsbeständigen Werkstoffen ausgekleidet werden. Bei Tanks und Lagerbehältern sollte möglichst vollständige Füllung erfolgen oder auf kurze Zeiträume zwischen Leeren und Füllen geachtet werden, falls die Aktivierung nicht spontan erfolgt.

13.3.1.1 Neutrale und saure Medien

Der anodische Schutz in Säuren wurde bereits bei einer Reihe von Verfahren der chemischen Industrie sowie beim Lagern und Transport angewendet. Er ist sogar bei geometrisch komplizierten Behältern und Leitungen erfolgreich[12]. Unlegierter Stahl kann in Salpetersäure und in Schwefelsäure geschützt werden. Im letzten Falle setzen aber Temperatur und Konzentration Anwendungsgrenzen[17]. Bei Temperaturen um 120 °C kann nur bei Konzentrationen oberhalb 90 % ein wirksamer Schutz erreicht werden[18]. Bei Konzentrationen zwischen 67 und 90 % können bei Temperaturen bis etwa 140 °C CrNi-Stähle mit anodischem Schutz eingesetzt werden.

Seit 1966 werden in der Bundesrepublik die Luftkühler einer Schwefelsäure-Produktionsanlage anodisch geschützt. 380 elliptische, 7 m lange Kühlerrohre und angrenzende Rohrleitungen aus CrNiMo-Stahl (Werkst.-Nr. 1.4571) werden mit 98 bis 99 %iger H_2SO_4 beaufschlagt. Die Eintrittstemperatur beträgt 120 °C. Die Fließgeschwindigkeit liegt bei 1 m s^{-1}. Der Schutzstrom für die zu schützende Oberfläche von 280 m² wird von einer potentiostatisch regelnden Schutzanlage der Auslegung 120 A/4 V aufgebracht. Die Kathoden aus artgleichem Werkstoff wie die Kühlerrohre sind isoliert in die Produkt-Verteilerkammern des Luftkühlers eingesteckt. Die Hg/Hg_2SO_4-Bezugselektroden wurden speziell als Einschraubelektroden für 200 °C und 100 bar entwickelt. Der Stromverbrauch in solchen Anlagen ist relativ gering. Die Leistung liegt bei wenigen 100 W. Bei den jährlichen Anlageinspektionen wurde festgestellt, daß die Kühlerrohre, die Kammern und Einlaufleitungen sowie eingebaute Kontrollproben und mitgeschützte Transportleitungen einwandfrei vorlagen. Die Abtragungsraten der Kontrollproben lagen unter 0,1 mm a^{-1}. Betrieb und Überwachung der Schutzinstallation erfolgt von der Meßwarte des Betriebs aus. Bild 13.9 zeigt schematisch die Installation.

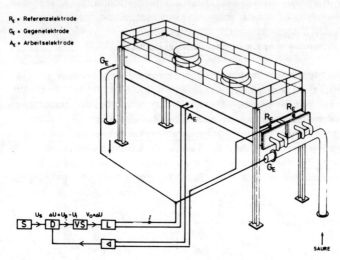

Bild 13.9: Anodischer Korrosionsschutz eines Schwefelsäure-Luftkühlers

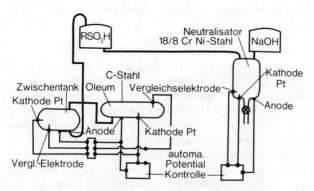

Bild 13.10: Anodischer Schutz in einer Sulfonierungsanlage

Bild 13.10 enthält das Schaltschema für die Schutzanlage einer Sulfonierungsanlage[19]. Hier mußte aus Sicherheitsgründen der Schutzpotential-Bereich für den Neutralisator aus CrNi-Stahl wegen der abwechselnden Beschickung mit NaOH und Sulfonsäure (RSO_3H) so festgelegt werden, daß in beiden Medien Passivität gegeben ist. Eine Überlappung der beiden Potentialbereiche war aber nur in einer engen Zone von 250 mV Breite vorhanden. Die Schutzpotential-Grenzen wurden auf U_H = 0,34 bis 0,38 V festgelegt. Geschützt wurden hierbei auch die Rohrleitungen, da der Polarisationswiderstand des passiven Stahles und die Leitfähigkeit der Medien groß sind. Unter diesen Umständen ist der Polarisationsparameter groß und die Stromreichweite erhöht.

Unlegierte Stähle lassen sich auch gegen eine Reihe von Salzlösungen anodisch schützen. Hierzu zählen vor allem Produkte in der Düngemittel-Industrie. Der Schutz ist in allen Medien, die NH_3, NH_4NO_3 und Harnstoff in wechselnden Verhältnissen enthalten, bis zu 90 °C wirksam[20]. Die Korrosion im Gasraum wird durch Kontrolle des pH-Wertes und Aufrechterhalten eines NH_3-Überschusses unterdrückt. Eine bemerkenswerte Anwendung zeigt Bild 13.11 mit einer anodischen Schutzanlage in einem Eisenbahn-Tankwagen für Düngemittel-Lösungen[19].

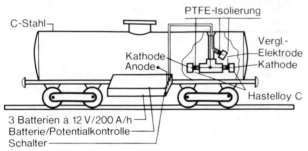

Bild 13.11: Anodischer Schutz eines Tankwagens zum Transport von Flüssigdünger

Nichtrostende Cr- und CrNi-Stähle eignen sich besonders gut für einen anodischen Schutz. Angewandt wurde er im wesentlichen in H_2SO_4 (vgl. Bild 13.9), Oleum und H_3PO_4[13, 21, 22, 23, 24]. Wegen der guten Passivierbarkeit des Titan ist der anodische Schutz auch für diesen Werkstoff interessant. Für den Schutz in H_2SO_4 und HCl werden Tantal-Kathoden verwendet[25, 26]. Auch in H_3PO_4 und organischen Säuren wurde anodischer Schutz erprobt[16].

13.3.1.2 Alkalische Medien

Nach den Stromdichte-Potential-Kurven in Bild 13.12 sind unlegierte Stähle in Natronlauge passivierbar[27–30]. Im aktiven Bereich der Kurve erfolgt Korrosion unter Bildung von FeO_2^{2-}-Ionen. In Abhängigkeit von der Temperatur, der NaOH-Konzentration und dem Vorhandensein von Oxidationsmitteln, z. B. O_2, kann der Stahl stabil- oder metastabil-passiv sein. Ein bekanntes Anwendungsbeispiel ist der Schutz von Zellstoff-Kochern, die mit alkalischer Aufschlußlösung betrieben werden[31]. Bei NaOH-Konzentrationen über 50 % muß die Passivierbarkeit bei erhöhten Temperaturen überprüft werden[32].

Als Fremdstrom-Kathode wurde zunächst das gegen NaOH beständige Nickel eingesetzt. Die Verwendbarkeit von Stahl-Kathoden in Laugen ist aber durch die Ausbildung dichter Deckschichten ebenfalls gegeben.

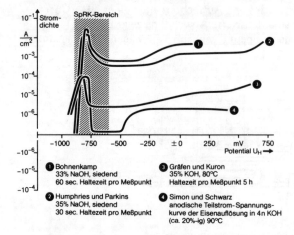

Bild 13.12:
Stromdichte-Potential-Kurven unlegierter Stähle in Alkalihydroxidlösungen

① Bohnenkamp
33% NaOH, siedend
60 sec. Haltezeit pro Meßpunkt

② Humphries und Parkins
35% NaOH, siedend
30 sec. Haltezeit pro Meßpunkt

③ Gräfen und Kuron
35% KOH, 80°C
Haltezeit pro Meßpunkt 5 h

④ Simon und Schwarz
anodische Teilstrom-Spannungskurve der Eisenauflösung in 4n KOH
(ca. 20%-ig) 90°C

In heißen Alkalilaugen kann auch interkristalline Spannungsrißkorrosion auftreten (vgl. Kapitel 1). Der kritische Potentialbereich für Spannungsrißkorrosion ist in Bild 13.12 ebenfalls eingetragen. Es ist sowohl kathodischer Schutz und anodischer Schutz möglich, wegen der geringeren Abtragung ist jedoch das anodische Verfahren vorzuziehen[29]. Technisch genutzt wurde der anodische Schutz gegen Spannungsrißkorrosion erstmalig bei einer mit KOH-Lösung betriebenen Wasser-Elektrolyse, bei der der Schutzstrom einer Zelle des jeweiligen Elektrolyse-Blocks der Anlage direkt entnommen wird[29]. Ein weiteres Beispiel zeigt Bild 13.13. Die Schutzanlage für diesen Laugenverdampfer arbeitet mit einer Transduktor-Verstärkung, um den hohen Schutzstrom von max. 300 A bei 5 V zu liefern[3,32,33]. Die benötigte Schutzstromdichte, die Treibspannung und die Potentiale der Meßstellen E_1 und E_2 für die ersten 140 Tage nach der

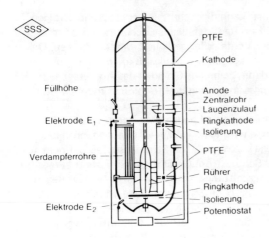

Bild 13.13: Anodisch gegen Spannungsrißkorrosion geschützter Laugenverdampfer. (Inhalt: 115 m³; Fläche: 2400 m²)

Inbetriebnahme sind in Bild 13.14 wiedergegeben. Der Strombedarf ist nach Eintritt der Passivierung recht klein. Im Gegensatz zu Säuren kann in Laugen eine spontane Aktivierung bei Ausfall des Schutzstromes nicht auftreten. Somit ist die Sicherheit vor interkristalliner Spannungsrißkorrosion praktisch vollkommen.

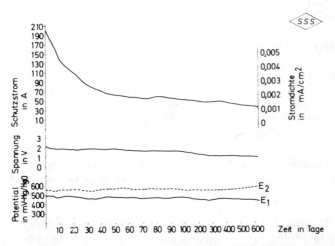

Bild 13.14: Verlauf von Schutzstrom, angelegter Spannung und Schutzpotential bei einem anodisch geschützten Laugenverdampfer

Da das System metastabil-passiv ist, kann der Schutz intermittierend erfolgen. Hierbei wird die Schutzanlage nur im Bedarfsfalle eingeschaltet, so daß mit einem Schutzstrom-Gerät mehrere Verdampfer geschützt werden können. Die Anwendung des anodischen Schutzes gegen Spannungsrißkorrosion durch NaOH empfiehlt sich besonders dann, wenn aus Gründen der Abmessungen oder der Geometrie eine Spannungsarmglühung praktisch nicht möglich ist.

Die bisher wohl größten Schutzobjekte sind Laugen-Behälter mit 10^4 m^3 Inhalt[32]. Als Fremdstrom-Kathode wird lediglich ein vertikal angeordnetes Stahlrohr DN 400 von 13 m Länge verwendet. Der Stromanschluß befindet sich oberhalb des Behälterdaches. Als Schutzstrom-Gerät dient ein Potential-regelnder Gleichrichter mit einer Ausgangsleistung von 10 kW bei 10^3 A. Zu Beginn der Inbetriebnahme fließt über 2 bis 3 h ein Strom von etwa 1 kA bei einer Treibspannung von 8 V. Nach Erreichen der Passivität verringern sich die Werte auf 100 A bzw. 0,85 V. Die Bezugselektroden befinden sich unten in geringem Abstand vom Behälterboden, damit die Entleerung der Behälter ohne Störung des Schutzes erfolgen kann.

13.3.2 Schutz mit Lokalkathoden des Werkstoffes

Die Wirkung dieses Verfahrens wurde durch eine Reihe Untersuchungen an nichtrostenden Stählen[34 – 36], Titan[37 – 39], Blei[40, 41] und Tantal[42] nachgewiesen. Die korrosionsschützende Wirkung ist hierbei nicht nur auf den anodischen Schutz, sondern zusätzlich auf die abdeckende Wirkung durch auszementierende Edelmetalle zurückzuführen. Dadurch wird die Passivierungsstromdichte der aktiven Bereiche verringert und somit die Passivierbarkeit verbessert[43].

Neben der in Bild 13.6 gezeigten Möglichkeit zur Verminderung der Überspannung der kathodischen Wasserstoff-Entwicklung können auch, z. B. durch Cu in Bleilegierungen, Hemmungen der O_2-Reduktion vermindert werden. Da hierbei positivere Potentiale erreicht werden, können solche Legierungselemente sehr wirksam sein. In dieser Hinsicht wirkt z. B. Pt, etwas weniger ausgeprägt Pd, Au dagegen praktisch nicht[44].

Im Apparatebau wird vor allem Titan mit 0,2 % Pd verwendet, da dieses in nichtoxidierenden sauren Medien vorteilhaft eingesetzt werden kann und wegen günstigerer Lochfraßpotentiale auch eine erhöhte Beständigkeit gegen Loch- und Spaltkorrosion hat[39].

Das Zulegieren von kathodisch wirksamen Elementen zu Feinblei war häufig Gegenstand von Untersuchungen zur Verbesserung der Korrosionsbeständigkeit gegen H_2SO_4[41, 45]. In dieser Hinsicht bekannt ist das Kupferfeinblei mit 0,04 bis 0,08 % Cu. Durch Kombination verschiedener Legierungselemente gelang es,

Blei-Legierungen herzustellen, die neben wesentlich verbesserter Korrosionsbeständigkeit auch eine erhöhte Warmfestigkeit besitzen. Als Beispiel sei eine Blei-Legierung mit 0,1 % Sn, 0,1 % Cu und 0,1 % Pd genannt[44].

Ein interessantes Anwendungsgebiet ist auch der Schutz von Tantal vor Wasserstoff-Versprödung durch Kontaktieren mit Platin-Metallen. Die Verminderung der Wasserstoffüberspannung bzw. die Verschiebung des Freien Korrosionspotentials zu positiveren Werten führt offenbar zu einem verminderten Bedeckungsgrad mit adsorbiertem Wasserstoff und damit zu einer verringerten Absorption[42].

Ing. Dieter Kuron

14 Prüfungen und Untersuchungen im Korrosionsschutz

14.1 Einleitung

In der Praxis wird der Korrosionsschutz in den „aktiven" und den „passiven" Korrosionsschutz unterteilt (vgl. Kapitel 1, Abschnitt 1.4).

Beim aktiven Korrosionsschutz kann auf mannigfaltige Art in das Korrosionssystem aktiv eingegriffen werden. Als Beispiele seien genannt:

a) Verbesserung der Korrosionsbeständigkeit von Werkstoffen durch Legierungsmaßnahmen — Zugabe von Mo zu 18/8 CrNi-Stählen, Zugabe von Pd zu Titan —
b) durch Beseitigung von Stimulatoren — Zugabe von Hydrazin, Levoxin, Sulfit zur Verminderung der Sauerstoffkonzentration im Korrosionsmedium —
c) Zugabe von Inhibitoren — anodisch wirkende (deckschichtbildende), kathodisch wirkende —
d) elektrochemische Schutzverfahren — kathodischer bzw. anodischer Korrosionsschutz —.

Beim passiven Korrosionsschutz wird zwischen den Werkstoff und das korrosive Mittel eine organische Schutzbeschichtung bzw. ein anorganischer oder metallischer Schutzüberzug gebracht, die als Schutzbarrieren wirken und den zu schützenden Werkstoff vom Angriffsmittel trennen.

Für einen Praxiseinsatz muß die Wirksamkeit solcher Maßnahmen durch Prüfungen erhärtet werden. Darüberhinaus bedarf es vergleichender Untersuchungen, um die jeweils geeignetste Schutzmethode auszuwählen.

Die meisten Korrosionsuntersuchungen können auch als Prüfverfahren im Korrosionsschutz eingesetzt werden. In der Praxis wird nur von einer ausgewählten Anzahl Gebrauch gemacht. Spezielle Prüfverfahren, die nur im Bereich des Korrosionsschutzes angewendet werden, sind weniger zahlreich und werden nachfolgend behandelt.

Außerdem sind in einem Anhang sowohl die bekanntesten Korrosionsprüfverfahren als auch weitere Untersuchungsverfahren, die im Korrosionsschutz Verwendung finden, aufgelistet.

14.2 Korrosionsuntersuchungen im Korrosionsschutz

14.2.1 Aktiver Korrosionsschutz

Es sind keine Prüfverfahren bekannt, die ausschließlich zur Prüfung der Güte des Korrosionsschutzes bzw. zur Entwicklung von Korrosionsschutzsubstanzen oder Korrosionsschutzmaßnahmen im aktiven Korrosionsschutz dienen.

Die Schutzwirkung von Inhibitoren (vgl. Kapitel 11) kann durch die Anwendung chemischer (vgl. Abschn. 11.3.1) und elektrochemischer (vgl. Abschn. 11.3.2) Korrosionsuntersuchungen bestimmt werden.

Korrosionsschutz durch Legieren — Verbesserung der Korrosionsbeständigkeit — und die Wirkung elektrochemischer Schutzverfahren werden ebenfalls mittels chemischer und elektrochemischer Korrosionsuntersuchungen nachgewiesen (vgl. Abschn. 11.3.1 u. 11.3.2).

14.2.2 Passiver Korrosionsschutz

Die Anforderungen, die an Beschichtungen und Überzüge im passiven Korrosionsschutz gestellt werden, sind eine gute chemische Beständigkeit und eine ausreichende mechanische Festigkeit (DIN 55 928).

Allein der Begriff „Chemische Beständigkeit" umfaßt einen weiten Bereich von Beanspruchungen (Licht-, Wärme-, Wetter-, Chemikalien-, Wasser-, Säure-, Laugenbeständigkeit), zu denen es eine Reihe entsprechender Prüfverfahren gibt.

Genannt werden sollen die genormten Prüfungen: DIN 50 016 Beanspruchung in Feucht-Wechselklima, DIN 50 017 Beanspruchung in Schwitzwasser-Klimaten, DIN 50 018 Beanspruchung in Kondenswasser-Wechselklima mit schwefeldioxidhaltiger Atmosphäre, DIN 50 020 Sprühnebelprüfungen mit verschiedenen Natriumchloridlösungen, DIN 50 947 Prüfung anodisch erzeugter Oxidschichten im Korrosionsversuch, DIN 50 958 Korrosionsprüfung von verchromten Gegenständen nach dem modifizierten Corrodkote-Verfahren, DIN 50 980 Auswertung von Korrosionsprüfungen, DIN 53 209 Bezeichnung des Blasengrades von

Anstrichen und DIN 53 210 Bezeichnung des Rostgrades von Anstrichen (vgl. 1.5 des Anhangs).

Bei der Betriebsbeanspruchung von Beschichtungen ist es möglich, daß durch Diffusion und Permeation korrosiv wirkende Substanzen bis zum Substrat vorstoßen und dieses schädigen, ohne daß das Beschichtungsmaterial selbst angegriffen wird. Dies bedeutet, daß die Beschichtung gegen ein korrosives Mittel zwar beständig ist, aber keinen ausreichenden Korrosionsschutz des Bauteils gewährleistet.

14.2.2.1 Korrosionsschutzuntersuchungen bei organischen Beschichtungen

Laborprüfungen, die den Korrosionsschutz von Beschichtungssystemen nachweisen sollen, müssen so praxisnah wie nur möglich durchgeführt werden. Zu beklagen ist, daß es sowohl in Europa als auch weltweit keine einheitlichen Prüfverfahren gibt. Leider muß auch festgestellt werden, daß selbst genormte Prüfverfahren nur eine bedingte Aussagekraft hinsichtlich der Bewertung der Korrosionsschutzeigenschaften von Beschichtungen für die Praxis besitzen.

Die klassischen Prüfverfahren sind im Anhang aufgelistet und bedürfen keiner Vorstellung an dieser Stelle. Zu bemerken ist, daß man heute in enger, firmenüberschreitender Zusammenarbeit Prüfverfahren entwickelt, die in angemessenen Prüfzeiten reproduzierbare Ergebnisse liefern, die mit Langzeitergebnissen und Praxiserfahrungen korrelieren. Im von BMFT geförderten Forschungs- und Entwicklungsprogramm „Korrosion und Korrosionsschutz" sind in der Projektgruppe 12 bisher schon erfolgversprechende Verfahren, z. T. Kombinationsverfahren, entwickelt worden[1].

Mittels Messung der Wasser- und Sauerstoffdurchlässigkeit an dünnen Filmen[1] kann nachgewiesen werden, ob bei Systemen an der Grenzfläche Film/Untergrund Enthaftungen auftreten können, die Ausgangspunkte für Unterrostungen sind. Ferner werden nach einer Abreißmethode die Haftfestigkeitswerte in Abhängigkeit von der Beanspruchung (Schwitzwasser, Streusalz, Industrieatmosphäre) untersucht und u. a. festgestellt, ob Adhäsionsbrüche oder Kohäsionsbrüche aufgetreten sind (vgl. DIN 53 232)[1].

Der Einfluß des kathodischen Korrosionsschutzes auf Beschichtungen in Meerwasser kann in einer neu konzipierten Prüfeinrichtung (Bild 14.1) untersucht werden[1]. Bei diesem Prüfverfahren wird bei unterschiedlichen Schutzpotentialen festgestellt, ob Korrosionsschutzbeschichtungen unter den Bedingungen des kathodischen Korrosionsschutzes anfällig für Blasenbildung sind und ob an Verletzungen eine Unterwanderung auftritt. Mit sinkendem Schutzpotential nimmt die Gefährdung zur Blasenbildung zu. Steigende Prüftemperaturen (25 bis 40 °C) des Meerwassers beschleunigen die Blasenbildung[1].

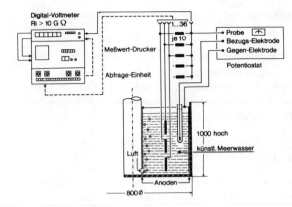

Bild 14.1:
Prüfeinrichtung zur Untersuchung von Korrosionsschutzbeschichtungen unter den Bedingungen des kathodischen Korrosionsschutzes

Ein weiteres elektrochemisches Prüfverfahren gestattet in relativ kurzen Zeiten Aussagen über die Bewährung des Schutzsystems in der Praxis. Durch eine kathodische Polarisation (potentiostatisch oder galvanostatisch kontrolliert) kann an verletzten Proben durch Bestimmung der Unterwanderungstiefe eine Bewertung der Schutzbeschichtung durchgeführt werden, wobei diese mit Erfahrungen in der Praxis korreliert[1].

14.2.2.2 Korrosionsschutzprüfungen bei anorganischen bzw. metallischen Schutzüberzügen

Für die richtige Auswahl eines anorganischen bzw. metallischen Überzuges und dessen Auftragungsart ist die Kenntnis der korrosionschemischen Zusammenhänge im System Werkstoff/Überzug/Angriffsmittel von besonderer Bedeutung, da der Überzug je nach Angriffsbedingungen auch selbst korrodieren kann. Auch hier ist ein Teil der „klassischen" genormten Prüfverfahren einzusetzen. Für eine gute Korrosionsschutzwirkung dieser Überzüge ist oft die Dicke der Überzüge von entscheidender Bedeutung [Schichtdickenmessungen (vgl. 3.9 des Anhangs)]. Die Überzüge sind verfahrensbedingt in vielen Fällen nur sehr schwer porenfrei herzustellen. Aus diesem Grunde ist die Porenprüfung (vgl. 5.3 des Anhangs) eine der wichtigsten Korrosionsschutzprüfungen, denn jede Schutzschicht ist nur so gut, wie ihre schwächste Stelle. Oft ist die Haftfestigkeit der Überzüge für die Beständigkeit von besonderer Bedeutung. Der Haftverlust kann u. a. durch Ultraschallprüfungen nachgewiesen werden.

Für alle Schutzbeschichtungen und Schutzüberzüge im passiven Korrosionsschutz gilt: Die Lebensdauer wird wesentlich von der Güte der Oberflächenvorbehandlung geprägt. Aus diesem Grunde sind Prüfverfahren die sich mit der Oberfläche des zu schützenden Bauteils befassen, im weitesten Sinne auch den Korrosionsschutzprüfverfahren zuzuordnen (vgl. 6 des Anhangs).

14.3 Korrosionsuntersuchungen

Die Anwendung von Korrosionsuntersuchungen erfolgt mit unterschiedlicher Zielsetzung. Die Vielzahl der Korrosionsformen und der Korrosionsparameter bedingen adäquate Prüfverfahren. Es ist deshalb bei allen Korrosionsuntersuchungen, auch solchen im aktiven und passiven Korrosionsschutz, außerordentlich wichtig, das jeweils geeignetste Prüfverfahren auszuwählen.

Die Korrosionsuntersuchungen werden in *chemische* und *elektrochemische* Korrosionsuntersuchungen unterteilt[2, 3].

Bei den chemischen Korrosionsuntersuchungen wird in der Regel die Beständigkeit der Werkstoffe gegen abtragende Korrosion geprüft. Dabei wird der Einfluß der Parameter des Werkstoffes und des korrosiven Mittels erfaßt.

Da bei diesen Untersuchungen die Variable „Potential" mehr oder weniger undefiniert ist, ist es in vielen Fällen notwendig, auch elektrochemische Korrosionsuntersuchungen durchzuführen, die das Potential als Einflußgröße berücksichtigen. Elektrochemische Korrosionsuntersuchungen sind insbesondere dann durchzuführen, wenn bei Überschreitung bestimmter Potentiale (Grenzpotentiale) spezielle Formen der Korrosion auftreten können (z. B. Lochkorrosion).

14.3.1 Chemische Korrosionsuntersuchungen

Nach DIN 50 905[2, 3] können bei Flächenkorrosion mittels chemischer Korrosionsuntersuchungen die Dickenabnahme (Δs, μm), der flächenbezogene Massenverlust (Δm_A, $g \cdot m^{-2}$), die flächenbezogene Massenverlustrate (v, $g \cdot m^{-2} \cdot h^{-1}$ bzw. $g \cdot m^{-2} \cdot d^{-1}$) und die Abtragungsrate (w, $mm \cdot a^{-1}$) bestimmt werden. Neben der integralen und der differentialen Massenverlustrate ist die lineare Massenverlustrate und die lineare Abtragungsrate von besonderer Bedeutung, da über sie eine Extrapolation zu längeren Zeiten und damit eine Abschätzung der Lebensdauer technischer Bauteile bzw. die Schutzwirkung ermöglicht wird (Bild 14.2).

$$v_{int} = \frac{\Delta m_A}{t}; \quad v_{diff} = \frac{d \cdot \Delta m_A}{dt}; \quad v_{lin} = \frac{\Delta m_A(t_2) - \Delta m_A(t_1)}{(t_2 - t_1)};$$

$$w_{lin} = 0{,}365 \, \frac{v_{lin}}{\rho}$$

v_{diff} (vgl. a) $\hat{=}$ tang β w_{lin} (vgl. b)

v_{int} (vgl. a) $\hat{=}$ tang α

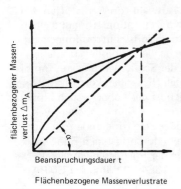

a) Flächenbezogene Massenverlustrate

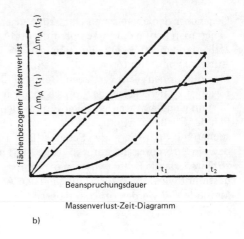

b) Massenverlust-Zeit-Diagramm

Bild 14.2:
Chemische Korrosionsuntersuchung;
Prüfgefäß, Probeneinbau

Gegenüber den chemischen Untersuchungen zur Auswahl von Werkstoffen, bei denen man häufig durch Temperatur- und/oder Konzentrationserhöhung einen zeitraffenden Effekt erzielen kann, ist dies bei Korrosionsschutzprüfungen zur Auswahl von Inhibitoren tunlichst zu vermeiden, da viele Inhibitoren solche Manipulationen nicht vertragen. Bei der Prüfung der Schutzwirkung von Inhibitoren ist zu berücksichtigen, ob sie später in schnell fließenden korrosiven Mitteln eingesetzt werden sollen. In solchen Fällen ist der Laborversuch hinsichtlich der Fließgeschwindigkeit möglichst praxisgerecht in Rührversuchen, Versuchen mit der rotierenden Scheibe (Bild 14.3) oder dem rotierenden Zylinder, bzw. in Strömungsapparaturen (Bild 14.4) mit dem durchflossenen Rohr durchzuführen, da die Schutzwirkung oft sehr stark von der Fließgeschwindigkeit bestimmt wird. Inhibitorprüfungen nach ASTM D 1384-70[4] und der EMPA-Methode[*)][5] werden oft praktiziert.

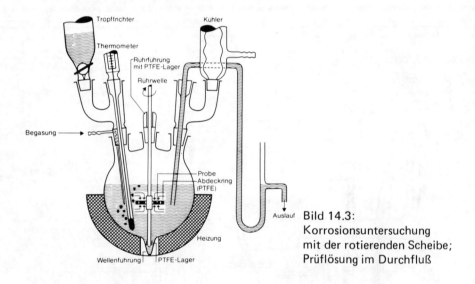

Bild 14.3:
Korrosionsuntersuchung mit der rotierenden Scheibe; Prüflösung im Durchfluß

Der Einfluß der Legierungselemente Molybdän, Kupfer und Silizium auf die Korrosionsbeständigkeit von CrNi-Stählen in Schwefelsäure bzw. Salpetersäure[6] zeigen die Bilder 14.5 und 14.6. Durch Massenverlustbestimmungen nach DIN 50 905 Teil 2 kann die Korrosionsschutzmaßnahme – Zugabe von Legierungsmetallen – geprüft werden.

---

*) Eidgenössische Materialprüfungs- und Versuchsanstalt für Industrie, Bauwesen und Gewerbe, Schweiz

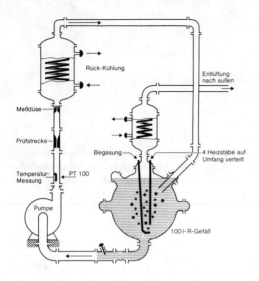

Bild 14.4:
Korrosionsuntersuchung in einer Strömungsapparatur;
Probe: durchströmtes Rohr

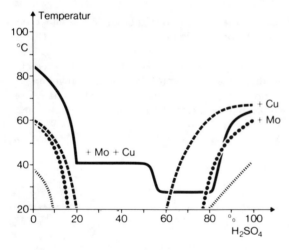

Bild 14.5:
Einfluß von Mo und Cu auf die Korrosionsbeständigkeit austenitischer CrNi-Stähle
(Isokorrosionskurven 0,1 mm/a)

14.3.2 Elektrochemische Korrosionsuntersuchungen

Gegenüber den chemischen Korrosionsuntersuchungen, die durch die Bestimmung des Massenverlustes, der Dickenabnahme, der Eindring(Angriffs)-tiefe und der Lochzahldichte quantitative Angaben zulassen, werden mit Hilfe elektrochemischer Prüfverfahren (DIN 50 918)[2, 3] überwiegend qualitative Aussagen

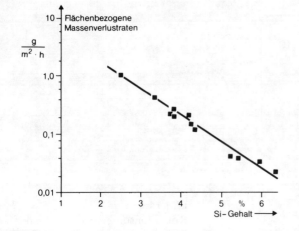

Bild 14.6:
Einfluß des Si-Gehaltes auf die Korrosionsbeständigkeit des Werkstoffes X 2 CrNiSi 18 15 in siedender 98 %iger Salpetersäure

gewonnen. Die Aussagen sind zur Aufdeckung von Korrosionsmechanismen und zur Bestimmung der Parametereinflüsse von außerordentlicher Bedeutung.

Die elektrochemischen Korrosionsuntersuchungen sind besonders geeignet, den Wert und die Wirkung von aktiven Korrosionsschutzmaßnahmen zu prüfen.

So kann man durch die Aufnahme von Stromdichte-Potential-Kurven sowohl die Wirkung von Legierungselementen als auch von Inhibitoren nachweisen (Bild 14.7 — 14.9). Ebenso kann man durch Messungen des kathodischen Astes der Stromdichte-Potential-Kurve an einer inerten Elektrode die Anwesenheit

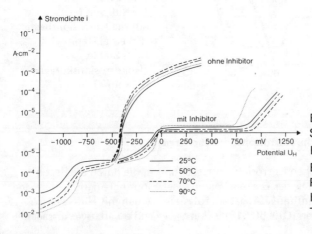

Bild 14.7:
Stromdichte-Potential-Kurven $\frac{\Delta U}{\Delta t}$ = 180 mV/h
Einfluß des Inhibitors Preventol Cl-2 auf die Korrosion von Eisen in Trinkwasser

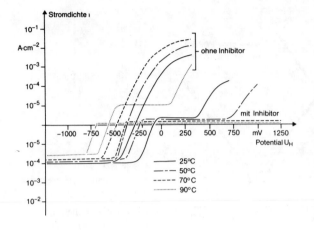

Bild 14.8:
Stromdichte-Potential-Kurven $\frac{\Delta U}{\Delta t} = 180$ mV/h
Einfluß des Inhibitors Preventol Cl-2 auf die Korrosion von Kupfer in Trinkwasser

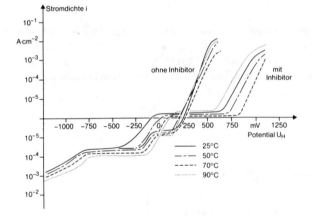

Bild 14.9:
Stromdichte-Potential-Kurven $\frac{\Delta U}{\Delta t} = 180$ mV/h
Einfluß des Inhibitors Preventol Cl-2 auf die Korrosion von Aluminium in Trinkwasser

von Stimulatoren (z. B. Sauerstoff) nachweisen. Eine quantitative Aussage über die Korrosionsschutzwirkung von Inhibitoren ist durch die Aufnahme des anodischen und kathodischen Astes der Stromdichte-Potential-Kurve zu erlangen, wenn aus diesen Kurven durch Extrapolation der sog. Tafelgeraden die anodische Auflösungsstromdichte als Maß für die Korrosionsgeschwindigkeit ermittelt wird (Bild 14.10)[7].

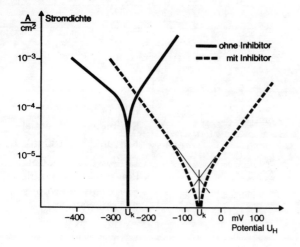

Bild 14.10:
Anodische und kathodische Stromdichte-Potential-Kurven; Auswertung nach Tafel

14.3.2.1 Potentiostatische Methoden

Bei den potentiostatischen Prüfmethoden wird das Potential vorgegeben und der zur Einstellung und Aufrechterhaltung des vorgegebenen Potentials notwendige Strom gemessen. U = const; i = f (t). Bild 14.11 gibt das Prinzip einer potentiostatischen Außenschaltung wieder und Bild 14.12 eine potentiostatische Schaltung mit Meßzelle.

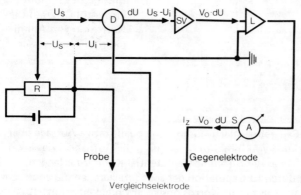

Bild 14.11:
Prinzip einer potentiostatischen Außenschaltung

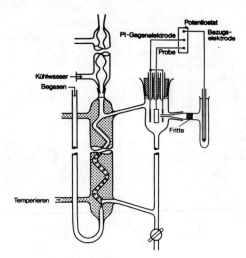

Bild 14.12:
Meßzelle für elektrochemische Messungen

14.3.2.2 Potentiodynamische Methoden

Bei den potentiodynamischen Prüfmethoden wird von einem vorgewählten Potential, meist dem Korrosionspotential U_K, ausgehend, das Potential kontinuierlich oder stufenweise (Bild 14.13) in anodische bzw. kathodische Richtung verändert und die dazugehörigen Ströme gemessen und ausgedruckt (Bild 14.14).

$$v_U = \frac{\Delta U}{\Delta t} \; ; \; i = f(U)$$

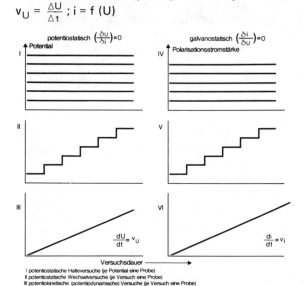

I potentiostatische Halteversuche (je Potential eine Probe)
II potentiostatische Wechselversuche (je Versuch eine Probe)
III potentiokinetische (potentiodynamische) Versuche (je Versuch eine Probe)
IV galvanostatische Halteversuche (je Stromdichte eine Probe)
V galvanostatische Wechselversuche (je Versuch eine Probe)
VI galvanokinetische (galvanodynamische) Messungen (je Versuch eine Probe)

Bild 14.13:
Polarisations-Zeit-Schaubild für elektrochemische Korrosionsuntersuchungen

A Arbeitselektrode SR Schalter Steps min
G Gegenelektrode   R   Schalter Multiplier
B Bezugselektrode

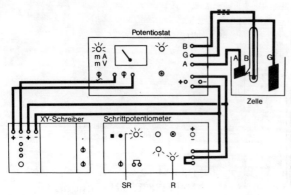

Bild 14.14:
Meßanordnung für die
Aufnahme von potentio-
dynamischen Strom-
dichte-Potential-Kurven

14.3.2.3 Galvanostatische Methoden

Bei den galvanostatischen Methoden wird der Polarisationsstrom vorgegeben und das sich einstellende Potential gemessen i = const; U = f (t).

In Bild 14.15 ist eine galvanostatische Schaltung mit Gleichspannungsquelle und in Bild 14.16 die galvanostatische Schaltung mittels Potentiostat wiedergegeben.

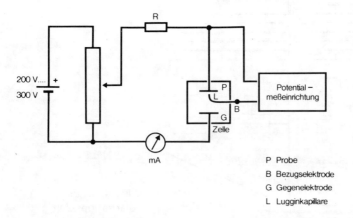

P Probe
B Bezugselektrode
G Gegenelektrode
L Lugginkapillare

Bild 14.15: Meßanordnung für die Aufnahme galvanostatischer Stromdichte-
            Potential-Kurven

324

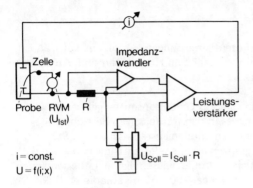

$i = $ const.
$U = f(i;x)$

$U_{Soll} = I_{Soll} \cdot R$

Bild 14.16:
Galvanostatische Schaltung eines Potentiostaten

14.3.2.4 Galvanodynamische Methoden

Bei den galvanodynamischen Methoden wird die Probe, von kleinen Stromdichten ausgehend, kontinuierlich oder mit stufenweise zunehmender Stromdichte in anodische bzw. kathodische Richtung polarisiert $v_i = \frac{\Delta i}{\Delta t}$; $U = f(i)$ (Bild 14.13, 14.17)[8].

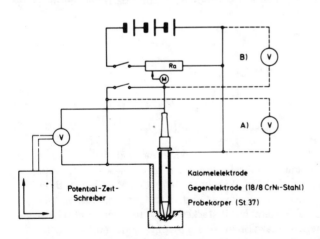

Bild 14.17: Meßanordnung für die Aufnahme galvanodynamischer Stromdichte-Potential-Kurven

14.3.2.5 Potentialmessungen

In einigen Fällen weisen schon allein Potentialmessungen aus, ob ein Korrosionsschutz zu erzielen ist und welche Schutzmaßnahmen zu ergreifen sind. An einem Beispiel soll dies verdeutlicht werden.

In einer schwefelsauren Lösung war ein starkes Oxidationsmittel gelöst, wodurch das Korrosionspotential eines CrNi-Stahles in den transpassiven Bereich verschoben wurde. Unter solchen Bedingungen können austenitische CrNi-Stähle einen selektiven Angriff an den Korngrenzen erleiden. Potentialmessungen und die visuelle Begutachtung so beanspruchter Proben wiesen diesen Tatbestand auch klar aus. Durch eine gezielte Polarisation um ca. 200 mV in kathodische Richtung konnte der Werkstoff wieder in den Passivbereich gebracht werden, in welchem der Massenverlust vernachlässigbar ist und keine selektive Korrosion mehr auftritt. In diesem Fall konnte durch Anwendung einer Art von „kathodischem Schutz", ausgeführt mit Hilfe einer potentiostatischen Regelung, der Apparat vor Korrosion geschützt werden.

14.3.2.6 Polarisationswiderstandsmessungen

Nach dieser Meßmethode arbeitet eine Reihe von Geräten (sogenannte Korrosometer), die heute auf dem Markt angeboten werden und zur Bestimmung der Abtragungsrate und zur Prüfung der Wirksamkeit von Inhibitoren eingesetzt werden. Die Bestimmung der Korrosionsstromdichte erfolgt nach der Stern-Geary-Beziehung[7]:

$$i_{Korr} = B \cdot \left(\frac{\Delta i}{\Delta U}\right)_{U_R}$$

wobei $\left(\frac{\Delta i}{\Delta U}\right)_{U_R}$ der sogenannte Polarisationsleitwert L_P ist.

Der Polarisationswiderstand entspricht $\left(\frac{\Delta U}{\Delta i}\right)_{U_R}$. Für die Anwendung der Beziehung ist die Größe B von ausschlaggebender Bedeutung. Bei reiner Durchtrittspolarisation liegen die Werte für B zwischen 15 und 40 mV (B = 25 mV). Aus dieser Aussage kann geschlossen werden, daß diese Meßmethode nur dann eingesetzt werden kann, wenn keine weiteren Hemmungen (z. B. Deckschichtbildung) auftreten. Dies ist aber nur der Fall bei aktiv korrodierenden Metallen, z. B. in Säuren. Die Methode ist daher nicht geeignet bei deckschicht- und passivschichtbildenden Systemen, also bei Systemen mit starker Hemmung der anodischen aber auch der kathodischen Teilreaktionen. Aus diesem Grunde muß vor dem Einsatz solcher Geräte ohne Kenntnis der Zusammenhänge zur Bewertung von Inhibitoren gewarnt werden.

14.3.3 Sonstige Prüfverfahren

Wie aus dem Anhang zu entnehmen ist, gibt es neben den chemischen und elektrochemischen Korrosionsuntersuchungen noch eine große Anzahl von Prüfungen, die im Korrosionsschutz eingesetzt werden können. Es würde den Rahmen sprengen, wenn hier ausführlich auf die einzelnen Prüfverfahren eingegangen würde. Es ist in jedem Einzelfall vor Beginn der Arbeiten genauestens zu prüfen, welche Verfahren sinnvoll eingesetzt werden können, um das Risiko so weit wie nur eben möglich einzuschränken bzw. auszuschließen. Ein effektiver Korrosionsschutz kann nur betrieben werden, wenn alle Möglichkeiten einer Prüfung — einer praxisnahen Prüfung — ausgeschöpft werden, wozu dieser Teil einen Beitrag leisten sollte.

14.4 Anhang

Zusammenstellung der Korrosionsuntersuchungen in tabellarischer Form

1. Korrosionsarten ohne mechanische Beanspruchung

1.1 Flächenkorrosion

1.1.1 Flächenkorrosion in ruhenden bzw. schwach bewegten Lösungen ($v \leqslant 1$ m/s)

Betriebsprüfungen	Laborprüfungen
Einbau von gewogenen Korrosionsproben mit und ohne Schweißnaht in Betriebs-, Technikums- und Laboranlagen. Zur Auswertung Rückgabe an Prüfstelle unter Angabe von Betriebsmedium, Einbauzeit, Temperatur, Druck, Einbauort und weiteren Bedingungen wie z. B. kontinuierliche, diskontinuierliche Fahrweise.	Einbau von Korrosionsproben in Laborprüfgefäße (Dauertauch-, Wechseltauchversuch, Druckgefäßversuch). Durchführung und Auswertung dieser chemischen Korrosionsuntersuchungen bei gleichmäßiger und ungleichmäßiger (z. B. Muldenkorrosion) Korrosion nach DIN 50 905 Teil 1 bis 4. (Bild 14.2)

Zu bestimmende Korrosionsgrößen nach DIN 50 905, Teil 2:

— Dickenabnahme
— Flächenbezogener Massenverlust
— Flächenbezogene Massenverlustrate
— Abtragungsrate

Zu bestimmende Korrosionsgrößen nach DIN 50 905, Teil 3:

— Mittlere Dickenabnahme
— Maximale Angriffstiefe
— Maximale Eindringrate
— Tiefenfaktor
— Lochzahldichte

Elektrochemische Prüfungen
(Stromdichte-Potential-Kurven,
Auswertung nach Tafel, Polarisationswiderstandsmethode)
(vgl. DIN 50 918) (Bild 14.7 — 14.10)

Korrosion der Metalle in Wasser
DIN 50 930, Teil 1 bis 5

Prüfung von galvanisch erzeugten
Schichten nach

DIN 50 958
verchromte Gegenstände
DIN 50 961
verzinkte Eisenwerkstoffe
DIN 50 962
cadmierte Eisenwerkstoffe
DIN 50 967
NiCr-, CuNiCr-Überzüge
DIN 50 968
Ni-, CuNi-Überzüge
DIN 50 980
Auswertung von Korrosions-
prüfungen

anodisch erzeugte Oxidschichten nach
DIN 50 947

1.1.2 Flächenkorrosion in strömenden Lösungen (v ≥ 1 m/s) wie 1.1.1

Prüfungen mit der rotierenden Scheibe, bzw. mit dem rotierenden Zylinder (Turbulenz), Umlaufapparaturen. Auswertung nach DIN 50 905 (Bild 14.3 und 14.4)

1.2 Lochkorrosion

| Einbau von Korrosionsproben wie unter 1.1.1 | Chemische Korrosionsuntersuchungen, Elektrochemische Prüfungen zur Bestimmung von U_L (Lochkorrosionspotential), U_{LD} (galvanodynamisches Lochkorrosionspotential), U_{LP} (Lochpassivierungspotential) [9] |

1.3 Spaltkorrosion

| Einbau von speziellen Proben (Proben mit Spalt) wie unter 1.1.1 | Chemische Korrosionsuntersuchen (Uhrglastest), Elektrochemische Prüfungen ähnlich 1.2 |

1.4 Kontaktkorrosion

| Einbau von sogenannten galvanischen Elementen (Paarung unterschiedlicher Metalle mit leitender Verbindung) | Chemische Korrosionsuntersuchungen Elektrochemische Prüfungen DIN 50 919 (in Vorbereitung) (Bild 14.18 − 14.20) |

1.5 Atmosphärische Korrosion

Auslagerung von Korrosionsproben zur Freibewitterung (DIN 50 917 Teil 1)

Klimaprüfungen	
Klimabegriffe	DIN 50 010
Temperaturstufen	DIN 50 013
Normalklimate	DIN 50 014
Konstantklimate	DIN 50 015
Feucht-Wechselklima	DIN 50 016
Schwitzwasserklimate	DIN 50 017

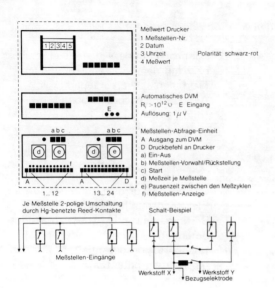

Bild 14.18:
Schematische Darstellung einer automatisch arbeitenden Meßeinrichtung für Kontaktkorrosionsuntersuchungen

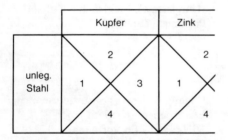

1 = Korrosionspotential U_K unleg. Stahl mV_H
2 = Korrosionspotential U_K Kupfer mV_H
3 = Mischpotential U_{KM} unleg. Stahl/Kupfer mV_H
4 = Elementstromdichte i: $\mu A \cdot cm^{-2}$
($\leq$ Kontaktkorrosionsstromdichte)

Bild 14.19:
Kontaktkorrosionstabelle (Erläuterungen)

°C		Zn 99,99	CuZn 40 Pb 2	°C		1.4541	Zn 99,99	Al 99,99
20	unlegierter Stahl	-750 / -505 / -625 / 15	+230 / -510 / -500 / 13	20	SF-Cu	+260 / +265 / +265 / <1	-745 / +260 / -640 / 24	-350 / +260 / -310 / 17
40	unlegierter Stahl	-760 / -510 / -610 / 20	+230 / -510 / -495 / 15	40	SF-Cu	+290 / +265 / +270 / <1	-750 / +260 / -620 / 26	-480 / +265 / -370 / 20
60	unlegierter Stahl	-770 / -515 / -605 / 30	+250 / -515 / -495 / 14	60	SF-Cu	+290 / +245 / +260 / <1	-765 / +245 / -640 / 24	-500 / +250 / -325 / 21
80	unlegierter Stahl	-785 / -525 / -590 / 45	+250 / -525 / -495 / 11	80	SF-Cu	+290 / +235 / +250 / <1	-785 / +230 / -600 / 35	-700 / +230 / -255 / 33

Bild 14.20: Kontaktkorrosionstabelle; Installationswerkstoffe in Leverkusener Trinkwasser

Kondenswasserwechselklimate
mit SO_2-Atmosphäre DIN 50 018
Sprühnebel mit NaCl DIN 50 021
metallische Überzüge
verchromte Gegenstände
(corrodkote) DIN 50 958
Klimabeanspruchung DIN 50 959
Zinküberzüge DIN 50 961
Cadmiumüberzüge DIN 50 962
Nickel-Chrom-Überzüge DIN 50 967
Nickel-, Kupfer-Nickel-
Überzüge DIN 50 968
Feuerverzinkung DIN 5 976
Auswertung DIN 50 980
Umweltprüfung für die Elektrotechnik
Prüfgruppe K DIN 40 046 Teile 11/36
37/105, DIN IEC 50 B (Sec) 219
Kunststoffe, elektr. Isolierstoffe DIN 50 005
Beschichtungen (Salzsprühnebelprüfung) DIN 53 167
Wetterbeständigkeit von Kunststoffen DIN 53 387
Beschichtungen DIN 55 928

2. Selektive Korrosion

2.1 Interkristalline Korrosion

Einbau von geschweißten Proben bzw. sensibilisierten Proben	Elektrochemische Prüfung (u. a. Potential-Sonden-Verfahren) Kupfersulfat-Schwefelsäure-Prüfung (Strauß-Test)　　　　DIN 50 914 Kupfersulfat-Schwefelsäure-Prüfung in 35 %iger H_2SO_4 Eisen(III)-sulfat-Schwefelsäure-Prüfung in 40 %iger H_2SO_4 mit 25 g $Fe_2(SO_4)_3$/l Salzsäure-Prüfung in 10 %iger HCl Stahl-Eisen Prüfblatt 1877
2.2 Salpetersäure-Prüfung nach Huey	Stahl-Eisen Prüfblatt 1870, Euronorm 121-72, ISO 3651/I

3. Korrosionsarten bei zusätzlicher mechanischer Beanspruchung

3.1 Spannungsrißkorrosion

3.1.1 Interkristalline

Schlaufenprobe, Spannbügelprobe Biegeprobe bzw. Kochbiegeprobe nach DIN 50 915, Spannhebelprobe (vgl. DIN 50 908)	Elektrochemische Prüfung mit Spannbügelproben, Zugproben (z. B. in $Ca(NO_3)_2$, NaOH, $KHCO_3$). Tauchversuche mit Schlaufenproben, Spannbügelproben, Biege- bzw. Kochbiegeproben　　　　DIN 50 915 Prüfung von Kupferlegierungen　　　　DIN 50 911 Prüfung von Leichtmetallen DIN 50 908 (Bild 14.21 – 14.23)

3.1.2 Transkristalline

wie unter 3.1.1	Elektrochemische Prüfungen mit Spannbügelproben, Zugproben (z. B. in $MgCl_2$, $CaCl_2$) Proben wie bei den Betriebsprüfungen (Bild 14.21 – 14.23)

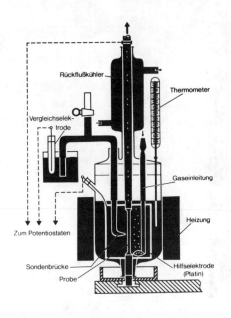

Bild 14.21:
Elektrochemische Meßzelle zur Untersuchung der Spannungsriß-korrosion (Zugstäbe)

Bild 14.22:
Spannungsrißkorrosions-Prüfeinrichtung (Hebelmaschine)

Bild 14.23:
Spannungsrißkorrosions-Prüfeinrichtung (Federmaschine)

3.1.3 Inter- und Transkristallin

Versuche mit konstanter Dehngeschwindigkeit (constant strain rate) Kupferlegierungen DIN 50 916 Teil 1

3.1.4 Wasserstoffinduziert

wie unter 3.1.1

Elektrochemische Prüfungen mit Spannbügelproben, Zugproben in HCN, H_2S
Proben, wie bei Betriebsprüfungen, Versuche mit konstanter Dehngeschwindigkeit

3.2 Schwingungsrißkorrosion

Prüfungen in Umlaufbiegeversuchsmaschinen mit und ohne elektrochemische Kontrolle, Pulsatorprüfungen (Bild 14.24)

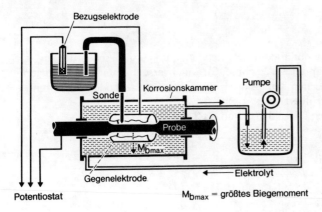

Bild 14.24: Elektrochemische Meßzelle zur Untersuchung der Schwingungsrißkorrosion

3.3 Erosionskorrosion

Spezielle Prüfmaschinen

3.4 Kavitationskorrosion

Versuche mit US-Schwinger, Strömungsmaschinen

4 Chemische Korrosion

4.1 Hochtemperaturkorrosion

Korrosionsproben unterschiedlicher Art

Auslagerung von Korrosionsproben in Öfen, Untersuchungen mit Thermowaagen
Auslagerung von Korrosionsproben in Salzschmelzen

5 Sonstige Prüfungen

5.1 Prüfung der Blasenbildung und Unterwanderung org. Beschichtungen, ΔT-Test (vgl. Kapitel 7, Abschn. 2.3), Tauchversuch unter den Bedingungen des kathodischen Korrosionsschutzes mit Schutzanode oder potentiostatisch kontrolliert (vgl. Abschn. 14.2.2.1) Auswertung nach DIN 53 209 und 53 210

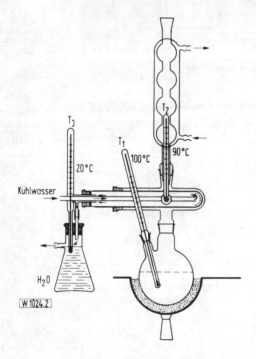

Bild 14.25:
Prüfeinrichtung zur Durchführung des ΔT-Testes an beschichteten Proben

5.2 Prüfung von Oberflächeninhomogenitäten an metallischen Werkstoffen und Messung der Ausbreitung von Kontaktkorrosionselementen Potential-Sonden-Methode (Bild 14.26) vgl. DIN 50 919

5.3 Porenprüfung
Hochspannungsprüfung bei Email DIN 51 163 und 50 981, Kupfer-Cadmiumverfahren bei org. Beschichtungen DIN 53 161, Ferroxyltest Kongorottest

5.4 Werkstoffverwechslungsprüfung
Tüpfelversuche, Spektralanalyse, Potentialmessung, Funkenprüfung

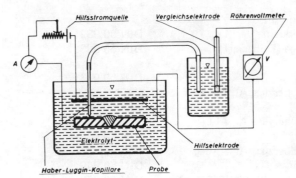

Bild 14.26:
Prüfeinrichtung zur Durchführung der Potential-Sonden-Methode

5.5 Prüfung von Inhibitoren
ASTM-Test (vgl. Abschn. 14.3.1), EMPA-Test (vgl. Abschn. 14.3.1), Massenverlustbestimmung (vgl. Abschn. 14.3.1), Herbert-Test, elektrochemische Untersuchungen (vgl. Abschn. 14.3.2) (Bild 14.27)

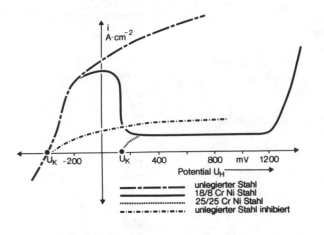

Bild 14.27:
Stromdichte-Potential-Kurven in Säuren niedriger Konzentration

5.6 Ablegierungsprüfung
U. a. Kupfersulfat-Test, Potentialmessung

5.7 Untersuchung der Korrosionsprodukte
Chemische Analyse, Röntgenfeinstruktur-Analyse, Mikrosendenuntersuchungen, ESCA, REM + Analytik

5.8 Prüfung von Kunststoffen
Beurteilung der elektrolytischen Korrosionswirkung DIN 53 489

5.9	Schichtdickenmessungen	
	Zinküberzüge (Coulometr. Verf.)	DIN 50 932
	Metallische Überzüge (Feinzeiger)	DIN 50 933
	Anorg. Nichtmet. Überzüge Al, Al-Leg. (Mikroskop. Mess.)	DIN 50 943
	Anorg. Nichtmet. Überzüge Al, Al-Leg. (Flächengew.)	DIN 50 944
	Anorg. Nichtmet. Überzüge Al, Al-Leg. (Lichtschnittverf.)	DIN 50 948
	Anorg. Nichtmet. Überzüge Al, Al-Leg. (Scheinleitwert)	DIN 50 949
	Galvanische Überzüge (Mikroskop. Mess.)	DIN 50 950
	Galvanische Überzüge (Strahlverf.)	DIN 50 951
	Zinküberzüge (Flächengewicht, grav. Verf.)	DIN 50 952
	Zinküberzüge (Flächengewicht, chem. Ablös.)	DIN 50 954
	Galvanische Überzüge (Coulometr. Verf.)	DIN 50 955
	Magnetisches Verf.	DIN 50 981
	Messung von Schichtdicken	DIN 50 982 T. 1–3
	Betarückstreu-Verf.	DIN 50 983
	Wirbelstrom-Verf.	DIN 50 984
	Kapazitives-Verf.	DIN 50 985
5.10	Prüfung des Oberflächenzustandes	
	Stufung der Zahlenwerte für Rauheitsmeßgrößen	DIN 4 763
	Rauheit von Oberflächen	DIN 4 766
	Zuordnung des Mittenrauhwertes R_a zur Rauhtiefe R_t	DIN 4 767
	Ermittlung der Rauheitsmeßgrößen R_a, R_t, R_{max}.	DIN 4 768 Teil 1
	Umrechnung $R_a - R_z$	DIN 4 768 Teil 1 Bbl.1
	Oberflächen-Vergleichsmuster	DIN 4 769 Teil 1 bis 3
	Messung der Profiltiefe P_t	DIN 4 771
	Rostgrad	DIN 53 210
	Vorbereitung und Prüfung der Oberflächen	DIN 55 928 Teil 4
5.11	Prüfung der Diffusion, Wasseraufnahme	
	Kunststoffe, koch. Wasser	DIN 53 471
	Kunststoffe, feuchte Luft	DIN 53 473
	Kunststoffe, kaltes Wasser	DIN 53 495
	Elastomere	DIN 53 500
5.12	Emailprüfungen	
	Kalte Zitronensäure	DIN 51 150

kochende Zitronensäure	DIN 51 151
heiße Natronlauge	DIN 51 156
kochende Salzsäure	DIN 51 157 Teil 1
Flüssigkeit-Dämpfe	DIN 51 157 Teil 2
kochendes Wasser — Wasserdampf	DIN 51 165
Auswahl der Prüfverfahren	DIN 51 170

5.13 Verschiedene Beständigkeitsprüfungen

Gummierungen (Prüfung)	DIN 28 055
	(DIN 50 981, 50 982)
Ausmauerungen (Prüfung)	DIN 28 062
Brünierungen (Prüfungen)	DIN 50 938
Chromatierungen (Prüfungen)	DIN 50 939, 50 941
Phosphatierungen (Prüfungen)	DIN 50 942
Verzinkungen (Prüfungen)	DIN 50 976
Beschichtungen (Kugelstrahlversuch)	DIN 53 154
Beschichtungen (Chemikalien)	DIN 53 168
Kunststoffe (Flüssigkeiten)	DIN 53 476
Kunststoffe (Prüfbedingungen)	DIN 53 500
Gummierungen (Quellverhalten)	DIN 53 521
Kunststoffe (chem. Beanspruchung)	DIN 53 756
Beschichtungen (org. Lösungsmittel)	DIN 55 976

Literaturhinweise

Kapitel 1

H. H. Uhlig: The Corrosion Handbook. 3. Wiley & Sons. Inc. New York/Chapmann & Hall Ltd., London 1948.
F. N. Speller: Corrosion, Causes and Prevention. McGraw-Hill Book Comp. Inc., New York-London 1951.
F. Ritter: Korrosionstabellen metallischer Werkstoffe. 4. Auflage, Springer-Verlag, Wien 1958.
F. Tödt: Korrosion und Korrosionsschutz. 2. Auflage, de Gruyter, Berlin 1961.
K. Vetter: Elektrochemische Kinetik. Springer-Verlag, Berlin-Göttingen-Heidelberg 1961.
F. L. Laque, H. R. Copson: Corrosion Resistance of Metals and Alloys, 2. Auflage, Reinhold Publ., New York 1963.
U. R. Evans: Einführung in die Korrosion der Metalle (übers. u. bearbeitet von E. Heitz). Verlag Chemie, Weinheim/Bergstr. 1965.
H. Kaesche: Die Korrosion der Metalle. 2. Auflage, Springer-Verlag, Berlin-Heidelberg-New York 1979.
Lexikon der Korrosion, Bd. 1 u. 2. Mannesmann-Röhrenwerke, Düsseldorf 1970.
H. E. Hömig: Metall u. Wasser. Eine Einführung in die Korrosionskunde. Vulkan-Verlag Dr. W. Clasen, Essen 1971.
W. v. Baeckmann, W. Schwenk: Handbuch des kathodischen Korrosionsschutzes. 2. völlig neu bearbeitete Auflage, Verlag Chemie, Weinheim/Bergstr. 1980.
1. Korrosionum: Die Bedeutung der Korrosion für Planung, Bau und Betrieb von Anlagen der chemischen und petrochemischen Technik sowie in der Mineralölindustrie. (Hrsgb. H. Gräfen, F. Kahl, A. Rahmel) Verlag Chemie, Weinheim/Bergstr. 1974.
Autorenkollektiv: Prüfung und Untersuchung der Korrosionsbeständigkeit von Stählen. Verlag Stahleisen, Düsseldorf 1973.
P. J. Gellings: Introduction to Corrosion Prevention and Control for Engineers. Delft University Press, 1976.
L. L. Shreir: Corrosion, 2. Auflage, Bd. 1 u. 2, Newnes-Butterworth London-Boston 1976.
N. E. Hamner: Corrosion Data Survey. 5. Auflage, NACE/Houston 1974.
A. Rahmel, W. Schwenk: Korrosion und Korrosionsschutz von Stählen. Verlag Chemie, Weinheim/Bergstr. 1977.
K. Hauffe: Oxidation von Metallen und Metallegierungen. Springer-Verlag, Berlin 1956.
M. Pfeiffer, M. Thomas: Zunderfeste Legierungen. Springer-Verlag Berlin 1963.
P. Kofstad: High-Temperature Oxidation of Metals. J. Wiley, New York 1966.
J. C. Scully: Fundamentals of Corrosion. Pergamon Press, Oxford 1966.
Z. A. Foroulis: High Temperature Metallic Corrosion of Sulfur and its Compounds. The Electrochemical Society, New York 1970.
H.-J. Engell, A. Rahmel: Verzunderung von Metallen durch Gase. 50 Jahre Tamman'sche Zunderformel, Korrosion 23 (1971).

A. Rahmel, H. Manence: Mechanische Eigenschaften und Haftung von Zunderschichten. Einfluß auf die Oxidation von Metallen, Korrosion 24 (1973).
K. A. van Oeteren: Korrosionsschutz durch Beschichtungsstoffe; 2 Bände, Hauser Verlag, München (1980).

Kapitel 2

DECHEMA-Werkstoff-Tabelle/Chemische Beständigkeit. Herausgegeben im Auftrag der DECHEMA von D. Behrens, Verlag Chemie GmbH, 6940 Weinheim/Bergstraße.
A. Rahmel und W. Schenk: Korrosion und Korrosionsschutz von Stählen. Verlag Chemie, Weinheim-New York, 1. Aufl. 1977.
Prüfung und Untersuchung der Korrosionsbeständigkeit von Stählen. Herausgegeben vom Verein Deutscher Eisenhüttenleute, bearbeitet vom Unterausschuß für Korrosion des Werkstoffausschusses. Verlag Stahleisen m.b.H., Düsseldorf 1973.
G. Hersleb: Korrosionsschutz von Stahl. Herausgegeben von der Beratungsstelle für Stahlverwendung, Verlag Stahleisen m.b.H., Düsseldorf 1977.
Nichtrostende Stähle — Eigenschaften, Verarbeitung, Anwendung, Normen. Herausgegeben von der Edelstahlvereinigung E. V. und dem Verein Deutscher Eisenhüttenleute, Verlag Stahleisen m.b.H., Düsseldorf 1977.
DIN 50 900, Teil 1: Korrosion der Metalle; Begriffe; Allgemeine Begriffe. Ausgabe 1981.
DIN 50 900, Teil 2: Korrosion der Metalle; Begriffe; Elektrochemische Begriffe. Ausgabe 1981.
DIN 50 905, Teil 1 bis 4: Korrosion der Metalle, Chemische Korrosionsuntersuchungen. Ausgabe 1975.
DIN 50 918: Korrosion der Metalle; Elektrochemische Korrosionsuntersuchungen. Ausgabe 1978.
DIN 50 930, Teil 4: Korrosion der Metalle; Korrosionsverhalten von Werkstoffen gegenüber Wasser; Beurteilungsmaßstäbe für nichtrostende Stähle. Ausgabe 1980.
DIN 50 914: Prüfung nichtrostender Stähle auf Beständigkeit gegen interkristalline Korrosion; Kupfersulfat-Schwefelsäure-Verfahren (Strauß-Test). Ausgabe 1981.
Stahl-Eisen-Prüfblatt 1877: Prüfung der Beständigkeit hochlegierter korrosionsbeständiger Werkstoffe gegen interkristalline Korrosion. Verlag Stahleisen m.b.H., Juni 1979.
MW-Prüfblatt E 1: Prüfung nichtrostender Stähle auf Beständigkeit gegen interkristalline Korrosion im „verschärften Strauß-Test". Herausgegeben von Mannesmann Forschungsinstitut GmbH und Mannesmannröhren-Werken AG, Okt. 1977.
MW-Prüfblatt E 2: Prüfung nichtrostender Stähle auf Beständigkeit gegen interkristalline Korrosion im Eisen(III)-sulfat-Schwefelsäure -Test. Herausgegeben von Mannesmann Forschungsinstitut GmbH und Mannesmannröhren-Werken AG, Okt. 1972.
MW-Prüfblatt E 3: Prüfung nichtrostender Stähle auf Beständigkeit gegen Lochfraßkorrosion (Chloridkorrosion, Pitting). Herausgegeben von Mannesmann Forschungsinstitut GmbH und Mannesmannröhren-Werken AG, Okt. 1972.
MW-Prüfblatt E 4: Prüfung hochlegierter, korrosionsbeständiger Werkstoffe auf Beständigkeit gegen interkristalline Korrosion — Eisen(III)-sulfat-Schwefelsäure-Prüfung in 40 %iger Schwefelsäurelösung. Herausgegeben von Mannesmann Forschungsinstitut GmbH und Mannesmannröhren-Werke AG, Jan. 1979.
MW-Prüfblatt E 5: Prüfung hochlegierter, korrosionsbeständiger Werkstoffe auf Beständigkeit gegen interkristalline Korrosion im Salzsäure-Test. Herausgegeben von Mannesmann Forschungsinstitut GmbH und Mannesmannröhren-Werke AG, Jan. 1979.

Kapitel 3

Aluminium:

1) Aluminium-Taschenbuch, 13. Auflage 1974, Aluminiumverlag Düsseldorf.
2) Das chemische Verhalten von Aluminium, 1955, Aluminiumverlag Düsseldorf.
3) H. P. Godard u. Mitarb., The Corrosion of Light Metals, J. Wiley u. Sons Inc., New York 1967, S. 3 – 218.
4) H. Ginsberg, W. Kaden, Aluminium 39 (1), S. 3 – 11, 1963.
5) H. Ginsberg, K. Wefers, Aluminium (1), S. 19 – 28, 1961.
6) H. Ginsberg, K. Wefers, Metall (3), S. 202 – 209, 1963.
7) H. Kaesche, Habilitationsschrift TU Berlin, 1962.
8) H. Kaesche, Werkstoffe und Korrosion (14), S. 557 – 566, 1963.
9) H. Kaesche, Zeitschrift f. phys. Chemie (34), S. 87 – 108, 1962.
10) W. Huppatz, G. Söllner, Zeitschrift für Werkstofftecnik (10), S. 329 – 339, 1975.
11) W. Huppatz, Werkstoffe und Korrosion (28), S. 521 – 529, 1977.
12) W. Huppatz, H. Krajewski, Werkstoffe und Korrosion (30), S. 673 – 684, 1979.
13) W. Gruhl, F. E. Faller, Z. f. Werkstofftechnik 5 (1), S. 22 – 29, 1974.
14) G. Jangg, H. Meißner, R. Zürner, Aluminium 50 (3), S. 205 – 213, 1974.
15) F. E. Faller, Schiff und Hafen 24 (6), S. 3 – 7, 1972.
16) F. E. Faller, Zeitschrift Techn. Überwachung 9 (2), S. 58 – 60, 1968.
17) L. Bosdorf, Beständigkeit von Aluminium gegenüber verschiedenen chemischen Stoffen, Sonderdruck 9/66 Aluminium-Verlag GmbH Düsseldorf.
18) W. Gruhl, H. Cordier, Aluminium 44 (7), S. 403 – 411, 1968.
19) W. Gruhl, D. Brungs, Metall 23 (10, S. 1020 – 1026, 1969.
20) D. Brungs, W. Gruhl, W. Huppatz, Aluminium 47 (3), S. 189 – 194, 1971.
21) W. Gruhl, Aluminium 54, S. 323 – 325, 1978.
22) L. Radtke, W. Gruhl, Metall 33 (12), S. 1 – 5, 1979.
23) H. Cordier, Ch. Dumont, W. Gruhl, Aluminium 55 (12), S. 777 – 782, 1979.
24) Aluminium, Masseln, Zusammensetzung DIN 1712, Teil 1, Dezember 1976
    Aluminium, Halbzeug, Zusammensetzung DIN 1712, Teil 3, Dezember 1976
    Rohre aus Aluminium und Aluminium-Knetlegierungen, Festigkeitseigenschaften, DIN 1746, Teil 1, Dezember 1976
    Strangpreßprofile aus Aluminium und Aluminium-Knetlegierungen, Festigkeitseigenschaften, DIN 1748, Teil 1, Dezember 1976
    Gesenkschmiedestücke aus Aluminium und Aluminium-Knetlegierungen, Festigkeitseigenschaften, DIN 1749, Teil 1, Dezember 1976
    Bleche und Bänder aus Aluminium und Aluminium-Knetlegierungen mit Dicken von 0,021 bei 0,350 mm, Festigkeitseigenschaften, DIN 1788, Dezember 1976
    Bleche und Bänder aus Aluminium und Aluminium-Knetlegierungen mit Dicken über 0,35 mm, Festigkeitseigenschaften, DIN 1745, Teil 1, Dezember 1976
    Stangen aus Aluminium und Aluminium-Knetlegierungen, Festigkeitseigenschaften, DIN 1747, Teil 1, Januar 1977
    Stangen aus Aluminium und Aluminium-Knetlegierungen, Technische Lieferbedingungen, DIN 1747, Teil 2, Mai 1977
    Drähte aus Aluminium und Aluminium-Knetlegierungen, Festigkeitseigenschaften, DIN 1790, Teil 1, Januar 1977
    Drähte aus Aluminium und Aluminium-Knetlegierungen, Technische Lieferbedingungen, DIN 1790, Teil 2, Mai 1977
    Schweißzusatzwerkstoffe für Aluminium, Zusammensetzung, Verwendung und Technische Lieferbedingungen, DIN 1732, Blatt 1, April 1975
    Aluminiumlegierungen, Knetlegierungen, Zusammensetzung, DIN 1725, Teil 2, Dezember 1976

Aluminiumlegierungen, Knetlegierungen, Beispiele für die Anwendung, Beiblatt 2 zu DIN 1725, Teil 2, Mai 1977
Aluminiumlegierungen, Gußlegierungen, Sandguß, Kokillenguß, Druckguß, Werkstoffeigenschaften, Zusammensetzung, DIN 1725, Blatt 2, September 1973
Freiformschmiedestücke aus Aluminium-Knetlegierungen, Festigkeitseigenschaften, DIN 17606, Teil 1, Dezember 1976.

Zink:

25) Zink-Taschenbuch, Zinkberatung e. V., Düsseldorf.
26) G. Schikorr, Korrosionsverhalten von Zink, Bd. 1, Verhalten von Zink an der Atmosphäre.
27) W. Wiederholt, Korrosionsverhalten von Zink, Bd. 2, Verhalten von Zink in Wässern, Metall-Verlag GmbH, 1 Berlin 33, 1965.
28) W. Wiederholt, Korrosionsverhalten von Zink, Bd. 3, Verhalten von Zink gegen Chemikalien, Metall-Verlag GmbH, 1 Berlin 33, 1976.
29) Zink als Korrosionsschutz, Zinkberatung e. V., Düsseldorf.
30) Zink, Mitteilungsblätter der Zinkberatung e. V., Düsseldorf.
31) Zink Druckguß, Zinkberatung e. V., Düsseldorf.
32) DIN 1706 Zink, DIN 9722 Bleche und Bänder aus Zink, DIN 17770 Bleche und Bänder aus Zink, techn. Lieferbedingungen.
33) R. Grauer, Werkstoffe und Korrosion 31, 837 − 850 (1980).
34) DIN 50 930 Teil 3 (Dezember 1980), Korrosionsverhalten von metallischen Werkstoffen gegenüber Wasser, Beurteilungsmaßstäbe für feuerverzinkte Eisenwerkstoffe.

Zinn:

35) Zinn-Taschenbuch, Metall-Verlag GmbH, Berlin 33, Ausgabe 1975.

Kapitel 4

1) Mitarbeiter des DKI Deutsches Kupferinstitut Berlin, Werkstoffe und ihre Veredlung, Jahrg. 2, 1980. Nr. 2, S. 97 − 101, Nr. 4, S. 201 − 207, Nr. 5, S. 254 − 257, Nr. 7/8, S. 360 − 365 ,,Kupferwerkstoffe, Eigenschaften des Kupfers und seiner Legierungen".
2) O. v. Franque, Korrosionsverhalten von Kupfer und Kupferlegierungen im Erdboden, 3. Korrosionum 1979 in Dreieich-Sprendlingen, Sonderdruck Deutsches Kupferinstitut Berlin, Bestell-Nr. 174.
3) F. Tödt u. Mitarbeiter, Korrosion und Korrosionsschutz, Verlag Walter de Gruyter & Co., Berlin, 1955, S. 257 ff. Kupfer, S. 306 ff. Blei.
4) K. Dies, Kupfer und Kupferlegierungen in der Technik, Springer-Verlag, Berlin, 1967.
5) Die Kupferfibel, Deutsches Kupfer-Institut, Berlin.
6) O. v. Franque, D. Gerth, B. Winkler, Werkstoffe und Korrosion, 23. Jahrg. (1972), Heft 4, S. 241 − 246.
7) O. v. Franque, Werkstoffe und Korrosion, 19. Jahrg. (1968), Heft 5, S. 377 − 384.
8) V. F. Lucey, Sammelband der Tagung ,,Korrosion in Kalt- und Warmwassersystemen der Hausinstallationen", Bad Nauheim, 1974, herausgegeben von der Deutschen Gesellschaft für Metallkunde e. V., Oberursel, S. 295 − 315.
9) O. v. Franque, D. Gerth, B. Winkler, wie 8), S. 282 − 294.
10) B. Lunn, wie 8), S. 271 − 281.
11) DIN 50 930, Korrosionsverhalten von metallischen Werkstoffen gegenüber Wasser, Teil 5, Beurteilungsmaßstäbe für Kupfer und Kupferlegierungen, Dezember 1980.

12) F. F. Berg, Korrosionsschaubilder, VDI-Verlag, Düsseldorf, 1965.
13) Informationsdrucke des Deutschen Kupfer-Instituts, Berlin
    i. 3 Löten von Kupfer und Kupferlegierungen
    i. 4 Kupfer
    i. 5 Kupfer-Zink-Legierungen
    i. 6 Kupfer-Aluminium-Legierungen (Aluminiumbronzen)
    i. 8 Niedriglegierte Kupferlegierungen
    i. 13 Kupfer-Nickel-Zink-Legierungen, Neusilber
    i. 14 Kupfer-Nickel-Legierungen
    i. 15 Kupfer-Zinn-Legierungen (Zinnbronzen, Rotguß, Guß-Zinn-Bleibronzen)
    6. Kupfer-Report, Legierungen mit Kupfer.
14) a) DIN 1787 Kupfer; Halbzeug
    b) DIN 17666 Kupfer-Knetlegierungen, niedriglegiert
    c) DIN 1785 Rohre aus Kupfer und Kupfer-Knetlegierungen für Kondensatoren und Wärmeübertrager
    d) DIN 17660 Kupfer-Knetlegierungen, Kupfer-Zink-Legierungen (Messing) (Sondermessing), Zusammensetzung
    e) DIN 1709 Kupfer-Zink-Gußlegierungen, Gußstücke
    f) DIN 17664 Kupfer-Knetlegierungen, Kupfer-Nickel-Legierungen, Zusammensetzung
    g) DIN 17658 Kupfer-Nickel-Gußlegierungen, Gußstücke
    h) DIN 17662 Kupfer-Knetlegierungen, Kupfer-Zinn-Legierungen (Zinnbronze), Zusammensetzung
    i) DIN 1705 Kupfer-Zinn- und Kupfer-Zinn-Zink-Gußlegierungen (Guß-Zinnbronze und Rotguß), Gußstücke
    j) DIN 17665 Kupfer-Knetlegierungen, Kupfer-Aluminium-Legierungen (Aluminiumbronze), Zusammensetzung
    k) DIN 1714 Kupfer-Aluminium-Gußlegierungen (Guß-Aluminiumbronze), Gußstücke.
15) DECHEMA-Werkstofftabelle, DECHEMA-Institut, Frankfurt.
16) H. Richter, Werkstoffe und Korrosion 28 (1977) S. 671 – 676.
17) J. Eisen u. B. Winkler, Metall 31. Jahrg. (1977) Heft 11, S. 1235 ff.
18) VDI-Richtlinie 2035, Juli 1979, Verhütung von Schäden durch Korrosion und Steinbildung in Warmwasserheizungsanlagen.
19) Kupferlegierungen unter Meerwasserbedingungen, Konferenz 8. u. 9.2.1978 in London, Ref. Metall 32 (4) 1978, S. 391 – 393.
20) R. Grauer, Werkstoffe und Korrosion 31, S. 837 – 850 (1980).
21) W. Huppatz, G. Söllner, Zeitschrift für Werkstofftechnik, 6. Jahrg. 1975, Nr. 10, S. 329 – 339.
22) Chemie-Apparatebau mit Blei, Bleiwerk Goslar, Heft 1.
23) Blei-Werkstoff mit Zukunft, Metallgesellschaft AG, Frankfurt, Ausgabe 20 (1977).
24) W. Hofmann in Werkstoff-Handbuch, Nichteisenmetalle, 2. Auflage, Blei- und Legierungen, III Pb, VDI-Verlag, Düsseldorf, 1960.
25) E. Pelzel,
    Metall 14 (1960) S. 765 ff.
    Metall 16 (1962) S. 764 ff.
    Metall 19 (1965) S. 818 ff.
    Metall 20 (1966) S. 846 ff.
    Metall 21 (1967) S. 23 ff.
26) H. Gräfen, D. Kuron, Neuentwicklung von Bleilegierungen aufgrund elektrochemischer Untersuchungen über das Korrosionsverhalten in Schwefelsäure, Werkst. u. Korr. 9 (1969), S. 749 – 761.
27) DIN 1719   Blei
    DIN 17640 Blei und Bleilegierungen für Kabelmäntel
    DIN 17641 Blei-Antimon-Legierungen

Kapitel 5

1) Gmelin: Handbuch der anorganischen Chemie, 8. Auflage, Band 41, Titan, Verlag Chemie GmbH, Weinheim/Bergstraße (1951).
2) U. Zwicker: Titan und Titanlegierungen, Springer-Verlag, Berlin (1974).
3) D. Schlain: Galvanic corrosion studies on Titanium and Zirconium, Rep. Invest, US-Bureau of Mines, Nr. 4965 (1953).
4) O. Rüdiger, R. W. Fischer, W. Knorr: Zur Korrosion von Titan und Titanlegierungen, Z. Metallkde. 47 (1956) S. 599/604.
5) R. Otsuka: Application of the formation of Titaniumhydride protective value of oxide films formes on Titanium against HCL Solutions, Scie Pap. Inst. Phys. Chem. Res., Tokyo 54 (1960) S. 97/123.
6) M. Stern, H. Wissemberg: The electrochemical behaviour and passivity of Titanium, J. electrochem. Soc. 106 (1959) S. 755/759.
7) J. R. Copp, H. H. Uhlig: Report by the Corrosion Laboratory, Massachusetts Inst. of Technology (1959).
8) K. Rüdinger: Titan als Werkstoff für die chemische Industrie, Werkstoffe u. Korrosion, 13 (1962) S. 401/405.
9) J. B. Cotton: Anodische Passivierung von Titan, Werkstoffe u. Korrosion, 11 (1960) S. 152/155.
10) S. Yoshida, S. Okamoto, T. Araki, J. Mechan. Lab. (Japan) 10 (1956) S. 67/73.
11) O. Rüdiger, W. R. Fischer: Elektrochemische Untersuchungen an unlegiertem Titan und der Titanlegierung TiMo 30. Z. Elektrochem. 62 (1958) S. 803/810.
12) W. R. Fischer, Chr. Ilschner-Gensch, W. Knorr: Über den Einfluß von Legierungszusätzen auf das Korrosionsverhalten von Titan. Werkstoffe u. Korrosion 12 (1961) S. 597/607.
13) K. Rüdinger: Technologische Eigenschaften und Korrosionsverhalten einer Titanlegierung mit 0,2 % Palladium. Werkstoffe u. Korrosion 16 (1965) S. 109/115.
14) U. Zwicker: Einfluß eines Zusatzes von Palladium zu Titan und Titanlegierungen auf deren Korrosionsverhalten und Passivierung. Metalloberfläche 14 (1960) S. 334/337
15) H. Awaya, H. Yoshimatsu, Y. Kujiyama, S. Tomguchi; Spaltkorrosion von Titan in Ammoniumchloridlösung. Boshoku Gijutsu 16 (1967) S. 107/114.
16) N. G. Feige: Titanium in Brine Applications, ASM-Session of the Westec-Conference (1968), Los Angeles.
17) K. Rüdinger: Die Bedeutung von Titan als Konstruktionswerkstoff in Meerwasserentsalzungsanlagen. Vortragsband Interocean '70, Bd. 2 S. 325/327, Internationaler Kongreß für Meeresforschung und Meeresnutzung (10. – 15. Nov. 1970), VDI-Verlag, Düsseldorf.
18) G. C. Kieffer, W. W. Harple: Stress Corrosion Cracking of commercielly pure Titanium, Metal Progress 63/2 (1953) S. 74/76.
19) W. K. Boyd: Stress Corrosion Cracking of Titanium and its alloys, Battelle Memorial Institute, Columbus/Ohio, DMIC Memorandum 234 (1.4.1968) S. 35/44.
20) E. A. Gulbransen, K. F. Andrew: Reaction of Zr, Ti, Nb and Ta with the gases Oxyfen, Nitrogen and Hydrogen at elevated temperatures, J. Electrochem. Soc. 96 (1949) S. 363/376.
21) D. N. Williams, F. R. Schwartzberg, P. S. Wilson, W. M. Albrecht, M. W. Mallett, R. I. Jaffee: Effect of Hydrogen on the mechanical Properties and Control of Hydrogen in Titanium-Alloys, WADC-Technical Report 54 – 616, IV, Batelle Mem. Institute (März 1957).
22) K. Rüdinger, H. H. Weigand: On the scaling behaviour of commercial Titanium-Alloys, Titanium Science and Technology, Plenum Press, New York-London (1973) Procedings of the 2. International Conference an Titanium S. 2535/2571.

23) R. N. Lyon: Liquid Metals Handbook; Atomic Energy Commission, Department of the Navy, Washington D. C., Navexos, 733 (Rev.) (June 1952) S. 144/183.
24) K. Rüdinger: Titan, Werkstoffe erforscht, geprüft, verarbeitet, Vorträge zur Deutschen Industrieausstellung (1971), Colloquium Verlag Berlin, S. 129/172.
25) K. Rüdinger: Zum Korrosionsverhalten von Titan, Österreichische Chemiker-Zeitung 64 (1963) S. 7/14.
26) K. Rüdinger: Eigenschaften von Titan und seine Anwendung in der Galvanotechnik, Metall 24 (1970) S. 1303/1314.
27) N. N.: Materials and Methods 35 (1952) S. 115/117. Comparison of Corrosion properties of Zirconium, Titanium, Tantalum, Stellite No. 6 and Type 316 Stainless Steel.
28) E. A. Gee, L. B. Golden, W. E. Lusby jr.: Titanium and Zirconium Corrosion Studies, Ind. Eng. Chem. 41 (1949) S. 1668/73.
29) D. F. Taylor: Acid Corrosion resistance of Tantalum, Columbium, Zirconium and Titanium, Ind. Eng. Chem. 42 (1950) S. 639.
30) W. R. Brady: Case histories of Zirconium in chemical plant service, National Association of Corrosion Engineers, 21th annual NACE Conference, St. Louis, Missouri (März 1965).
31) N. N.: Zirkon und Zirkonlegierungen, Deutsche Edelstahlwerke AG, Krefeld (Mai 1958).
32) B. S. Payne, D. K. Priest: Intergranular Corrosion of commercially pure Zirconium, Corrosion, 17 (1961) S. 196/200.
33) R. F. Koenig: Prove Materials for nuclear power plants, Iron Age 172 (20.8.1953) S. 129/133.
34) J. H. Schemel: Zirconium for Chemical Plant Service, Materials Protection 1 (1962) S. 20/26.
35) W. Hodge, R. M. Evans, A. F. Haskins: Metallic materials resistant to molten Zinc, J. Metals 7 (1955) S. 824/832.
36) K. Rüdinger: Grundlagen der Titan-Schweißung im Behälter- und Apparatebau, Industrie Anzeiger 83 (1961) S. 701/705.
37) H. Schultz: Schweißen von Sondermetallen, Fachbuchreihe „Schweißtechnik", Band 59, Deutscher Verlag für Schweißtechnik GmbH, Düsseldorf (1971).
38) K. Rüdinger: Technologische Eigenschaften von Titansprengplattierungen, Z. Werkstofftechnik 2 (1971) S. 169/174.
39) K. Rüdinger: Schweißen von Titan, Dechema-Monographien, Bd. 36, S. 130/138, Verlag Chemie, Weinheim (1959).
40) H. Gräfen: Allgemeine Beständigkeit von Schweißnähten unter Berücksichtigung der Spannungs- und Schwingungskorrosion, Werkstoffe u. Korrosion 23 (1972) S. 527/537.
41) J. B. Cotton, J. G. Hines: Hydriding of Titanium used in chemical plant and measures, Int. Conf. on Ti, London (Mai 1968), Pergamon Press, London (1970) S. 155/170.
42) K. Risch: Erfahrungen mit Titanapparaten im Chemiebetrieb, Chemie Ing. Technik 39 (1967) S. 385/390.
43) K. Jordan, W. R. Fischer: Ein Beitrag zum korrosionschemischen Verhalten des Titans, Techn. Mitt. Krupp 13 (1955) S. 44/47.
44) J. B. Cotton, M. L. Green: Das Verhalten von Titan-Schweißnähten in oxidierenden Säuren, Symposium über Titan und andere neue Metalle, Imperial Metals Industries, Ltd. Frankfurt/Main (2. Febr. 1966).
45) G. J. Danek jr.: The effect of seawater velocity on the corrosion behaviour of metals, Naval Engineering J., 78 (1966) S. 763/769.
46) K. Rüdinger: Beeinflussung des Korrosionsverhaltens von Titan durch konstruktive und fertigungstechnische, insbesondere schweißtechnische Maßnahmen, Schweißen und Schneiden 27 (1975) S. 436/439.

47) Y. S. Ruskol, I. Y. Klinov: Spaltkorrosion von Titanlegierungen, KHIM I. NEFT. Maschinostr. (1966) S. 28/30.

Kapitel 6

G. Herbsleb: Korrosionsschutz von Stahl. Herausgeber Beratungsstelle für Stahlverwendung, Verlag Stahleisen m. b. H., Düss. (1977).
K. Stallmann, H. Speckhardt: Schutz gegen korrosive und mechanisch-korrosive Beanspruchung durch metallische Überzüge. VDI-Bericht Nr. 365, VDI-Verlag GmbH, Düsseldorf (1980).
W. Friehe: Metallische Überzüge als Korrosionsschutz. In: die Herstellung von Rohren, Herausgeber: VDEh, Düsseldorf (1975).
Ullmanns Encyklopädie der technischen Chemie. Band 15, Verlag Chemie, Weinheim/ New York (1978) S. 46/54.

Kapitel 7

1) A. Dietzel: Ind.-Anz. 89 (1967), S. 219 – 221.
2) E. A. Oltz: Verfahrenstechnik 3 (1969), S. 433 – 460 und S. 475 – 480.
3) H. Gräfen: Mitt. Ver. Deut. Emailfachleute 15 (1967), S. 1 – 8.
4) H. Scharbach u. N. Jähnke: Chem. Ind. 27 (1975) S. 691 – 695.
5) R. Ehret: Verfahrenstechnik 11 (1973), S. 330 – 332.
6) H. Scharbach: Werkstoffe u. Korrosion 16 (1965), S. 20 – 23.
7) Nucerite 8000, Firmenschrift 205-6 der Pfaudler Werke AG, Schwetzingen, 1980.
8) Crystail, Firmenschrift der Schwelmer Eisenwerke Müller & Co. GmbH.
9) W. Nestler: Kunststoffe 60 (1970), S. 719 – 732.
10) H. Gräfen, U. Gramberg u. H. Schindler: Werkstoffe u. Korrosion 30 (1979), S. 297 – 307.
11) H. Gräfen: Tagungsberichte Verbundwerkstoffe, Deutsche Gesellschaft für Metallkunde e. V., 1976, S. 1 – 18.
12) K. B. Tator: Mater. Perform. 13 (1974), S. 33 – 36.
13) K. A. van Oeteren: defazet 30 (1976) Nr. 8, S. 320 – 327.
14) G. v. Pokorny: defazet 30 (1976) Nr. 8, S. 312 – 316.
15) G. Menges u. W. Schneider: Chemie-Ing.-Techn. 43 (1971) 3, S. 117 – 123.
16) M. Griem: Industrie-Anzeiger Nr. 42 vom 22. Mai 1974.
17) V. Hauk: Rohre, Rohrleitungsbau u. -transport 13 (1974), S. 125 – 128.
18) H. Fitz: Kunststoffe 70 (1980) 1, S. 27 – 33.

Kapitel 8

1) C.-L. Kruse, D. Kuron, Ki Klima-Kälte-Heizung (1979) 4, 181/186.
2) H.-D. Held, Kühlwasser, Vulkan Verlag Essen (1970).
3) Prospekt Firma Taprogge, 4000 Düsseldorf 34.
4) P.-H. Effertz, W. Fichte, VGB Kraftwerkstechnik 57 (1977) 2, 116/121.
5) H. Heeren, Energie (1967) Heft 3.
6) VGB-Kühlwasserrichtlinie 1. Teilentwurf, VGB Kraftwerkstechnik 55 (1975) 4, 271/275.

Kapitel 9

1) Lebensmittelgesetz
2) Trinkwasser-Aufbereitungsverordnung

3) Bedarfsgegenständegesetz
4) Merkblatt des Zentralverbandes Sanitär- und Heizungstechnik 5300 Bonn
5) Information FIGAWA 5000 Köln
6) Test (1970) Heft 9
7) WABOLU-Bericht 25-27 Anlage B, NAT-Merkblatt
8) W. v. Baeckmann, W. Schwenk, Handbuch des kathodischen Korrosionsschutzes 2. Auflage, Verlag Chemie (1980) S. 391 ff.
9) Beratungsstelle für Stahlverwendung Merkblatt 405, 4. Auflage (1981) 4000 Düsseldorf
10) F. Lucey, Werkst. u. Korros. 26 (1975) 3, 185/192
11) O. v. Franque, D. Gerth, B. Winkler, Werkst. u. Korros. 26 (1975) 4, 255/258.
12) C.-L. Kruse, D. Kuron, Ki Klima-Kälte-Heizung (1979) 4, 181/186.
13) C.-L. Kurse, VDI-Bericht Nr. 388 (1980), 57/61.
14) Industrie Verband Stahlheizkörper 5800 Hagen, 4. Auflage, März 1971.

Kapitel 10

1) H. Uetz: Grundfragen des Verschleißes im Hinblick auf neuere Erkenntnisse auf dem Gebiet der Verschleißforschung. Braunkohle, Wärme, Energie 20 (1968) 11, S. 365/76.
2) H. Uetz: Einfluß der Honbearbeitung von Zylinderbüchsen auf die innere Grenzschicht und den Einlaufverschleiß. MTZ 30 (1969) 12 S. 453/60.
3) H. Uetz, J. Föhl: Tribologie — Stand der Erkenntnisse und Nutzen. VDI-Berichte Nr. 333 (1979) S. 1/9.
4) H. Czichos: Tribology — Elsevier Scientific Publishing Company — Amsterdam — Oxford — New York 1978.
5) DIN 50 320 Verschleiß, Begriffe, Systemanalyse von Verschleißvorgängen, Gliederung des Verschleißgebietes.
6) H. Uetz, K. Sommer, M. A. Khosrawi: Übertragbarkeit von Versuchs- und Prüfergebnissen bei abrasiver Verschleißbeanspruchung auf Bauteile. VDI-Berichte Nr. 354 (1979) S. 107/124.
7) H. Uetz, J. Föhl: Wear as an Energey Transformation Process. Wear 49 (1979) 253/64.
8) H. Uetz, J. Föhl: Einfluß der Temperatur auf die Grenzbelastbarkeit metallischer Werkstoffe bei Gleitbeanspruchung unter Schmierung. Schmiertechnik und Tribologie 21 (1974) 6 S. 140/314.
9) K. H. Kloos, E. Broszeit: Verschleißschäden durch Oberflächenermüdung. VDI-Berichte Nr. 243 (1975) S. 189/204.
10) G. Heinke, R. Leyendecker: Verhalten von Werkstoffen bei oszillierender Reib- und Schlagbeanspruchung (Schwingungsverschleiß). Materialprüfung 7 (1975) 4 S. 111/114.
11) P. I. Hurricks: The Mechanism of Fretting — a Review. Wear 15 (1970) S. 389/409.
12) H. Wahl: Verschleißprobleme im Braunkohlebergbau. Braunkohle, Wärme, Energie 3 (1951) S. 75/87.
13) H. Uetz, J. Föhl: Gleitverschleißuntersuchungen an Metallen und nichtmetallischen Hartstoffen unter Wirkung körniger Stoffe. Braunkohle, Wärme, Energie 21 (1969) 1 S. 10/18.
14) H. Uetz et al: Verschleißverhalten von Werkstoffen für Preßmatrizen bei der Herstellung feuerfester Steine, ceramics, glass, cement 111 (1978) 2 S. 65/74.
15) K. Wellinger, H. Uetz: Gleitverschleiß, Spülverschleiß, Strahlverschleiß unter Wirkung von körnigen Stoffen. VDI Forschungsheft 449, Beilage zu Forschung auf dem Gebiete des Ingenieurwesens Ausgabe B 21 (1955) S. 1/40.
16) H. Uetz: Strahlverschleiß. Mitteilung der Vereinigung der Großkesselbetreiber 49 (1969) 1 S. 50/57.
17) H. D. Dannöhl: Verschleißschutzschichten — Auswahlkriterien für den speziellen Verschleißfall. VDI-Berichte Nr. 333 (1979) S. 159/165.
18) K. H. Habig: Thermochemisch gebildete Oberflächenschichten auf Stahl. VDI-Berichte Nr. 333 (1979) S. 43/51.

Kapitel 11

1) Working Party Inhibitors of the European Federation Corrosion, Corrosions Science: H. Fischer, Werkstoffe und Korrosion, 23, 445 – 453 (1972).
2) H. Fischer, Werkstoffe und Korrosion, 25, 706 – 711 (1974).
3) nach British Standard 3152.
4) nach British Standard 3151.
5) nach British Standard 3150.
6) DFG-Forschungsbericht „Kavitation", 1974, Harald Boldt Verlag, Boppard.
7) Standard method for corrosion test for engine antifreezes in glassware, ASTM Designation: D 1384 – 70, the American Society for Testing and Materials.
8) RPreventol CI-2 (Bayer AG); s. auch: H.-J. Rother, D. Kuron, Proceedings 5th European Symposium on Corrosion Inhibitors, Vol. 4, 989 – 1009, (1980).
9) VDI-Richtlinien 2035.
10) RLevoxin (Bayer AG); s. auch: H. Kallfaß, VGB-Speisewassertagung 1970, 1 – 4.

Kapitel 12

1) W. v. Baeckmann und W. Schwenk: Handbuch des kathodischen Korrosionsschutzes, Verlag Chemie, Weinheim, 2. Aufl., 1980.
2) C. Wagner: Electrochem. Soc. 99, 1952, S. 1/12.
3) M. E. Parker: Rohrkorrosion und kathodischer Schutz, Vulkan-Verlag, Essen, 2. Aufl., 1963.
4) W. v. Baeckmann: Taschenbuch für den kathodischen Korrosionsschutz, Vulkan-Verlag, Essen, 3. Aufl., 1981.
5) W. Schwenk: Elektrochemische Korrosionsschutzverfahren, Rohre, Rohrleitungsbau, Rohrleitungstransport 9, 1970, S. 19/26.
6) W. v. Baeckmann: Kathodischer Korrosionsschutz von unterirdischen Tanks und Betriebsrohrleitungen aus Stahl, TÜ 14, 1973, H. 10, S. 300/04.
7) W. v. Baeckmann und G. Heim: Neue Gesichtspunkte beim Korrosionsschutz von erdverlegten Rohrleitungen und Behältern, Werkstoffe und Korrosion 24, 1973, H. 6, S. 477/86.
8) J. Backes und A. Baltes: Planung und Bau von kathodischen Korrosionsschutzanlagen, GWF-Gas 117, 1976, H. 4, S. 153/57.
9) E. A. Dreyer: Streustrom im Stadtgebiet, 3 R international 17, 1978, H. 7, S. 459.
10) W. G. v. Baeckmann: Die Bedeutung des Ausschaltpotentials, Rohre, Rohrleitungsbau, Rohrleitungstransport 12, 1973, H. 5/6, S. 217/19.
11) W. v. Baeckmann und D. Funk: Kathodischer Korrosionsschutz von polyethylenumhüllten Rohrleitungen, 3 R international 17, 1978, H. 7, S. 443/447.
12) W. Prinz: Kathodischer Korrosionsschutz von Rohrleitungen in Kraftwerken, 3 R international 17, 1978, H. 7, S. 466.
13) TRbF 301: Richtlinie für Fernleitungen zum Befördern gefährdender Flüssigkeiten, 1974.
TRbF 408: Richtlinie für den kathodischen Korrosionsschutz von unterirdischen Tanks und Betriebsrohrleitungen aus Stahl, 1972.
DVGW-Arbeitsblatt G 463: Errichtung von Gasleitungen von mehr als 16 bar Betriebsüberdruck aus Stahlrohren, 1976.
14) W. v. Baeckmann: Kathodischer Korrosionsschutz für Rohre und Rohrleitungen im Meerwasser, Erdöl-Erdgas-Zeitschrift 93, 1977, H. 1, S. 34/38.
15) E. Eberius: Korrosion und Korrosionsschutz am und im Schiff, Handbuch der Werften, Bd. XIV, 1978, S. 258/332.

16) H. Bohnes: Kathodischer Korrosionsschutz mit galvanischen Anoden und mit Fremdstrom, 1978, Grillo-Ampag, Metallgesellschaft Frankfurt.

Kapitel 13

1) W. v. Baeckmann, W. Schwenk: Handbuch des kathodischen Korrosionsschutzes. 2. völlig neu bearbeitete Auflage, Verlag Chemie, Weinheim/Bergstr. 1980.
2) H. Gräfen: Zeitschr. f. Werkstofftechnik 2 (1971), S. 406.
3) H. Gräfen, G. Herbsleb, F. Paulekat u. W. Schwenk: Werkstoffe u. Korrosion 22 (1971), S. 16.
4) M. J. Pryor u. M. Cohen, J. electrochem. Soc. 100 (1953), S. 203.
5) F. Paulekat: HdT Vortragsveröffentlichung 402 (1978), S. 8.
6) R. Graf: 3 R-internat. 14 (1975), S. 166.
7) R. Graf: HdT Vortragsveröffentlichungen 402 (1978), S. 40.
8) A. Baltes: HdT Vortragsveröffentlichungen 402 (1978), S. 15.
9) J. W. Kühn, v. Burgsdorff u. H. Richter: in W. v. Baeckmann, W. Schwenk, Handbuch des kathodischen Korrosionsschutzes, 1. Aufl. (1971), S. 347.
10) W. v. Baeckmann, A. Baltes u. G. Löken, Blech Rohr Profile 22, (1975), S. 409.
11) E.-M. Horn, R. Kilian, H. Stiepel u. H. Gräfen: Werkstoffe u. Korrosion 23 (1972), S. 967.
12) J. D. Sudbury, O. L. Riggs jr. u. D. A. Shock: Corrosion 16 (1960), S. 47 t.
13) D. A. Shock: O. L. Riggs u. J. D. Sudbury, Corrosion 16 (1960), S. 55 t.
14) W. A. Mueller: Corrosion 18 (1962), S. 359 t.
15) C. E. Locke, M. Hutchinson u. N. L. Conger: Chem. Engng. Progr. 56 (1960), S. 50.
16) B. H. Hanson: Titanium Progress Nr. 8, Hrsg. Imperial Metal Industries (Kynoch) Ltd., Birmingham 1969.
17) W. P. Banks u. J. D. Sudbury: Corrosion 19 (1963), S. 300 t.
18) J. E. Stammen: Mat. Protection 7, Dec. (1968), S. 33.
19) W. P. Banks u. M. Hutchinson: Mat. Protection 8, Feb. (1969), S. 31.
20) J. D. Sudbury, W. P. Banks u. C. E. Locke: Mat. Protection 4, Jun. (1965), S. 81.
21) O. L. Riggs, M. Hutchinson u. N. L. Conger: Corrosion 16 (1960), S. 58 t.
22) C. E. Locke: Mat. Protection 4, Mar. (1965), S. 59.
23) Z. A. Foroulis: Ind. Engng. Chem. Process Design. 4, Dec. (1965), S. 23.
24) W. P. Banks u. E. C. French: Mat. Protection 6, Jun. (1967), S. 48.
25) J. B. Cotton: Werkstoffe u. Korrosion 11 (1960), S. 152.
26) N. D. Tomaschow, G. P. Tschernova u. R. M. Altowski: Z. phys. Chem. Leipzig 214 (1960), S. 312.
27) K. Bohnenkamp: Arch. Eisenhüttenwes. 39 (1968), S. 361.
28) M. H. Humphries u. R. N. Parkins: Corr. Science 7 (1967), S. 747.
29) H. Gräfen u. D. Kuron: Arch. Eisenhüttenwes. 36 (1965), S. 285.
30) W. Schwarz u. W. Simons: Ber. Bunsenges. Phys. Chem. 67 (1963), S. 108.
31) T. R. B. Watson: Pulp Paper Mag. Canada 63 (1962), S. T-247.
32) F. Paulekat: in 1. Korrosionum, Hrsg. H. Gräfen, F. Kahl u. a. Rahmel, Verlag Chemie, Weinheim 1974, S. 180/209.
33) F. Paulekat: Stahl u. Eisen 90 (1970), S. 907.
34) N. D. u. G. P. Tschernowa: Verl. d. Akad. d. Wiss. UdSSR (1956), S. 135.
35) G. Bianchi, A. Barosi u. S. Trasatti: Elektrochem. Acta 10 (1965), S. 83.
36) N. D. Tomaschow: Corr. Science 3 (1963), S. 315.
37) H. Nishimura u. T. Hiramatsu: Nippon Konzeku Gakkai – Si 21 (1957), S. 465.
38) M. Stern u. H. Wissenberg: J. elektrochem. Soc. 106 (1959), S. 759.
39) W. R. Fischer: Techn. Mitt. Krupp 27 (1969), S. 19.

40) M. Werner: Z. Metallkunde 24 (1932), S. 85.
41) E. Pelzel: Metall 20 (1966), S. 846; 21 (1967), S. 23.
42) C. R. Bishop u. M. Stern: Corrosion 17 (1961), S. 379 t.
43) N. D. Tomaschow u. R. M. Altowski: Corrosion 19 (1963), S. 217 t.
44) H. Gräfen u. D. Kuron: Werkstoffe u. Korrosion 20 (1969), S. 749.
45) H. Weißbach: Werkstoffe u. Korrosion 15 (1964), S. 555.

Kapitel 14

1) Korrosionsforschung für die Praxis, Tagungshandbuch des Symposiums des Forschungs- und Entwicklungsprogramms: „Korrosion und Korrosionsschutz" gefördert vom BMFT, Herausgeber DECHEMA, Frankfurt 97 (1977) (1980).
2) DIN-Taschenbuch 56, Beuth-Verlag, Berlin, Köln, Frankfurt (1979).
3) Prüfung und Untersuchung der Korrosionsbeständigkeit von Stählen, Verlag Stahleisen GmbH, Düsseldorf (1973).
4) Standard method for corrosion test for engine antifreezes in glassware, ASTM Designation: D 1384-70, the American Society for Testing and Materials.
5) A. Bukowiecki: Automobiltech. Z. 63 (1961) 78/84.
6) E.-M. Horn, A. Kügler: Z. Werkstofftech. 8 (1977) 11, 362/370.
7) M. Stern, A. L. Geary: J. electrochem. Soc. 104 (1957) 56.
8) F. Hovemann, H. Gräfen: Ein elektrochemisches Prüfverfahren zur Kurzzeitprüfung von Korrosionsinhibitoren für Heizöl. Werkst. u. Korros. 20 (1969) 3, 221/224.
9) D. Kuron, H. Gräfen: Prüfverfahren zur Ermittlung der Lochkorrosionsbeständigkeit — chemische Prüfungen — elektrochemische Untersuchungen. Z. Werkstofftechn. 8 (1977) 182/191.
10) D. Kuron, R. Kilian, H. Gräfen: Measuring system for the compilation of galvanic corrosion tables — Material combinations in seawater and brackish water. Z. Werkstofftechn. 11 (1980) 382/386.

Autorenverzeichnis

Federführender Autor

Prof. Dr. rer. nat. Hubert Gräfen
BAYER AG
5090 Leverkusen-Bayerwerk

Mitautoren

Dipl.-Phys. Walter G. v. Baeckmann
Ruhrgas AG
Huttropstraße 60
4300 Essen 1

Dr.-Ing. Jürgen Föhl
Staatl. Materialprüfungsamt
an der Universität Stuttgart
Pfaffenwaldring 32
7000 Stuttgart 80

Dr. rer. nat. Günter Herbsleb
Mannesmann-Forschungsinstitut GmbH
4100 Duisburg 25

Dr.-Ing. Werner Huppatz
Leichtmetall-Forschungsinstitut
der Vereinigte Aluminium-Werke AG
Georg-von-Boeselager-Straße 25
5300 Bonn 1

Ing. Dieter Kuron
BAYER AG
IN Materialprüfung u. Werkstofftechnik
5090 Leverkusen-Bayerwerk

Dr. rer. nat. Heinz-Joachim Rother
BAYER AG Uerdingen
OC-A-Materialschutz
4150 Krefeld-Uerdingen

Dr.-Ing. Klaus Rüdinger
Contimet
Titanabteilung der Thyssen Edelstahlwerke AG
Oberschlesienstraße 16
4150 Krefeld

Stichwortverzeichnis

Abkürzungen, Polymerwerkstoffe 190
Ablation 230
Abnützung 226
Abrasion 230, 239 ff.
Abrasivkorn 239
Abtragungsrate 316
Additive 233
Adhäsion, Email 169
Adhäsion 229
Airless-Spritzen 177
Alitieren 161
Alkalibeständigkeit, Email 167
Alkalimetalle, Angriff auf Titan 129
Aluminium 21, 28, 64 ff., 198, 219, 222, 223
Aluminiumanoden 287, 294
Aluminiumgußlegierungen 65 ff.
Aluminiumknetlegierungen 64 ff.,
Aluminiumlegierungen 64 ff., 219, 222, 223
Aluminiumoxidschicht 70
Aluminiumwerkstoffe, aushärtbare 64 ff.
Anode 18
—, galvanische 268 ff., 273 ff., 293, 294
Anodenmaterial 276
Anodenpotential 270
Anodischer Korrosionsschutz 301 ff.
Anodischer Schutz 292, 301 ff.
—, durch Lokalkathoden 310
—, Fremdmetallkathoden 120
—, gegen Spannungsrißkorrosion 308
—, in Alkalien 308
—, in Säuren 305
—, in Salzlösungen 307
—, Laugeneindampfer 308
—, Schwefelsäurekühler 305
—, von nichtrostenden Stählen 307
—, von Titan 307
—, Wasserelektrolyseanlage 308
Anstrahlwinkel 244
Arsen, in Kupferwerkstoffen 100, 102
Asbest-Zement 202
Arbeitspotential 21
ASTM-Test, für Inhibitoren 262
Aufdampfen 146

Aufdampfverfahren 162
Auflösungsstromdichte, passive 43
Aufschmelzverfahren 154
Auftragsschweißung 240
Auftragstechniken 177
Ausbreitungswiderstand 275, 276, 282
Auskleidungen 185 ff.
Ausschaltpotential 284, 289, 298
Ausscheidungen 40
Austenitstahl 30
Austrittspotential 277, 279

Bandverzinkung 146
Beanspruchung, mechanische 226
—, tribologische 226 ff.
Beanspruchungskollektiv 227
Behälterinnenschutz 292
Beizen, Titanschweißverbindungen 141
Belastung, mechanische 17
Belüftung 45
Belüftungselement 97, 150
Belüftungskorrosion 287
Beschichtungen 36
—, bei kathodisch geschnitzten Flächen 289
—, diffusionsfeste 179
—, glasflockenhaltige 180
—, organische 174 ff., 273, 295, 296, 297, 298
—, Prüfung von 313 ff.
Beschichtungswerkstoffe, flüssige 176
Beständigkeit, Glaskeramik 171
—, Kunststoffe 191
Beton 202
Betriebswasser 192 ff.
Bettungsmasse 275
Bezugselektrode 296, 298, 304, 305
Bindemittel 176
Blasenbildung 179, 213, 314
Blei 102 ff.
Blei-Antimon-Legierungen 110
Bleikathoden 305
Blei-Kupfer-Zinn-Palladium-Legierung 107

353

Bleimennige 176
Bleiwerkstoffe 102 ff.
Blitzschutzerder 280
Bodenwiderstand, spezifischer 276
Böden, hochohmige 275
—, niederohmige 276
Brackwasser 192 ff.
Brüche, terrassenförmige 32
Bruchdehnung 189

Chemie-Email 165 ff.
Chemiepumpe, kathodisch geschützt 299
Chemisorption 251
Chloridkorrosion· 54
Chrom 21, 27, 37 ff.
Chromate 262
Chromatierschichten 79
Chrom-Nickel-Stähle 40 ff.
Chromstähle, ferritische 39 ff.
Chromverarmung 30
Cr-Ni-Stähle, nichtrostende austenitische 30

Deckbeschichtung 176
Deckschicht 17, 20, 23, 27
—, Zirkonium 132
—, Kupfer 96
—, Warmwasserinstallation 159
Deckschichtbildner 252 ff.
Deckschichten 273
Dehngeschwindigkeit 57
Delta-Ferrit 40
Destimulatoren 252 ff., 263
Detonationsspritzen 160
Dickenabnahme 316
Diffusion 17, 20, 314
Diffusionshemmung 28
Diffusionsüberzüge 146, 161
Dispergiermittel 199 ff.
Drahtexplosionsspritzen 160
Drainageverbindung 280
Druckvorspannung, Email 168
Durchlaufkühlung 193 ff.
Duromerbeschichtungen 189

Eigenspannungen 58
Einbrennlacke 178
Eindringtiefe 319
Einhärtetiefe 236
Einschaltpotential 284, 289, 298
Eisengehalt, in Titanschweißnähten 142
Elastizitätsmodul, Glaskeramik 172
ELC-Stähle 50
Elektrochemischer Schutz 35
Elektrolytfilminhibitoren 254
Elektrolytlösung, spezifischer Widerstand 275
Elektrophoresetauchlackierung 177
Elektroplattieren 155
Elektrostatisches Pulver-Sprühverfahren (EPS-Verfahren) 183

Element, galvanisches 273
Elementstrom 29
Eloxalverfahren 79
Eloxieren 153
Email 165 ff.
Entaluminierung 102
Entzinkung 99
Erdboden, Korrosion in 271 ff.
Erdungsgraben 276
Ermüdung 230
Erosion 239 ff.
—, Kupfer-Aluminium-Legierungen 102
—, Kupfer-Nickel-Legierungen 101
—, Kupferwerkstoffe 100
Erosionskorrosion 17, 195, 243

Faraday'sches Gesetz 19
Faraday-Zahl 270
Feinfilter 215, 224
Feinzink 81
Festigkeit, Tantal 113
—, Zirkonium 113
Festigkeitseigenschaften, Sonderwerkstoffe 113
Feueraluminieren 152 ff.
Feuerverzinkung 146 ff., 176
Feuerverzinnen 154
Filterung 195, 202
Flächenabtrag, gleichmäßig 26
—, ungleichmäßig 24
Flächenkorrosion, gleichmäßige 213, 217, 220
Flächenpressung 229
Flächenregel 29
Flamm-Drahtspritzen 160
Flamm-Pulverspritzen 160
Flamm-Schockspritzen 160
Flammspritzen 181
Fließgeschwindigkeit 196, 198
—, Einfluß von 318
Fluorpolymerauskleidungen 189
Flourpolymerbeschichtungen 189
Flußmittel 214
Flußwasser 192 ff.
Freies Korrosionspotential 24, 272, 292, 311
—, Aluminiumwerkstoffe 72
Fremdstrom, Schutz durch 268 ff.
Fremdstromanode 276
Fremdstrom-Elektroden 293
Freßneigung 232
Frostschutzmittel 261
Fußbodenheizung 223

Galvanische Reihe, Meerwasser 121
Gasableitung, bei kathodischem Schutz 293
Gasaufnahme, Sonderwerkstoffe 140
Gasphaseninhibitor 256
Gegenkörper 227 ff.
Gewaltbruch 30

Glasemail 165 ff.
Glaskeramik 165, 170 ff.
Gleichgewichtspotential 19, 21, 268
Gleichstrom, Korrosion durch 277
Gleitverschleiß 231
Grenzflächeninhibitoren 254
Grenzflächenvorgang 20
Grenzpotential 25, 59, 71, 80, 271
Grenzschicht 226, 237
Grenzschichtreaktion 234
Grenzspannung 58, 60
Grenzstrom 22
Grundbeschichtung 176
Grundemail 165
Grundkörper 227 ff.
Guldager Elektrolyseverfahren 207
Guldager-Verfahren 152
Gummierungen 185 ff.

Härte (Trinkwasser) 206
Härtestabilisierung 193 ff.
Haftfestigkeit 187
—, von Beschichtungen 314
Hartblei 104
Hartchromschicht 159
Hartgummierungen 185
Hartguß 240
Hartmetalle 240
Hartverchromen 156
Hartzinkschicht 147, 150
Harzbeschichtung 180
Harze, katalytisch härtende 180
Hausinstallation 152
—, Korrosion 205 ff.
Heizungsanlagen 219 ff.
Hertz'sche Flächenpressung 236
Hochdruckspritzen 177
Hochlage/Tieflagecharakteristik 239
Hochspannungsprüfung 165
Hochtemperaturkorrosion 17
Homogenverbleien 155
Homogenverbleiung 107
Hüttenzink 81
Hydrazin 263
Hydridbildung, Titan 127
Hydrolyse 28

Inchromieren 162
Inconel 600 52
Inhibition 193 ff.
Inhibitoren 35, 118, 213, 222 ff., 250 ff., 318, 320, 321, 322
—, anodisch wirksam 255
—, kathodisch wirksam 255
—, elektrochemischer 252 ff.
—, für Aluminium 261
—, für Eisenwerkstoffe 261
—, für Kühl- und Heizwasser 258 ff.
—, für Kupfer und Kupferlegierungen 261
—, passivierende 302

Inhibitorprüfung, in strömenden Medien 318
Inkubationsphase 236
Isolierstück 280, 282
Isoliertransformator 282

Kathode 18
Kathodischer Korrosionsschutz 267 ff.
—, Grundlagen 267 ff.
—, von beschichteten Oberflächen 314
Kathodischer Schutz 292 ff.
—, durch Fremdstrom 276 ff.
—, Fernleitungen 282
—, im Erdboden 280 ff.
—, in Meerwasser 287 ff.
—, Verteilungsnetz 282
—, von Eisen 269
Kavitation 243
Kavitationskorrosion 262
Kesselspeisewasser 61
Kesselstein 151
Kinetik (Korrosionsprozesse) 17
Kontaktbereich 229
Kontaktebene 237
Kontaktkorrosion 29, 85, 193, 198, 213, 218, 219, 222
Korngleitverschleiß 240
Korngrenzenbereich, aktivierter 24
Korngrenzenversprödung 78
Kornzerfall 48 ff.
Kornzerfallsfelder 48 ff.
Kornzerfallsprüfung nach DIN 50 914 50
Kornzerfallstemperatur 48
Korrosion, Begriff 16
Korrosion, Definition 16
—, elektrochemische 17
—, elektrolytische 17
—, interkristalline 29, 48 ff., 74, 163, 215, 218, 224, 302
—, selektive 24, 29, 71, 193, 214
—, wirtschaftliche Bedeutung 15
Korrosionsarten 25 ff.
Korrosionsbeständigkeit, Bleiwerkstoffe 102 ff.
—, Kupferlegierungen 88 ff.
—, Titan 114 ff.
—, Tantal 114 ff., 137 ff.
—, Zirkonium 114 ff., 132 ff.
—, Zirkoniumlegierungen 132 ff.
—, Zn 82
Korrosionselement 211, 217, 269
—, elektrochemisches 19
Korrosionsermüdung 61
Korrosionsformen 25 ff.
Korrosionsinhibitoren 250 ff.
Korrosionspotential 23
—, freies 22, 268
Korrosionsprodukte 20
—, Blei 103 ff.
—, Kupfer 96 ff.

355

Korrosionsprüfungen 25, 313 ff.
—, atmosphärische Korrosion 329
—, diverse 336 ff.
—, Flächenkorrosion 327
—, Hochtemperaturkorrosion 335
—, in strömenden Medien 329
—, Kavitationskorrosion 335
—, Kontaktkorrosion 329
—, Lochkorrosion 329
—, Schwingungsrißkorrosion 334
—, selektive Korrosion 332
—, Spaltkorrosion 329
—, Spannungsrißkorrosion 332
Korrosionsreaktion 17
Korrosionsschaden 16
—, im Kühlsystem 192 ff.
Korrosionsschutz 34
—, aktiver bzw. direkter 35
—, aktiver 145, 313
—, anodischer 301 ff.
—, elektrochemischer 292 ff.
—, Inhibitoren 250 ff.
—, kathodischer 196, 207
—, mit Fremdstrom 303 ff.
—, passiver bzw. indirekter 35
—, passiver 145, 313 ff.
Korrosionsschutzmaßnahmen, aktive 80
—, passive 80
—, Übersicht 35
Korrosionsschutzöle 622
Korrosionsstrom 19
Korrosionsstromdichte, passive 55
Korrosionsuntersuchungen 313 ff.
—, Betriebsprüfungen 327 ff.
—, chemische 316 ff.
—, elektrochemische 319 ff.
—, Laborprüfungen 327 ff.
Korrosionsverhalten, Aluminium und Al-Legierungen 65 ff.
—, Bleilegierungen 102 ff.
—, Kupfer 86 ff.
Korrosionsvorgang 267
Korrosometer 201
Kreiselpumpe, kathodisch geschützt 299
Kristallisationspunkt 172
Kühlsysteme 193 ff.
—, geschlossener Kreislauf 203 ff.
—, offener Kreislauf 198 ff.
Kühlturmwasser 198 ff.
Kühlwasser 192 ff.
Kunststoffpulver 184
Kunststoffrohre 212 ff.
Kupfer 43, 86 ff., 194 ff., 212 ff.
Kupfer-Aluminium-Legierungen 86 ff.
Kupferfeinblei 103 ff.
Kupferlegierungen 86 ff., 194 ff., 212 ff.
Kupfer-Nickel-Legierungen 86 ff.
Kupfer-Zink-Legierungen 86 ff.
Kupfer-Zinn-Legierungen 86 ff.
Kupfersulfatelektrode 270 ff.

Leitschicht 158
Lichtbogenspritzen 160
Levoxin 264
Lochfraß 48
Lochfraßpotential 54 ff., 80
Lochkeim 27
Lochkorrosion 25, 27, 54 ff., 193, 196, 198, 213 ff., 302
—, Aluminium 71 ff.
—, Kupfer 96 ff.
—, Kupfer-Nickel-Legierungen 100
—, Titan 123
Lochkorrosionspotential 27
Lochzahldichte 319
Lokalkathoden 292, 302
Lösungsmittelbeständigkeit 189
Luftwäscher 223 ff.

Magnesiumanode 269, 275, 294
Magnesiumlegierungen, Anodenwerkstoffe 273
MAN-Verfahren 195
Massenverlust 316
MBV-Verfahren 79
Meerwasser 101, 192 ff., 272
—, Angriff auf Tantal 137
—, Verhalten von Titan 131
Meerwasserbeanspruchung von Al-Gußlegierungen 79
Membraninhibitoren 254
Messerschnittkorrosion 215, 218
Messingkathoden, platiniert 305
Meßsonden, emailliert 170
Metalle, amphotere 271
Metallisieren 158
Metallschmelzen, Angriff auf Tantal 137
—, Angriff auf Titan 129
—, Angriff auf Zirkonium 134
Metallspritzen 159 ff.
Metallspritzüberzüge 146
Mikrobizide 198 ff., 207, 224
Mikroporigkeit 157
Mikrorissigkeit 157
Mischelektrode, heterogene 26
—, homogene 26
Mischpotential 22
Mischreibung 233
Molybdän 27, 40 ff.
Muldenkorrosion 71, 213, 217
—, Kupfer 97

Natriumsulfit 263
Naßverzinken 147
Neusilber 101

Nichtrostende Legierungen 21
Nickel 39 ff., 196
Nickelanode 299
Nickel-Chrom-Legierung 41 ff.
Nickel-Chrom-Molybdän-Legie-

rungen 53 ff.
Nickellegierungen 28, 37 ff., 196
Nickel-Molybdän-Legierung 38 ff.
Normalpotential 19
—, Aluminium 65
—, Blei 103
—, Titan 116
—, Zinn 84
—, Zirkonium 132
—, Zn 81
Normalwasserstoffelektrode 19, 25, 270

Oberflächenbehandlungsverfahren, chemische 79
—, elektrochemische 79
Oberflächenrauheit 233
Oberflächenvorbehandlung 177
Ohm'scher Widerstand 21
Opferanode 80, 292
Oxidationsgeschwindigkeit 18

Paarungsgeometrie 233
Paarungswerkstoffe 226
Passivatoren 252 ff., 292
Passivbereich, Aluminium 65
Passivierung, Fremdstrom 119
—, Tantal 114
—, Titan 114
—, Zirkonium 114
Passivierungspotential 24, 42
—, Titan 118
Passivierungsstromdichte 42 ff.
Passivität 23, 42 ff., 292
—, Aluminium 71
Passivoxidschicht 42
Passivschicht 20, 24, 27
Passungsrost 237
Permeation 314
Phasengrenze 20
Phasenschema 20
Phosphatierschichten 79
Phosphonate 260
Physisorption 251
Pigmente 176
Plasmaspritzen 161
Platinkathoden 305
Plattieren 146, 163
Polarisation 21, 42
—, anodische 292
Polarisationsleitwert 326
Polarisationsspannung 284
Polarisationswiderstand 21
Polarisationswiderstandsmessung 326
Polarisationswiderstandsmethode 201
Polyester 260
Polymerisationsbehälter, emailliert 169
Polyphosphate 260
Poren, in Schweißnähten 142
Porenprüfung 315
Potential 18, 316, 319 ff.

Potentialabsenkung 269
Potentialmessungen 284 ff., 326
Potentialregelung 296
Prallstrahlverschleiß 245
Preßluftspritzen 177
Primärinhibition 251
Promotoren 32
Prüfelektrode, Emailbehälter 170
Pulverbeschichtungen 181 ff.
Pulversintern 181

Qualitätskontrolle 34

Randschnitthärten 236
Reaktion, heterogene 20
Reaktionsharzbeschichtung 178
Reaktionsschicht 233
Redoxpotential 19
Reduktionsverfahren 158
Referenzelektrode 25
Regelung, potentiostatische 303
Reibkraft 232
Reiboxidation 237
Reibung 226
Reibungszahl 232
Reibungszustände 232
Reinaluminium 64 ff.
Reinstaluminium 64 ff.
Rekombination (Wasserstoff) 32
Relativbewegung 226, 237
Ringanode 295
Rißbildung, wasserstoffinduzierte 32
Risse, interkristalline 30
—, transkristalline 30
Ritzwiderstand 244
Rohrleitungen, erdverlegte 273
Rollverschleiß 231
Rostschutzschicht 150
Rotationssintern 182
Ruhepotential 45, 47, 54, 268

Säurebeständigkeit, Email 166
Salpetersäureangriff 48
Salzschmelzen, Angriff auf Titan 129
Salzschutzschichten 106
Sandelin-Effekt 148
Sauerstoffbindemittel 222
Sauerstoffdurchlässigkeit, Beschichtungen 314
Sauerstoffreduktion 72
Scherfestigkeit 232
Schichtdickenmessung 315
Schichtkorrosion, Aluminiumwerkstoffe 77
Schlagempfindlichkeit, Email 167
Schlagfestigkeit, Glaskeramik 172
Schleifen 58
Schmelztauchaluminieren 152 ff.
Schmelztauchverbleien 154
Schmelztauchverfahren 146
Schmierfilm 233
Schmierstoffe 233 ff.

357

Schnittgrößen, tribologischer Systeme 228
Schutzbeschichtungen 196, 204, 211, 216, 224
Schutzleiter 280
Schutzpotential 268 ff., 293
Schutzschaltung 282
Schutzschicht 206 ff.
—, Aluminium 65
—, Bleiwerkstoffe 103
Schutzstrom 268 ff., 293
Schutzstrombedarf 295
Schutzstromdichte 272
Schutzüberzüge 196
—, Prüfung von 315
Schwefeldioxid 148
Schweißen, Sonderwerkstoffe 140 ff.
Schweißplattieren 163
Schwingbeanspruchung 237
Schwingungsrißkorrosion 17, 33, 47, 61 ff.
Schwingungsverschleiß 237
Schwingverschleiß 231
Sekundärinhibition 251
Sensibilisierung 24, 48, 51, 60, 163
Sherardisieren 161
Silber/Silberchlorid-Elektrode 287
Sintern 181
Solaranlagen 223
Sondercarbide 50
Spaltkorrosion 28, 54 ff., 193, 196, 215, 218
—, Dichtflächen 143
—, Titan 123
—, Titan-Palladiumlegierung 143
—, Zirkonium 133
Spaltkorrosionspotential 57
Spannungsabfall, ohmscher 284
Spannungsarmglühen 58
—, Schweißnähte 143
Spannungsreihe 21
Spannungsrißkorrosion 17, 30, 39, 47, 57 ff., 193, 196, 198, 215
—, Aluminiumbronzen 102
—, Aluminiumwerkstoffe 74
—, interkristalline AlZnMg 78
—, Kupfer-Nickel-Legierungen 101
—, Kupfer-Zink-Legierungen 86 ff.
—, Messing 100
—, Titan 125
—, Zirkonium 133
Spritzverzinken 159
Sprengplattieren 163
Spritzlackierung, elektrostatische 177
Spritzschichten 240
Stabilisierung 50, 53
Stabilisierungsverhältnis 50
Stähle, austenitische 41 ff.
—, austenitisch-ferritische 41, 58
—, hitzebeständig 37

—, martensitisch 38
—, ferritisch-austenitische 39
—, nichtrostende 37 ff., 163, 196 — 199, 215, 217, 223, 224
—, sensibilisierte 58
—, stabilisierte 58
—, vergütete 38
Stahl, feuerverzinkt 198, 206 ff.
—, nichtrostender 28
—, stabilisierter 51
—, unlegierter 30, 197 ff., 206 ff.
Standardpotential 19, 21
Stickstoff 41, 50, 53, 55
Stoßbeanspruchung 236
Stoß-Gleitverschleiß 237
Stoßverschleiß 231
Strahlverschleiß 239, 243
Streuströme 277 ff.
Streustromableitung 280
Streustromeinfluß 277
Streustromkorrosion 277 ff.
Strömungsgeschwindigkeit 24
Strombedarf 293
Strombegrenzung 280
Stromdichte-Potential-Diagramm (AlMg 2 Mn 0.8 in Meerwasser) 70
Stromdichte-Potential-Kurven 21 ff., 42, 255
—, Aufnahme von 320 ff.
Strom-Potential-Kurven 55
Strom-Spannungs-Kurven, Blei-Mehrstofflegierungen in H_2SO_4 108
Stromverteilung 293
Sulfonierungsanlage, anodisch geschützte 305, 307
Summenstrom-Potentialkurve 268
Summenstromspannungskurve 21 ff.
Systeme, tribologische 227 ff.

Tafelgerade 322
Tantal 21, 137 ff.
—, Anwendung 138
—, chemische Zusammensetzung 112
—, physikalische Eigenschaften 114
Tantalkathoden 305
Tantal-Schraubstopfen 165
Taprogge-Reinigungsanlage 194, 204
Teilreaktion 19
—, kathodische 18
Teilstromdichte, kathodische 292
Teilstromdichte-Potential-Kurven 21 ff., 46
Teilstromkurve, anodisch 25
Teilstrom-Potentialkurve 268, 302
Tellerelektroden, Titan 296
Temperaturgradient 24
Thermodynamik 17
Thermoschock 169
Tiefenanoden 276, 282

Titan 21, 115 ff., 196, 200
—, Anwendung 130
—, chemische Zusammensetzung 112
—, physikalische Eigenschaften 114
—, platiniert 295
Titananode 288
Titanlegierungen, hochwarmfeste 114
—, Korrosionsbeständigkeit 122
Titan-Palladium-Legierungen 122
Titanzink 81
Transformationspunkt 168
Transpassiver Bereich 23
Treibspannung 295, 299
Trinkwasser 192 ff., 205 ff.
—, aggressives 206
—, enthärtetes 207, 222
—, entkarbonisiertes 224
—, korrosives 206
—, vollentsalztes 224
Trockenverzinken 147
Tropfenschlag 243

Überzüge, elektrolytische 155 ff.
—, galvanische 155 ff.
—, organische 175 ff.
—, stromlos aufgebrachte 157 ff.
Uferfiltrat 192
Umgriff 178, 183
Umlaufkühlsystem, geschlossenes 193 ff.
—, offenes 193 ff.
Umlaufkühlung 197 ff.
Ummanteln, Stahlrohre 184
Umwickeln, Stahlrohre 184
Unterdosierung, von Inhibitoren 262
Unterwanderung 314

Verbindung, intermetallische 40, 54
Verchromen, elektrolytisches 156
Verschleiß 17
—, abrasiver 231
—, erosiver 231
—, hydroabrasiver 239, 241
Verschleißarten 231 ff.
Verschleißbeanspruchung 226 ff.
Verschleißmechanismen 229 ff.
Verschleißschutz, Oberflächenbehandlungsverfahren 248
Verschleißschutz, Überzüge 249
Verschleißvorgang 228
Verschleißwiderstand 246
Verzunderung 153
—, Titan 128
Vorgänge, tribologische 226

Wälzbeanspruchung 236
Wälzverschleiß 231
Wärmeausdehnung, Glaskeramik 172

Wärmebehandlung, Aluminiumlegierungen 64
Wärmedurchgang 24
Walzplattieren 163
Wandalkalisierung 212
Warmwasser 207 ff.
Wasser 18
—, enthärtetes 192
Wasser und Wasserdampf, Angriff auf Zirkonium 135
Wasseranalyse 205, 213
Wasserbehälter, kathodischer Schutz 295 ff.
Wasserbehandlung, chemisch 205 ff.
—, physikalisch 207
Wasserdurchlässigkeit, Beschichtungen 314
Wasserstoffabsorption 32
Wasserstoffentwicklung bei kathodischem Schutz 293
Wasserstoffschäden 32
Wasserstoffversprödung 114, 170
—, Schutz von Tantal gegen 311
—, Titan 127, 141
Wechselstrom, Korrosion durch 277
Weichgummierungen 186
—, katalytisch vernetzbare 186
Weißblech 154
Werkstoffauswahl 34
Werkstoffe, für Verschleißbeanspruchung 246
—, organische 174 ff.
—, verschleißbeanspruchte 226 ff.
Werkstoffermüdung 236
Wirbelbett 181
Wirbelsintern 181
Wirksumme 55, 56
Wischverbleien 154
Wischverzinnen 155

Zahnflankenschäden 236
Zementationsverfahren 157
Zersetzungsdruck 18
Zersetzungstemperatur 18
Zink 81 ff.
Zinkanoden 287, 294
Zinklegierungen 83
Zinkstaubfarbe 176
Zinn 84
Zirkonium 132 ff.
—, Anwendung 137
—, chemische Zusammensetzung 112
—, Hf-freies 113
—, physikalische Eigenschaften 114
Zirkoniumlegierungen 113, 114
Zugbeanspruchung, dynamisch 24
—, statisch 24
Zugspannungen 57
Zustand, passiver 301
Zwischenkörper 227

expert verlag

Werkstoffe

Mair, H. J., Dipl.-Ing., und
9 Mitautoren
Kunststoffe in der Kabeltechnik
164 Seiten, DM 69,—
ISBN 3-88508-829-0

Abel, R., Dipl.-Ing., und
7 Mitautoren
Schneidkeramik in der Guß- und Stahlbearbeitung
161 Seiten, DM 47,—
ISBN 3-88508-806-1

Benzing, G., Dr., und
5 Mitautoren
Pigmente in der Lackindustrie
ca. 220 Seiten, ca. DM 48,—
ISBN 3-8169-0015-1

Beyer, M., Prof. Dr. Ing., und 16 Mitautoren
Epoxidharze in der Elektrotechnik
140 Seiten, DM 43,—
ISBN 3-88508-792-8

Chatterjee-Fischer, R., Dr.-Ing., und 6 Mitautoren
Wärmebehandlung von Eisenwerkstoffen
396 Seiten, DM 78,—
ISBN 3-8169-0076-3

Czichos, H., Prof. Dr., und
8 Mitautoren
Reibung und Verschleiß von Werkstoffen, Bauteilen und Konstruktionen
246 Seiten, DM 68,—
ISBN 3-88508-752-9

Ehrenstein, G. W., Prof. Dr., und 6 Mitautoren
Konstruieren mit glasfaserverstärkten Kunststoffen
199 Seiten, DM 48,—
ISBN 3-88508-670-0

Gahlau, H., Dipl.-Ing., und
7 Mitautoren
Geräuschminderung durch Werkstoffe und Systeme
341 Seiten, DM 74,—
ISBN 3-8169-0154-9

Gohl, Walter, Dr. Ing., und
9 Mitautoren
Elastomere — Dicht- und Konstruktionswerkstoffe
3., überarb. Auflage
267 Seiten, DM 58,—
ISBN 3-88508-878-9

Grosch, J., Prof. Dr.-Ing., und 8 Mitautoren
Werkstoffauswahl im Maschinenbau
263 Seiten, DM 67,50
ISBN 3-88508-913-0

Heubner, Ulrich, Dr.-Ing.
Nickel Alloys and High-Alloy Special Stainless Steels
258 Seiten, DM 68,—
ISBN 3-8169-0138-7

Heubner, Ulrich, Dr.-Ing., und 7 Mitautoren
Nickellegierungen und hochlegierte Sonderedelstähle
227 Seiten, DM 48,—
ISBN 3-8169-0005-4

Kunst, H., Dr.-Ing.
Verschleiß metallischer Werkstoffe und seine Verminderung
256 Seiten, DM 64,—
ISBN 3-88508-805-3

Lohmeyer, S., Prof. Dr., und 7 Mitautoren
Edelstahl
258 Seiten, DM 62,—
ISBN 3-88508-617-4

Lohmeyer, S., Prof. Dr.
Die speziellen Eigenschaften der Kunststoffe
256 Seiten, DM 64,—
ISBN 3-88508-885-1

Lohmeyer, S., Prof. Dr.
Werkstoff Glas I
2., überarb. Auflage
ca. 250 Seiten, DM 64,—
ISBN 3-88508-935-1

Werkstoff Glas II
ca. 360 Seiten, DM 78,—
ISBN 3-8169-0011-9

Niederstadt, G., Dr.-Ing., und 4 Mitautoren
Leichtbau mit kohlenstofffaserverstärkten Kunststoffen
242 Seiten, DM 64,—
ISBN 3-8169-0041-0

Ondracek, Gerhard, Prof. Dr. / Peisa, Rene
Werkstoffkunde
2., überarb. Auflage
283 Seiten, DM 48,—
ISBN 3-88508-966-1

Reidt, W., Dr., und
6 Mitautoren
Methacrylat-Reaktionsharze
139 Seiten, DM 44,—
ISBN 3-88508-927-0

Schlichting, J., Dr., und
7 Mitautoren
Verbundwerkstoffe
229 Seiten, DM 49,—
ISBN 3-88508-724-3

Schneider, F. E., Dipl.-Ing., und 7 Mitautoren
Thermobimetalle
216 Seiten, DM 58,—
ISBN 3-88508-807-X

Schwenke, W., Dr., und
11 Mitautoren
Polyurethane
ca. 250 Seiten, ca. DM 49,—
ISBN 3-8169-0010-0

Stöckel, D., Prof. Dr.
Werkstoffe für elektrische Kontakte
272 Seiten, DM 58,—
ISBN 3-88508-934-3

Weiler, W., Prof. Dr.-Ing., und 3 Mitautoren
Härteprüfung an Metallen und Kunststoffen
339 Seiten, DM 69,50
ISBN 3-8169-0013-5

Fordern Sie unsere Fachverzeichnisse an.
Tel. ☏ 07034 / 40 35 – 36

---

expert verlag GmbH, Goethestraße 5, 7044 Ehningen bei Böblingen